大飞机出版工程　总主编／顾诵芬

民机先进航电系统及应用系列

主编／冯培德　执行主编／金德琨

航空电子系统安全性设计与分析技术

Avionics System Safety Design
and Analysis Technology

谷青范／编著

金德琨／审校

上海交通大学出版社
SHANGHAI JIAO TONG UNIVERSITY PRESS

内容提要

本书从工程实践的角度描述了航空电子系统安全性的相关概念、规范要求以及工作流程,从系统实现的角度阐述了安全性关键架构设计、软件/硬件容错设计技术,以及基于模型的安全性评估方法和数据安全的处理机制;同时,以民用飞机驾驶舱显示系统为对象开展航空电子系统安全性工程实践演示,从系统安全性需求捕获与定义入手,贯穿整个系统安全性设计与评估过程,涵盖了单个失效和组合失效分析,能够指导工程应用。

本书适用于民用飞机设计人员、航空电子领域以及安全性评估领域的工程技术人员,也可供航空院校的教师、研究生的参考使用。

图书在版编目(CIP)数据

航空电子系统安全性设计与分析技术/谷青范编著.—上海:上海交通大学出版社,2019(2020 重印)
大飞机出版工程
ISBN 978-7-313-22776-8

Ⅰ.①航… Ⅱ.①谷… Ⅲ.①航空设备—电子系统—系统安全性—研究
Ⅳ.①V243

中国版本图书馆 CIP 数据核字(2020)第 002447 号

航空电子系统安全性设计与分析技术
HANGKONG DIANZI XITONG ANQUANXING SHEJI YU FENXI JISHU

编 著 者:谷青范
出版发行:上海交通大学出版社　　　　　地　　址:上海市番禺路 951 号
邮政编码:200030　　　　　　　　　　　电　　话:021-64071208
印　　制:上海盛通时代印刷有限公司　　经　　销:全国新华书店
开　　本:710mm×1000mm　1/16　　　印　　张:30.5
字　　数:415 千字
版　　次:2019 年 12 月第 1 版　　　　　印　　次:2020 年 8 月第 2 次印刷
书　　号:ISBN 978-7-313-22776-8
定　　价:315.00 元

版权所有　侵权必究
告读者:如发现本书有印装质量问题请与印刷厂质量科联系
联系电话:021-37910000

大飞机出版工程
丛书编委会

总序

国务院在 2007 年 2 月底批准了大型飞机研制重大科技专项正式立项,得到全国上下各方面的关注。"大型飞机"工程项目作为创新型国家的标志工程重新燃起我们国家和人民共同承载着"航空报国梦"的巨大热情。对于所有从事航空事业的工作者,这是历史赋予的使命和挑战。

1903 年 12 月 17 日,美国莱特兄弟制作的世界第一架有动力、可操纵、重于空气的载人飞行器试飞成功,标志着人类飞行的梦想变成了现实。飞机作为 20 世纪最重大的科技成果之一,是人类科技创新能力与工业化生产形式相结合的产物,也是现代科学技术的集大成者。军事和民生对飞机的需求促进了飞机迅速而不间断的发展,体现和应用了当代科学技术的最新成果;而航空领域的持续探索和不断创新为诸多学科的发展和相关技术的突破提供了强劲动力。航空工业已经成为知识密集、技术密集、高附加值、低消耗的产业。从大型飞机工程项目开始论证到确定为《国家中长期科学和技术发展规划纲要》的十六个重大专项之一,直至立项通过,不仅使全国上下重视起我国自主航空事业,而且使我们的人民、政府理解了我国航空事业半个世纪发展的艰辛和成绩。大型飞机重大专项正式立项和启动使我们的民用航空进入新纪元。经过 50 多年的风雨历程,当今中国的航空工业已经步入了科学、理性的发展轨道。大型客机项目其产业链长、辐射面宽、对国家综合实力带动性强,在国民经济发展和科学技术进步中发挥着重要作用,我国的航空工业迎来了新的发展机遇。

大型飞机的研制承载着中国几代航空人的梦想,在 2016 年造出与波音 737 和空客 A320 改进型一样先进的"国产大飞机"已经成为每个航空人心中奋斗的目标。然而,大型飞机覆盖了机械、电子、材料、冶金、仪器仪表、化工等几乎所有工业门类,集成了数学、空气动力学、材料学、人机工程学、自动控制学等多种学科,是一个复杂的科技创新系统。为了迎接新形势下理论、技术和工程等方面的严峻挑战,迫切需要引入、借鉴国外的优秀出版物和数据资料,总结和巩固我们的经验和成果,编著一套以"大飞机"为主题的丛书,借以推动服务"大型飞机"作为推动服务整个航空科学的切入点,同时对于促进我国航空事业的发展和加快航空紧缺人才的培养,具有十分重要的现实意义和深远的历史意义。

2008年5月,中国商用飞机有限责任公司成立之初,上海交通大学出版社就开始酝酿"大飞机出版工程",这是一项非常适合"大飞机"研制工作时宜的事业。新中国第一位飞机设计宗师——徐舜寿同志在领导我们研制中国第一架喷气式歼击教练机——歼教1时,亲自撰写了《飞机性能捷算法》,及时编译了第一部《英汉航空工程名词字典》,翻译出版了《飞机构造学》和《飞机强度学》,从理论上保证了我们的飞机研制工作。我本人作为航空事业发展50年的见证人,欣然接受了上海交通大学出版社的邀请担任该丛书的主编,希望为我国的"大型飞机"研制发展出一份力。出版社同时也邀请了王礼恒院士、金德琨研究员、吴光辉总设计师、陈迎春总设计师等航空领域专家撰写专著、精选书目,承担翻译、审校等工作,以确保这套"大飞机"丛书具有高品质和重大的社会价值,为我国的大飞机研制以及学科发展提供参考和智力支持。

编著这套丛书,一是总结整理50多年来航空科学技术的重要成果及宝贵经验;二是优化航空专业技术教材体系,为飞机设计技术人员培养提供一套系统、全面的教科书,满足人才培养对教材的迫切需求;三是为大飞机研制提供有力的技术保障;四是将许多专家、教授、学者广博的学识见解和丰富的实践经验总结继承下来,旨在从系统性、完整性和实用性角度出发,把丰富的实践经验进一步理论化、科学化,形成具有我国特色的"大飞机"理论与实践相结合的知识体系。

"大飞机"丛书主要涵盖了总体气动、航空发动机、结构强度、航电、制造等专业方向,知识领域覆盖我国国产大飞机的关键技术。图书类别分为译著、专著、教材、工具书等几个模块;其内容既包括领域内专家最先进的理论方法和技术成果,也包括来自飞机设计第一线的理论和实践成果。如:2009 年出版的荷兰原福克飞机公司总师撰写的 Aerodynamic Design of Transport Aircraft(《运输类飞机的空气动力设计》),由美国堪萨斯大学 2008 年出版的 Aircraft Propulsion(《飞机推进》)等国外最新科技的结晶;国内《民用飞机总体设计》等总体阐述之作和《涡量动力学》《民用飞机气动设计》等专业细分的著作;也有《民机设计 1000 问》《英汉航空双向词典》等工具类图书。

该套图书得到国家出版基金资助,体现了国家对"大型飞机项目"以及"大飞机出版工程"这套丛书的高度重视。这套丛书承担着记载与弘扬科技成就、积累和传播科技知识的使命,凝结了国内外航空领域专业人士的智慧和成果,具有较强的系统性、完整性、实用性和技术前瞻性,既可作为实际工作指导用书,亦可作为相关专业人员的学习参考用书。期望这套丛书能够有益于航空领域里人才的培养,有益于航空工业的发展,有益于大飞机的成功研制。同时,希望能为大飞机工程吸引更多的读者来关心航空、支持航空和热爱航空,并投身于中国航空事业做出一点贡献。

2009 年 12 月 15 日

系列序

20世纪后半叶特别是21世纪初,信息技术的高速发展带动了其他学科的发展,航空信息化、智能化加速了航空的发展。航空电子已成为现代飞机控制和运行的基础,越来越多的重要功能有赖于先进的航空电子系统来实现。先进的航空电子系统已成为飞机先进性的重要标志之一。

如果将发动机比作飞机的"心脏",航空电子系统则称得上是飞机的"大脑"和"中枢神经系统",其性能直接影响飞机的自动化和智能化水平,对飞机的安全性、经济性、舒适性、可用性等有重要的作用。由于航空电子系统地位特殊,因此当今主流飞机制造商都将航空电子系统集成与验证的相关技术列为关键技术,这也是我国亟待突破的大飞机研制关键技术。目前,国家正筹备航电专项以提升航空电子系统的自主研发和系统集成能力。

随着国家对航空产业的重视,在"十二五""十三五"民机科研项目的支持下,在国产大飞机研制的实践中,我国航空电子系统在综合化、模块化方面取得了很大的进步。本系列图书旨在将我国广大工程技术人员在航空电子技术方面多年研究成果和实践加以梳理、总结,为我国自主研制大型民用飞机助一臂之力。

本系列图书以"民机先进航电系统及应用"为主题,内容主要涵盖航空电子系统综合技术、飞行管理系统、显示与控制系统、机载总线与网络、飞机环境综合监视、通信导航监视、航空电子系统软件/硬件开发及适航审定、客舱与机载信息系统、民机健康管理系统、飞行记录系统、驾驶舱集成设计与适航验证、系统安全性设计与分析和航空电子适航性管理等关键性技术,既有理论又有设计方法;既有正在运营的各种大型飞机航空电子系统的介绍,也有航空电子发展趋势的展望,具有明显的工程实用性,对大飞机在研型号的优化和新机研制具有参考和借鉴价值。本系列图书适用于民用飞机航空电子研究、开发、生产及管理人员和高等学校相关专业师生，也可供从事军用航空电子工作的相关人员参考。

本系列图书的作者主要来自航空工业无线电电子研究所、航空工业西安航空计算技术研究所、航空工业雷华电子技术研究所、航空工业综合技术研究所、中国电子科技集团航空电子公司、航空工业陕西千山航空电子有限责任公司、上海交通大学以及大飞机研制的主体单位——中国商用飞机有限责任公司等专业的研究所、高校以及公司。他们都是从事大飞机航空电子系统研制的专家和学者，在航空电子领域有着突出的贡献、渊博的知识和丰富的实践经验。

大型民用飞机的研制承载着中国几代航空人的梦想，制造出先进的国产大飞机已经成为每个航空人奋斗的目标。本系列图书得到 2019 年国家出版基金的资助，充分体现了国家对"大飞机工程"的高度重视，希望该套图书的出版能够为国产大飞机的研制服务。衷心感谢每一位参与编著本系列图书的人员，以及所有直接或间接参与本丛书审校工作的专家学者和上海交通大学出版社的"大飞机出版工程"项目组，在大家的共同努力下，这套丛书终于面世。衷心希望本系列图书能切实有利于我国航空电子系统研发能力的提升，为国产大飞机的研制尽一份绵薄之力。

由于本系列图书是国内第一套航空电子系列图书，规模大、专业面广，作者的水平和实践经验有限，不妥之处在所难免，敬请读者批评指正！

民机先进航电系统及应用系列编委会

前 言

民用航空电子系统是民用飞机的重要组成部分,是飞行员获取飞行、导航、控制信息,支持飞机安全飞行和引导的关键系统。航空电子技术在保障飞机性能和实现更安全、更舒适、更环保、更高效和更经济的飞行方面发挥着决定性作用。与此同时,也对系统的安全性设计提出了更高的要求。

民用飞机安全性是其不发生事故的能力,它是民用飞机的重要特性。国外航空工业先进国家非常重视飞机安全性设计和分析工作,波音、空客等公司开展的安全性设计、分析和评估工作显著降低了事故发生率。美国联邦航空管理局颁布的运输类飞机适航标准 FAR‑25 是民机适航运营的基础,近年来适航标准不断修订,对飞机安全性设计工作的要求不断提高,除了民用飞机设计本身,还考虑了人、环境和管理等诸多因素。

目前,国内还没有关于航空电子系统安全性设计研究的著作。航空电子系统安全性设计、分析和评估的方法和应用散落在部分期刊、文献之中,不能系统地为该领域的研究人员提供参考。编者在开展航空电子系统安全性设计研究之初,就非常希望能找到一本合适的参考书,既包含基本的方法,又包含工程的最佳实践,无奈没有,只能通过阅读 SAE ARP 4761 等外文标准去学习体会。本书在讲解关于航空电子系统的安全性设计、分析和评估方法的同时,会以一个案例说明方法的使用,希望能为相关人员提供帮助。

本书共分为 8 章,第 1 章为绪论,描述了航空电子系统领域的安全性内涵及相关适航安全性符合性要求,提出了本书的研究目标。第 2 章为航空电子系统安全性评估流程与方法,介绍了传统的致因分析方法、系统控制理论方法以及基于模型的安全性分析方法。第 3 章为安全性需求捕获与确认方法,从飞行任务组织、系统架构约束以及适航规章、运行环境等多个角度阐述了航空电子新系统安全性需求的捕获与确认方法。第 4 章为综合模块化航空电子系统安全性设计,阐述了基于模型的系统安全性设计方法。第 5 章为航空电子系统安全性评估技术,阐述了安全性评估流程和方法,并对缓存、单/

多粒子影响、共模等内容以专题的形式进行了讨论。第6章为支持安全关键功能的软件/硬件容错架构，阐述了机载软件/硬件的安全性考虑。第7章阐述了航空电子系统数据处理的安全性。第8章以民用飞机驾驶舱显示系统为实例，阐述了航空电子系统安全性工程实践。

本书的编写得到了航空工业无线电电子研究所上海航空电子公司安全性团队和国家重点基础研究发展计划(973计划)项目"面向大型飞机综合化航空电子系统安全性基础问题研究"相关科研人员的大力支持，包括董海勇、荣灏、周元辉、张福凯、林谢贵、张茂帝、杨亮、陈龙、李娜、鲍晓红、纪华东等；本书还获得了国家出版基金的资助，在此一并表示感谢。同时要特别感谢上海交通大学航空航天学院王国庆教授对本书编写的支持和帮助！

由于航空电子系统安全性设计是面向系统的设计分析技术，具有概念新、领域广和范围宽的特征，因此在本书编写中存在许多不全面、不系统、不完善的地方以及问题和缺陷，希望大家批评指正。

目录

4 综合模块化航空电子系统安全性设计 / 113

5　航空电子系统安全性评估技术 / 219

6　支持安全关键功能的软件/硬件容错架构 / 303

7 航空电子系统数据处理的安全性 / 339

8 航空电子系统安全性工程实践 / 377

1

绪论

我们生活在一个由系统和风险构成的世界里,例如汽车是一种系统,我们平常使用的输电网络也是一种系统,这些系统可能会故障或工作不正常,导致事故的发生。系统发生故障导致的伤亡、损失或类似不良后果的可能性就是事故风险。本章针对航空电子系统的使用场景和特性,对系统的安全性及其基本概念进行阐述,进一步介绍航空安全性相关的标准体系以及安全性评估过程和使用的安全性评估方法。

1.1　系统安全性

1.1.1　系统安全工程

系统安全工程是系统工程的一部分,其运用科学和工程原理及时识别事故风险并且采取一些必要措施,以预防或控制系统中的危险。系统安全工程是在系统、子系统、设备、材料和设施的研制、测试、生产、使用和处置过程中面临的系统、人员、环境及健康事故风险的管理过程。规范化的系统安全过程最初由美国国防部及其军事分支机构建立,并作为美军标 MIL‑STD‑882 颁布。在标准中系统安全的定义如下：贯穿系统生命周期各阶段,在系统使用效能以及适应性、时间和费用作为约束的条件下,应用工程和管理的原理、准则和技术,使系统满足可接受的事故风险水平。在企业的商业化产品研制过程中也采用相同的过程,如商用飞机、铁路运输、核电和汽车等。

系统安全工程的基本思想是一种规范化的过程,通过消除危险或降低危险的事故风险水平而有意识地将安全性设计到系统中,把发生事故的可能性降低到可忽略的水平,以达到挽救生命和财产损失的目的。系统生命周期一般包括方案设计、初步设计、详细设计、试验、制造、使用和处置等阶段。为了采取主动的安全性设计策略,在系统研制最初的方案设计阶段就要开展安全性工作。

1.1.2 系统安全过程

MIL‐STD‐882D 标准建立了一个包含八个主要步骤的系统安全核心过程(core system safety process，CSSP)，如图 1.1 所示，其主要内容包括制订系统安全大纲，以落实事故风险管理过程。系统安全大纲应正式记录在系统安全工作计划(system safety program plan，SSPP)中，详细说明将要开展的安全性工作项目，包括特定的危险分析、报告等。识别危险后，应评价其风险，并制订危险减少方法以降低确实需要处理的风险。可通过系统安全要求(system safety requirements，SSR)将危险消减方法落实到系统设计中。所有被识别出的危险将汇集成为危险措施记录(hazard action records，HAR)，并保存在危险跟踪系统(hazard tracking system，HTS)中。利用 HTS，危险被持续跟踪直至实现闭环管理。

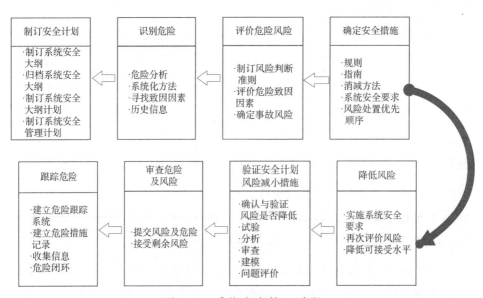

图 1.1　系统安全核心过程

从系统安全核心过程可以看出整个过程一直围绕着危险，该过程的关键是识别和消除或降低危险，因此，系统安全分析人员对于危险的理解、识别和降低至关重要。系统安全核心过程可以简化为如图 1.2 所示的过程。这是一个事故风险管理过程，系统通过识别危险、危险事故风险评价、对风险不可接受的危险进行控制以及对危险风险进行评价验证而确保安全。这是一个闭环过程,在这个过程中,分析和跟踪危险直至采取可接受的闭环措施并得以验证。我们要在系统设计过程中就考虑其对系统设计方案的影响,而非在系统研制完成后再试图更改设计,因此,该过程应与系统实际研制过程相结合。

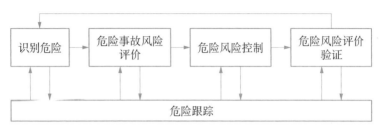

图 1.2　简化的系统安全核心过程

系统安全包含了一个生命周期的整体技术途径,其基于事故的预防措施必须尽可能早地开展,并持续到系统使用寿命终止。通常在研制阶段,一开始就在系统设计中考虑安全性设计而产生的费用要比在系统已制造完成或投入使用时再考虑安全性设计的费用少得多,且更为有效。系统安全管理的关键在于对危险的管理。为了有效地控制危险,人们必须理解危险原理并识别危险。本节的目的是让读者更好地理解危险并掌握用于识别危险的工具和技术。只有当危险被识别和理解后,才能被有效地消除或降低。

1.1.3　系统安全分析基本方法

要对系统安全进行研究,就需要理解系统和许多与系统相关的不同特征和属性。针对“系统”这一术语及其衍生概念,包括理解系统的组成、系统如何运行、系统分析工具、系统生命周期以及系统研制过程等内容。只有当合理的、面向系统的安全性工作在系统相应的生命阶段中得以开展,并且采用适当的系统工程工具时,主动预防的安全性工作过程才可能被有效地执行。安全性工作的时机选择和内容安排必须与特定的系统研制阶段相适应,以确保系统安全得到保障。

图 1.3 描述了系统的一般概念,该图表明系统是由许多子系统组成的,且

各子系统之间存在接口。系统具有一定的目标而且被一个边界和环境所包围。系统安全分析涉及对系统各个方面的评价,包括功能、子系统、接口、边界和环境以及整个系统本身。

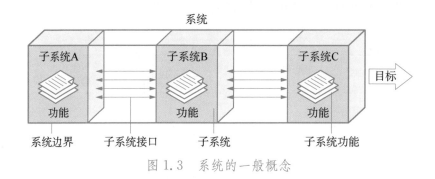

图 1.3 系统的一般概念

系统有许多系统安全所关注的属性。因为这些属性为系统的设计、建造、运行以及分析提供了框架,所以定义和理解系统关键属性是非常必要的。表 1.1 列出了系统的关键属性,表头为关键属性分类,表格内容是确定的子项。每一种属性都被某个系统研制阶段开展的系统安全危险分析所强调。

表 1.1 系统的关键属性

层次	组成部分	影响范围	运转方式	类型
系统 子系统 单元 组件 部件 零件	硬件 软件 人 流程 接口 环境 设施 文件	边界 复杂性 危险程度	功能 任务 模式 阶段	静态 动态 自动 进程 武器 飞机 航天器 ……

为了进行完整且彻底的危险分析,必须理解系统的每个属性。安全应考虑的基本属性内容如下所示:

(1) 硬件故障模式、危险的来源。

(2) 软件设计错误、设计不兼容。

（3）人为差错、人身伤害、人员控制接口。

（4）环境气候、外部设备。

（5）程序指令、任务、告警说明。

（6）接口错误的输入/输出、意想不到的复杂性。

（7）功能无法执行、错误执行。

（8）设施建筑物损坏、存储兼容性不佳、发生运输差错。

为了确保系统获得最佳的安全性水平，系统安全工作计划必须充分重视这些系统属性。安全性分析、评估、评价过程必须考虑系统的所有要素以及它们之间的相互关系，从而保证真正对整个系统进行安全性分析。

1）系统生命周期

系统生命周期包括一个系统从方案设计到报废处置经历的所有阶段，总结为如图 1.4 所示的五个主要阶段。系统生命周期的所有方面都将归入这些主要阶段之中。

方案设计 ⇨ 研制与试验 ⇨ 生产 ⇨ 使用 ⇨ 报废处置

图 1.4　系统生命周期主要阶段

安全性工作项目都是围绕这五个阶段计划和展开的。为了在设计产品时主动考虑安全性，非常有必要从方案设计阶段就开始安全性设计并贯穿于整个生命周期。

（1）第一阶段：方案设计。这一阶段包括根据可行性、费用和风险等因素对可能的系统方案进行确定和评价。此阶段需要确定整个项目的目的和目标、设计要求、功能和最终结果等；概略地设计出系统基本框架，包括必要的子系统设计草图以及它们之间的交互方式。在这个阶段，安全性关注系统中必须使用的危险部件和功能。系统安全大纲一般在这个阶段开始计划，列出整个系统的风险和安全性工作，包括必须开展的危险分析。

（2）第二阶段：研制与试验。这一阶段包括设计、研制和实际系统的试验。研制从初步设计贯穿到详细设计。研制阶段一般分为以下几个阶段。

a. 初步设计：初始的基本设计。初步设计把初始方案转化为可行的设计方案。子系统、部件和功能都在这一阶段识别和定义，明确用于定义系统、子系统和软件的设计要求；还会对备选设计方案进行一些试验。本阶段的安全性关注危险的系统设计、危险的部件和材料、最终会导致事故的危险功能以及消除或降低危险的措施。

b. 详细设计：最终的详细设计。系统最终的详细设计包括制订系统规范、草图、图纸和系统过程以及所有子系统设计。在最终详细设计阶段，安全性关注在系统生命周期内会导致事故的危险设计、故障模式、人为差错。

c. 试验：测试系统以确定满足所有需求。它包括对设计的验证和确认试验，以确保所有的设计要求都得以有效地实现。安全性关注试验相关的潜在危险和在试验中识别的额外系统危险。

（3）第三阶段：生产。在生产阶段，最后批准的设计被转化为可使用的最终产品。在该阶段，安全性关注安全生产过程、人为差错、工具、方法和危险材料。

（4）第四阶段：使用。在使用阶段，最终产品被用户应用到实际的工作中，该阶段包括使用和保障功能，诸如运输和装卸、存储和配载、改进和维修。使用阶段可能持续多年，而产品的性能和技术都可能在该阶段升级。系统的安全使用和保障是这一阶段关注的安全问题。在此阶段，安全工作包括操作者的行为、硬件故障、危险的系统设计、安全的设计更改和系统升级。

（5）第五阶段：报废处置。这一阶段是产品使用寿命的终结。伴随着产品使用寿命的终结，该阶段的工作涉及对系统全部或个别要素的报废处置。这个阶段包括淘汰、分解和退役等工作，涉及产品的拆散、拆除和拆卸。安全的拆卸过程和危险材料的安全处置都是这一阶段安全工作要关注的内容。

2）系统研制

系统的研制是一个设计、开发和试验的过程，旨在使最终产品满足所有要求并实现所有目标。系统研制主要由系统生命周期的第一和第二阶段组成。

正是在研制阶段,安全性被设计到产品中以便安全使用。可以将系统生命周期的第二阶段扩展为初步设计、详细设计和试验,在此阶段开展系统安全设计和分析的效果最为显著。

　　工程研制是已采用多年的标准传统方法。该方法依次开展系统生命周期的各个阶段。在该模型中,每个阶段必须全部完成才能进入下一阶段。由于系统是按阶段依次开发的,因此这种方法一般花费时间最长。不同阶段的转换需要开展三项重要的设计评审,分别是系统需求评审(system requirements review,SRR)、初步设计评审(preliminary design review,PDR)和关键设计评审(critical design review,CDR)。这些设计评审是分析危险类型的重要方面。图 1.5 描述了工程研制过程。

方案设计	研制与试验			生产	使用	报废处置
	初步设计	详细设计	试验			

图 1.5　工程研制过程

　　为了使系统设计满足安全性要求,在设计时必须排除或降低危险(减小风险)。识别危险是关键的系统安全工作的基础,正确地理解和认识危险原理对于正确、有效地开展系统安全性工作至关重要。为了在识别、评价、降低危险的过程中认识和理解危险,接下来将重点介绍危险是如何形成的以及危险、事故和风险之间的转换关系。

1.2　危险、事故和风险

1.2.1　危险基本概念

　　整个系统安全过程就是事故风险管理过程,通过识别危险、评价事故风险和控制具有不可接受风险的危险以获得系统的安全。系统安全工作的开展应与实际系统的研制过程相结合,在设计研制过程中利用安全特性实现对设计的影响,而不是在系统研制完成后再尝试增加更多的费用以更改设计。

危险的组成、危险致因因素和事故等这些基本概念是系统安全常见的绊脚石。在识别、描述、评价危险时,应清楚地理解危险与危险致因因素之间的关系。为了更好地理解危险原理,首先需要了解下列与安全相关的定义。

(1)意外事件:由不可预见的原因引起的行为或事件,可能会导致财产损失或人员伤亡。

(2)事故:意外事件或一系列事件导致死亡、伤害、职业病疾病、设备或财产损失、环境破坏。

(3)危害(hazard):任何实际或潜在的可能导致人员受到伤害、患上疾病或死亡,造成设备损坏和财产损失,引起环境破坏的条件和因素,危害也称为危险。

(4)风险:事故形式、结果状态、影响程度和发生概率的描述。

通过定义可以看出意外事件或事故是一种随机事件,喻示危险是无法预测和无法避免的。相反,系统安全建立在事故不是随机事件这一基础之上,事故和意外事件并非无缘无故地发生,而是一组特定条件(也就是危险)所导致的结果,通过恰当的分析是可以预测的,并且事故可以通过危险的消除、控制和降低措施得以预防或控制。

1.2.2 危险与事故的转换原理

根据危险相关的定义我们可以发现:事故是已发生并且造成人员伤亡或系统损坏的实际事件,而危险则是可能造成人员伤亡或系统损坏的潜在条件。所以危险与事故之间的转换原理如下:危险是事故的先兆,一个危险确定了某一起潜在事件(如事故),而一起事故则是已发生的事件。图1.6描述了危险与事故之间存在的联系。

如图1.6所示,危险和事故是同一个现象的两种不同状态,通过必然发生

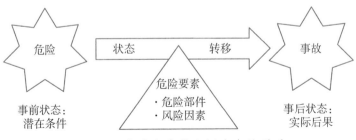

图 1.6 危险与事故之间存在的联系

的状态转移相连。可以把这些状态理解为"事前状态"和"事后状态"。危险是位于图左端的"潜在条件",基于状态转移,可以转变为位于图右端的"实际后果"(事故)。

事故是现实危险的直接结果。从危险到事故的状态转移基于两个因素:

(1) 涉及一组特定的危险要素。

(2) 由危险要素导致的事故风险。危险要素是构成危险的元素,事故风险是事故发生的可能性和事故所导致损失的严酷度。

事故风险是一个很直观的概念,可以定义为

$$事故风险 = 可能性因子 \times 严酷度因子$$

其中:事故的可能性因子是危险要素发生并转换成事故的概率;事故的严酷度因子是事故所导致的总后果。

可能性和严酷度可以用定性或定量的方式进行确定和评价。通过计算故障事件的概率,时间因素也纳入风险概念的考虑中。例如,在 $P_{故障} = 1.0 - \mathrm{e}^{-\lambda T}$ 中,T 是暴露时间,λ 是故障率。

危险要素的概念定义要稍微复杂一些。危险是一个只包含导致事故的充分元素的实体。危险要素确定了事故的必要条件和事故的最后结果或影响。危险由下列三个基本要素组成:

(1) 危险元素是构成危险的基本危险源,如系统中使用的爆炸物。

(2) 触发机制是导致危险发生的触发或引发事件。触发机制导致危险从

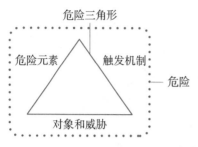

图 1.7　系统安全领域中的危险
　　　　三角形

潜在状态向实际事故状态转变。

（3）对象和威胁是易受到伤害和破坏的人或物，描述了事故的严重程度。这是事故后果和预期造成的破坏和损失。

危险的三个要素构成了系统安全领域中的危险三角形，如图 1.7 所示。

危险三角形说明了危险是由三个必要且耦合的要素组成的，每个要素构成三角形的一条边。危险存在的前提是三角形的三边都必须具备。移除三角形的任何一边都可以消除危险，因为无法再造成事故（即三角形不完整）。减小触发机制所在那一边的可能性，事故发生的可能性就会降低。减少危险元素边、对象与威胁边、触发机制边，事故的严酷度就会降低。危险的这一特性使在决定从哪里着手降低危险时非常有用。

关于危险与事故的转换过程要牢记两个要点：一是在转换阶段，通常会有一些类型的能量积累，最终导致事故伤害；二是常常会有一个事故不可逆点，此时事故已不可能阻止。每个单独的危险都是唯一的，因此对于任何危险，状态转换的这一时序段也是唯一的。

危险状态与事故状态的转换过程如图 1.8 所示。在转换阶段，随着触发机制发挥作用，能量开始积累。这一过程也可以看作功能元素的实现，即或快速

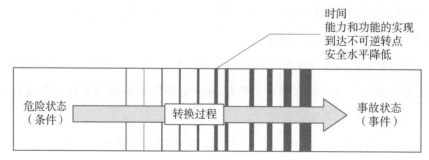

图 1.8　危险状态与事故状态的转换过程

或缓慢实现功能的过程。在这期间,系统的安全性水平降低,当转换过程达到一个不可逆转点时,危险变得不可逆转。

系统按照一定规范设计和制造,以达到执行一个或多个预定功能的目的。但是,系统也可能含有一个固有的设计缺陷,能够执行某个无法预期和不期望的功能,正是这个设计缺陷构成了危险的必要事件和条件。由于设计缺陷并非总是明显的,因此很多时候设计人员并不能发现设计缺陷(危险)。这些危险只有通过危险分析才能发现和识别。因此,危险识别和控制(通过危险分析得以实现)是事故预防的关键。

1.2.3　危险与事故的概率

危险以 1 或 0 的概率存在,而事故具有介于 1 和 0 之间的发生概率,具体情况取决于事故致因因素。危险元素以 1 的概率出现,正由于它的存在,系统才存在危险。因此,决定事故发生概率的是触发机制,即当触发机制发生时事故发生。触发机制是如人为差错、部件故障、时序错误等类似因素。危险要素和概率示例如图 1.9 所示。

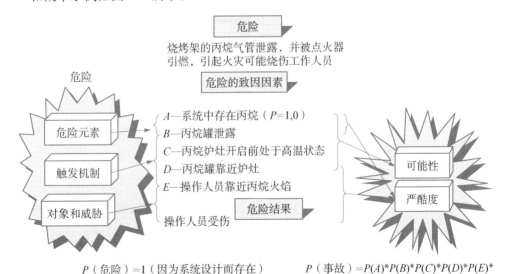

图 1.9　危险要素和概率示例

危险致因因素是引起危险的根源。实际上，危险致因因素是构成威胁和为危险转化成事故提供机制的危险元素。危险中的危险元素和触发机制都是危险致因因素。这两类危险致因因素是危险转变为事故的前提。对象和威胁、部分危险元素与触发机制联合确定了危险的严酷度。通常危险元素的数量对于事故严酷度很重要，触发机制使得对象接近危险元素。

1.3　航空电子系统安全性

1.3.1　飞机系统安全性设计概况

民用飞机安全性是民用飞机不发生事故的能力，是民用飞机的重要特性。国外航空工业先进国家非常重视飞机安全性设计和分析工作，例如波音 707、Comet4、DC‐8、Caravelle、Convairs 等第一代喷气式飞机在飞机上进行安全性试验，显著降低了事故发生率，然而事故发生率还是比预期高出许多；波音727、波音 737‐100/200、波音 747、DC‐9、L‐1011、DC‐10、A300 等第二代喷气式飞机正式使用失效模式和影响分析(failure modes and effects analysis，FMEA)，进一步降低了事故发生率，但相关硬件仍然可能导致事故；波音 737‐300～900、波音 757、波音 767、波音 747‐400、波音 777、MD‐80、MD‐90、MD‐11、A319～A340 等第三代喷气式飞机正式使用功能危害性评估(functional hazard assessment，FHA)、FMEA、故障树分析(fault tree analysis，FTA)进行安全性分析，使得相关系统的事故率有了实质性的降低。

自 20 世纪 70 年代以来，由于民用飞机事故不断增加，因此美国联邦航空管理局(Federal Aviation Administration，FAA)对颁布的运输类飞机适航标准 FAR‐25 中的有关条款进行了修订，提高了对飞机安全性设计工作的要求。20 世纪六七十年代的改进发动机使用更可靠的推进系统，使得航空事故减少了许多。20 世纪 90 年代以后，民机的设计工作进一步改进，设计中考虑了人为因素,研制了更人性化和现代化的驾驶舱,大大减少了因飞行员负荷过重所引起的灾难。

民用飞机的设计及使用必须确保飞机在规定的使用范围内具有飞行及乘员安全的特性,即具有规定的适航性。为此,民用航空工业发达的国家都制定了专门的适航条例以保证民用航空的安全,如美国的《联邦航空条例》(Federal Aviation Regulations,FAR)和欧洲的《联合航空条例》(Joint Aviation Requirement,JAR)等。这些条例对飞机设计及制造质量、航行及空中交通管制等提出了最低标准的要求和规定,它们是民用飞机设计必须遵循的法规和基准。其中,FAR-25.1309 和 JAR-25.1309 及它们的有关文件都规定了飞机及系统安全性指标和评定的一般要求。民用飞机的设计必须满足这些要求才能取得相应的适航证书。

航空的安全性工作基于事故可能性和危害程度关系的原则产生要求,目前航空事故的可接受风险水平为低于每 100 万次起降发生一次致命事故。就飞机本身而言,其设计目标是各个系统的致命事故的概率小于 1 次/1 000 万飞行小时。而对于航空电子资源和信息共享类设备的子系统,其灾难故障发生概率通常应小于 1 次/10 亿飞行小时。

1.3.2　航空电子系统的内涵

按照美国航空运输协会(Air Transport Association,ATA)发布的相关标准,综合模块化航空电子系统组成包括综合处理系统(ATA 42)、指示与记录系统(ATA 31)、通信系统(ATA 23)、导航系统(ATA 34)、飞行管理系统(ATA 34)、综合监视系统(ATA 34)、客舱系统(ATA 44)、机载维护系统(ATA 45)、机载信息系统(ATA 46)等子系统。

航空电子系统组成与布局如图 1.10 所示。

1) ATA 23——通信系统

通信系统是在飞机内部、飞机与飞机之间或飞机与地面站之间提供通信手

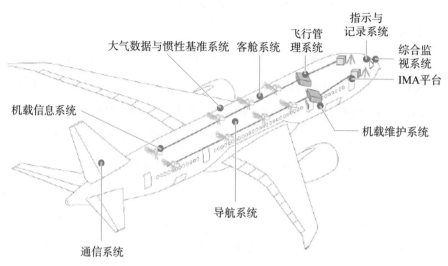

图 1.10　航空电子系统组成与布局

段的装置和组件。通信系统包括语音通信、数据通信、载波通信用的组件、扬声器、所有的发射和接收设备以及有关的天线等。

通信系统是实现飞机空地话音及数据通信的主要技术手段,是保障空中交通管理和航空公司运营的重要技术基础。

2) ATA 31——指示与记录系统

指示与记录系统包括显示系统和飞行数据记录仪。显示系统是飞行员与飞机最主要的交互接口,向飞行员提供飞机起飞/复飞、爬升、巡航、下降、进近、着陆等各个飞行阶段所需的飞行数据和指引信号等画面显示;同时为飞行员提供指令输入操作和显示设备,实现飞行员对飞行控制相关系统工作模式设定、工作状态调整与各类参数的输入,以及对显示系统自身操作与画面的调度控制,飞行员按照显示系统呈现的显示信息和操作控制完成全飞行过程控制、监视与管理任务。最新研发的民用飞机(包括 C919)配置了平视显示器(head up display,HUD)、增强视景系统(enhanced vision system,EVS)和合成视景系统(synthetic vision system,SVS)等先进设备与功能系统,这改善了飞行员的飞行情景意识,实现了恶劣气候条件下 CAT Ⅲa 进近辅助飞行。

3) ATA 34——导航系统

导航系统是为飞机提供导航信息的装置和组件系统,包括甚高频全向信标(very high frequency omnidirectional range,VOR)、全压、静压、仪表着陆系统、飞行指引仪、罗盘、指示器等。

导航系统用于提供飞机起飞、航行、进近和着陆等阶段的引导信息,指导飞机按预定航路安全飞行,是保障航空器安全可靠飞行的基本系统。

4) ATA 34——飞行管理系统

飞行管理系统是按照 ATA 34 飞行导航引导定义衍生出的覆盖全航线运行的飞行任务管理功能系统,逐步发展成为干、支线客机航空电子系统的核心系统,包括综合导航、飞行计划管理、航迹预测、飞行导引、性能优化等功能。飞行管理系统负责飞行过程中的飞行计划设定和更改、最优性能参数计算、飞行剖面/航迹生成优化,按照参考航迹与导航数据引导飞机飞行;整合优化飞机相关航空电子系统或设备功能与性能,确保飞机在飞行过程中按照航空公司设定的飞行计划和空中交通管理规则飞行,在飞行过程中完成飞行管理、状态监视和人工操纵等功能,实现民机航空运输"门"对"门"运营全过程任务管理。

飞行管理系统直接实现飞行任务的组织和管理功能,是实现飞机智能化、网络化、信息化的关键技术途径。

5) ATA 34——综合监视系统

综合监视系统同样是按照 ATA 34 飞行导航引导衍生出的覆盖全飞行过程的综合环境监视功能系统。通过气象雷达为飞机提供实时的气象环境监视能力;通过空中防撞系统感知飞行过程中合作航空器的入侵信息,实现空中交通冲突监视、告警与指引;通过二次雷达应答机(S 模式)实现空域信息通报;通过广播式自动相关监视系统(automatic dependent surveillance-broadcast,ADS‐B),实现任务过程中与飞机之间、机场场面管理进行信息交互;利用地形感知和告警系统(terrain awareness and warning system,TAWS),引导飞机安全进近与规避障碍物。综合监视系统利用相关机载监视设备与传感器资源,将空中交通防撞系统、近地告警系统(含增强型)、S 模式应答机、气象雷达系统综合为一个功能子系统,通过信息融合实时监视飞行环境态势,实施综合显示与告警,包括前方雷、雨、风暴、湍流等气象状况;空中交通状况;前方地形;障碍物;机场信息等。

6) ATA 42——综合处理系统

通过航空电子综合技术发展和架构演进,ATA 42 定义了机载综合模块化航空电子(integrated modular avionics, IMA),包括通用计算处理模块(general processing module, GPM)、航空电子内置网络数据交换机(avionics cabinet switch, ACS)、电源模块(power supply module, PSM)、航空电子外置网络数据交换机(ADN remote switch, ARS)、远程数据接口单元(remote data interface unit, RDIU)等。IMA 平台是开放式、综合化、模块化航空电子系统的核心,除了提供传统的数据处理功能外,同时支持各种飞机功能驻留。航空电子系统功能驻留在 A380、波音 787 等先进飞机上实现了快速发展,IMA 功能驻留从核心功能驻留迅速扩展到飞机功能驻留。例如,A350XWB 飞机实现了"40+"的功能驻留,波音 787 飞机实现了"30+"的功能驻留,航空电子综合化水平大幅提升。

7) ATA 44——客舱系统

客舱系统为飞机内部和飞机客舱与地面站之间提供通信,也为乘客提供娱乐服务,包括机载娱乐系统。

8) ATA 45——机载维护系统

机载维护及健康管理是中央维护系统的主要功能,是基于空地双向数据通信系统的实时监控与健康管理系统,实时收集飞机的状态信息,及时获取飞机的健康状态,并对飞机全生命周期内的健康状态进行有效管理。

9) ATA 46——机载信息系统

机载信息系统主要基于无线通信和互联网技术,实现飞机和地面无缝连接的信息化功能,是完成航空公司飞行、运营、维护等业务的空地信息协同一体化、改善飞行环境、提升运行效率、降低维护难度的重要技术手段。

1.3.3　航空电子系统安全要求

航空电子系统趋于实现越来越多的飞机安全关键功能(如飞行管理、引导控制、通信、导航等),如何控制因航空电子系统失效带来的事故风险,已成为现代飞机研制的重点关注内容。重要的适航标准,如 FAR、JAR 和中国民用航空规章(China Civil Aviation Regulation,CCAR)均在其 1309 条款中对机载系统的安全性提出了明确要求,并指出必须通过系统安全性分析来表明对该条款的符合性。中国民用航空局(Civil Aviation Administration of China,CAAC)于 2011 年发布了最新的 CCAR‑25 部 R4 版,其 25.1309 条详细内容如下:

第 25.1309 条　设备、系统及安装

(a)凡航空器适航标准对其功能有要求的设备、系统及安装,其设计必须保证在各种可预期的运行条件下能完成预定功能。

(b)飞机系统与有关部件的设计,在单独考虑以及与其它系统一同考虑的情况下,必须符合下列规定:

(1)发生任何妨碍飞机继续安全飞行与着陆的失效状态的概率为极不可能;

(2)发生任何降低飞机能力或机组处理不利运行条件能力的其它失效状态的概率为不可能。

(c)必须提供警告信息,向机组指出系统的不安全工作情况并能使机组采取适当的纠正动作。系统、控制器件和有关的监控与警告装置的设计必须尽量减少可能增加危险的机组失误。

(d)必须通过分析,必要时通过适当的地面、飞行或模拟器试验,来表明符合本条(b)的规定。这种分析必须考虑下列情况:

(1)可能的失效模式,包括外界原因造成的故障和损坏;

（2）多重失效和失效未被检测出的概率；

（3）在各个飞行阶段和各种运行条件下，对飞机和乘员造成的后果；

（4）对机组的警告信号，所需的纠正动作，以及对故障的检测能力。

（e）在表明电气系统和设备的设计与安装符合本条（a）和（b）的规定时，必须考虑临界的环境条件。中国民用航空规章规定具备的或要求使用的发电、配电和用电设备，在可预期的环境条件下能否连续安全使用，可由环境试验、设计分析或参考其它飞机已有的类似使用经验来表明，但适航当局认可的技术标准中含有环境试验程序的设备除外。

（f）必须按照 25.1709 条的要求对电气线路互联系统（EWIS）进行评估。

AC 25.1309 提出了"失效-安全"系统设计概念，要求系统安全性要满足如下基本目标。

在任何系统或子系统内，在任何一个飞行起落期间（从松刹车起至地面减速到静止），不管它的失效概率如何，都应该假定会存在任一元器件、部件或连接件失效的情况，即单个失效。上述的单个失效不应该妨碍继续安全飞行和着陆，或显著降低飞机性能和机组因避免失效造成影响的能力。

在同一个飞行起落期间，还应假定有连续的失效（不管是探测到的或是潜在的）以及其组合，除非表明它们与最初的失效联合发生的概率是极不可能的。

CCAR - 25.1309（a）款要求关键系统和设备在飞机运行和环境条件下能执行预定功能。这里的飞机运行和环境条件不仅包括飞机运行可能遇到的各种温度、高度、速度、气象（湍流/降雨）等外部环境条件，还包括过载、液体泄漏等飞机内部环境条件。这里的系统和设备可以分为两类：一类是可能导致Ⅰ、Ⅱ、Ⅲ、Ⅳ类安全性影响（见表1.2），或规章要求的系统和设备，CCAR - 25.1309（a）（1）项要求在各类条件下，这些系统和设备都应能完成预期功能；另一类是其他非关键的系统和设备（如机载娱乐系统），虽然不要求其能完成预期功能，但其失效不能影响第一类系统和设备的正常工作。

表 1.2　失效概率和严重程度之间的关系

失效状态分类	严重程度		失效状态影响	系统研制保障等级（ARP 4754）	失效概率描述		定量失效概率要求（/飞行小时）
	FAA	EASA			FAA	EASA	
Ⅰ	灾难性的	灾难性的	阻碍持续安全飞行与着陆的所有失效状态	A	极不可能	极不可能	$\leqslant 10^{-9}$
Ⅱ	较严重的	危险的	极大降低安全裕度或功能性能	B	极小的	极小的	$>10^{-9}$ 且 $\leqslant 10^{-7}$
			高负荷或物理损害以致不能依赖飞行机组准确或完整地完成任务				
			对飞机乘员具有不利影响				
Ⅲ	较大的	较大的	较大降低安全裕度或功能性能	C	微小的	微小的	$>10^{-7}$ 且 $\leqslant 10^{-5}$
			较大增加机组工作负荷或影响机组效率的状态				
			引起飞机乘员的一些不适				
Ⅳ	较小的	较小的	轻微降低安全裕度	D	可能的	可能的	$>10^{-5}$ 且 $\leqslant 10^{-3}$
			轻微增加机组工作负荷				
			引起飞机乘员一些不方便				
Ⅴ	无安全影响	无安全影响	无安全性影响	E	无概率要求	无概率要求	任何可能

注：航空电子设备子系统的失效概率通常以每飞行小时失效的可能性表示。然而有一些例外，对于某些系统风险更适合用每飞行架次而不是每飞行小时表示，如起落架和刹车系统在飞行中只使用一次。

CCAR-25.1309(c)款要求将系统不安全工作的信息提供给机组，这里的不安全工作指如果不被探测或机组没有采取处理措施，则将影响飞机安全的系统或设备失效的情况。针对一些特殊的飞行阶段（如起飞、着陆阶段），如果系统失效不会显著影响飞机安全,且告警指示的失效可能会带来更大影响,那么此阶段的告警指示可以被抑制。

目前民航工业界主要依据咨询通告 AC/AMJ 25.1309 以及工业标准 SAE ARP 4754A、EUROCAE ED-79、SAE ARP 4761 等的要求开展飞机系统的安全性分析评估工作。在系统安全性分析方法中,FMEA 和 FTA 是最常见、应用最久的两种飞机系统安全性分析方法。

航空电子系统设计必须保证:

(1) 任何灾难事故都极不可能发生,单一故障不能导致灾难事故。

(2) 避免所有重大危害故障。

(3) 避免主要故障。

同时,安全性需求的验证需要通过分析证明,必要时通过适当的地面飞行或模拟器测试等手段进行验证。分析必须考虑所有可能的失效模式(包括故障和外部来源损坏)、多个不可预期故障的可能性以及对飞机和乘客产生的间接影响。在系统开发过程中需要对系统的失效概率和严重程度进行分析,表 1.2 表明了失效概率和严重程度之间的关系。

1.3.4　安全性设计与系统研发过程

安全性是通过设计赋予产品的一种特性,是民用飞机设计必须满足的首要特性。它可定义为产品在规定的条件下,以可接受的风险执行其功能的能力。具体来说,安全性是指系统不导致飞行器发生灾难性事故的能力,要求对人的伤害必须满足最低的安全标准,即适航要求。

安全性设计贯穿产品的整个研发生命周期,如图 1.11 所示。研发过程在本质上是反复迭代的,而安全性设计则是这个过程中一个必不可少的部分。从方案设计时的飞机级 FHA、FTA,到初步设计时的系统级 FHA、初步系统安全性评估(preliminary system safety assessment, PSSA),再到详细设计及试验验证阶段的系统安全性评估(system safety assessment, SSA)、FMEA、

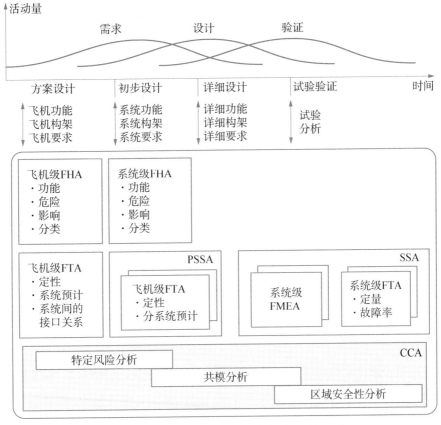

图 1.11 产品研发生命周期与安全性设计

FTA 以及共因分析(common cause analysis,CCA)。在安全性设计、分析和评估过程中,安全性分析开始于方案设计阶段并得出其安全性要求,指导系统的详细设计和试验验证,识别正确的软件和硬件交互界面,给出适当的设计保证等级。而随着设计的推进会不断产生更改,这些更改的设计又必须重新进行分析评估,这种重新评估又可能需要进一步的设计更改来满足。这种安全性分析设计过程要持续到验证表明设计已经满足安全性要求为止,从而使系统架构设计满足安全性要求。

民用飞机航空电子系统在研制过程中的工作要点如下所示:

（1）分析适航要求。根据产品对应适航标准逐条分析设计符合性，重点分析安全性及超出以往设计要求的特性，如高强度辐射场（high intensity radiated field，HIRF）等。

（2）确定符合性方法。确定设计验证的符合性方法及验证文件，重点关注符合性方法的合理性和全面性，完成项目策划。选取符合性方法的原则是以最低成本满足条款要求，如尽量采用非试验手段、能用地面试验的就不用飞行试验等。

（3）开展安全性设计工作。重点形成相关设计文件，开展失效模式、影响和危害性分析（failure mode，effects and criticality analysis，FMECA），FTA和共模分析（common mode analysis，CMA），在分析的基础上形成产品组成构架，完成初步的安全性设计与评估。

（4）开展适航符合性试验验证。完成各部件功能验证、系统综合联试及可靠性试验，重点关注问题的解决、验证计划的严格执行和计划变更的及时性和有效性。

适航要求依靠过程保证结果，因此建立有效的设计保证体系是满足适航要求的重要环节。适航过程包括策划过程（计划、标准）、设计过程（需求获取、概要设计、详细设计、实现）和支持过程（确认、验证、配置管理、过程保证和认证联络）。以上的过程及活动要按照ARP 4754A、DO－178C、DO－254和DO－160的相关要求开展，并把方法以文件的形式固化在质量体系的程序文件或作业文件中，从而形成设计保证体系，如图1.12所示。

同时，企业必须要有满足适航要求的质量保证体系（见图1.13），需按照AS 9100C的要求，对已有的质量手册、程序文件、作业文件和表单进行更新完善。

设计保证体系和质量保证体系共同构成了满足民用飞机要求的研发保证体系。在此体系下，满足适航要求的系统研发能有效地遵从自上而下的需求定义和分解以及自下而上的需求追溯和验证过程。按照这个体系与流程

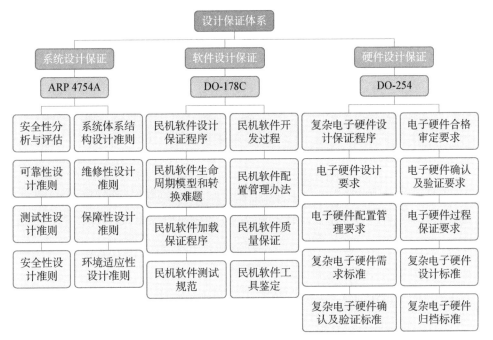

图 1.12 航空电子系统设计保证体系

进行的产品设计既能满足功能性能要求，又能满足安全性要求（需求中包含这些特性）。而这个规范的、成体系的研发过程同时又确保了设计的可追溯性，当产品具有良好的可追溯性时，安全性又进一步得以保证。因此，安全性和可追溯性是相辅相成、互相制约及影响的，是满足适航要求的关键要素。建立健全有效的研发保证体系能支持并保障整个研发设计过程的安全性需求符合性及可追溯性。

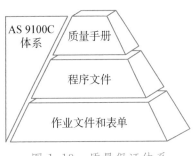

图 1.13 质量保证体系

1.3.5 适航安全符合性验证方法

根据目前的工业实践经验，针对 AC 25.1309，通常可采用的符合性方法包括以下几种。

（1）说明性文件（MC1）：说明飞机和系统将按照特定的功能、性能、接口、安全性、环境等要求进行设计，能够在预期的运行和环境条件下完成预定功能。相应的告警和显示设计能够将不安全工作的情况提供给机组，并运用研制保证技术提高研制过程的置信度。

（2）分析/计算（MC2）：开展载荷、强度、性能等分析和计算，并支持安全性评估。

（3）安全评估（MC3）：通过飞机和系统安全性评估过程和分析方法，表明失效状态的正确性和完整性。特定失效的发生满足概率要求，不存在单个故障导致灾难性的失效状态的情况。安全评估要求立即采取纠正措施的故障，应提供警告级别的发动机指示和机组告警系统（engine indicating and crew alerting system，EICAS）信息。

（4）实验室试验（MC4）、地面试验（MC5）、飞行试验（MC6）：通过功能检查试验和故障试验，表明关键系统和设备能实现预期功能，且所有系统和设备的失效都不会对关键系统和设备产生影响。通过故障试验表明机组可以获取告警和信息，并能采取纠正措施。此外，试验可进一步表明安全性分析过程的正确性，提高其置信度。

（5）模拟器试验（MC8）：通过故障情况下的模拟器试验，对失效状态的影响等级进行确认。此外，通过故障试验，表明机组可以获取告警和信息，并能采取纠正措施。

（6）设备合格性（MC9）：通过设备鉴定试验，表明其在温度、温度变化、湿热、冲击和坠撞、电磁等临界的环境条件下，可执行预定功能。

为了表明对 AC 25.1309(b)的符合性，必须考虑需求、设计和实现中的研制差错：对于简单系统和设备，可以通过彻底的试验、检查、分析，对研制差错进行识别和纠正；而对于高度复杂的系统和设备（尤其是当采用了复杂电子硬件和软件时），由于彻底的试验、检查、分析无法实现，因此需要引入研制保证的方法,表明研制差错已被减小到可接受的程度。目前看来,ARP 4754A 建议的研制保证方法已被各主要适航当局接受。按照 ARP 4754A 建议的系统化研制流程开展复杂系统的研制,为近年新研飞机表明符合性提供了一种可行的方案。

飞机开发过程和系统开发过程遵循 ARP 4754A,电子硬件开发过程遵循 DO‑254,软件开发过程遵循 DO‑178C,安全性评估过程遵循 ARP 4761,基于这些标准规范,实现对 AC 25.1309 的适航支持,标准之间的关系如图 1.14 所示。

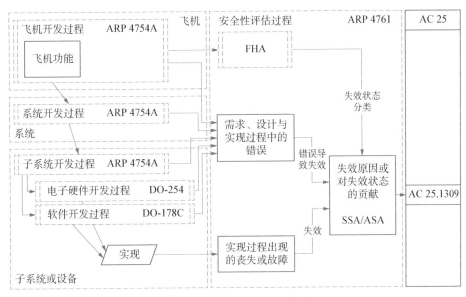

图 1.14 标准之间的关系

1.4 小结

本章重点描述了系统安全性工程、危险、事故以及风险的基本概念,并对航空电子系统的安全性内涵进行了阐述,介绍了适航安全符合性要求及方法。

参考文献

［1］ SAE ARP 4754A Guidelines for Development of Civil Aircraft and Systems ［S］. SAE, 2010.

［2］ SAE ARP 4761 Guidelines and Methods for Conducting the Safety Assessment Process on Civil Airborne Systems and Equipment ［S］. SAE, 1996.

［3］ 王国庆,谷青范,王淼. 综合化航空电子系统的安全之道［J］. 科技纵览,2016(7)：64－66.

［4］ 谷青范,张丽花,王国庆,等. 综合化航空电子系统安全性研究［C］//探索　创新　交流——第六届中国航空学会青年科技论坛. 2014.

［5］ MOIR I, SEABRIDGE A, JUKES M. Civil Avionics Systems ［M］. John Wiley & Sons, 2013.

［6］ 崔西宁,沈玉龙,李亚晖. 综合化航空电子系统安全技术研究进展［J］. 计算机应用与软件,2012(11)：136－142.

［7］ 胡林平,崔西宁. 综合化航空电子系统安全评估方法［J］. 现代电子技术,2012(14)：134－138.

［8］ 吴海桥,刘超,葛红娟,等. 基于模型检验的飞机系统安全性分析方法研究［J］. 中国民航大学学报,2012,30(2)：17－20.

［9］ 王永,杨宏. 民用飞机机载设备适航与安全性设计［J］. 航空科学技术,2014(8)：27－33.

［10］ 马赞,阎芳,赵长啸,等. 民用飞机适航安全性数据追溯性分析与建模［J］. 电讯技术,2017(9)：1064－1070.

［11］ 金德琨. 民用飞机航空电子系统［M］. 上海：上海交通大学出版社,2011.

2

航空电子系统安全性评估流程与方法

系统安全性评估是一个随着系统设计的推进需要不断更新的迭代过程，ARP 4761 描述了在飞机级与系统级进行安全性评估的过程。在项目联合设计阶段的初始阶段，航空电子系统供应商接收飞机级初步功能危害性评估的数据，进行系统级功能危害性评估。但有时飞机级的功能失效状态信息可能非常有限，此时需要使用历史数据和工程经验进行初始系统级安全性评估，将结果反馈给主制造商再进行新一轮的飞机级安全性评估。

2.1　安全性需求定义

2.1.1　可用性和完整性概率需求

在开展 FHA 时，功能的失效状态如果被判定为危害状态，如"丧失某功能"或"某功能错误运行"，则应派生安全性概率需求，约束功能失效的发生概率，并开展安全性设计和分析以满足需求。在航空电子系统安全性评估过程中，FAR/JAR/CS/CCAR - 25.1309 是飞机系统设计和开发的关键顶层需求，可总结如下。

在单独考虑以及与其他系统一同考虑的情况下，飞机系统与有关部件的设计必须符合下列规定：

（1）发生任何灾难性的失效状态的概率为极不可能，且不能由单点失效导致。

（2）发生任何危险的失效状态的概率为极小的。

（3）发生任何重大的失效状态的概率为微小的。

如图 2.1 和表 2.1 所示，依据失效状态事件后果的严重程度确定最低可接受的概率要求，保证通过安全性设计使功能失效处于可接受的风险范围内。

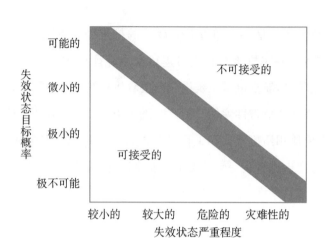

图 2.1　失效状态严重程度与目标概率的关系

表 2.1　失效状态严重程度与概率之间的关系

失效状态 的分类	无安全性影响	较小的	较大的	危险的	灾难性的
对飞机的 影响	对操纵能力 或安全性没 有影响	功能能力或 安全裕度轻 微地降低	功能能力或 安全裕度显 著地降低	功能能力或 安全裕度大 幅降低	通常机体 会受损
对乘客的 影响	不方便	身体不适	身体痛苦,可 能受伤	少数乘客或 客舱机组人 员受伤严重 或致命	多人遇难
对飞行机 组的影响	对飞行机组 没有影响	轻微增加工 作量	身体不适或 工作量显著 增加	身体痛苦或 过度的工作 量,减弱完成 任务的能力	遇难或丧 失工作能 力
可允许的 定性概率	无概率要求	可能的	微小的	极小的	极不可能
可允许的 定量概率: 每飞行小 时平均失 效概率	无概率要求	$<10^{-3}$①	$<10^{-5}$	$<10^{-7}$	$<10^{-9}$

① 这里提供的数值概率范围仅供参考。申请人不必完成定量分析,也不用通过这种分析证明。对于较小的失效状态,这个数值标准已经得到满足。对目前的运输类飞机,仅采用当前普遍接受的工业惯例即认为满足这个标准。

通常用可用性和完整性表示风险随机发生的概率。可用性指系统或产品在规定时间点处于起作用的功能状态所具有的定性或定量属性,有时反过来通过系统或产品不能提供其预期功能的概率表示,即不可用度。完整性是指表明系统或产品能够正确按要求工作的定性或定量属性,有时通过系统或产品无法满足正确工作准则的概率表示。可用性概率需求的示例如下:

(1) 同时丧失正、副驾驶两侧显示和备用仪表显示的姿态信息的概率应小于 $10^{-9}/\text{fh}$[①]。

(2) 丧失为 IMA 驻留应用提供的 IMA 平台数据传输功能的概率应小于 $10^{-9}/\text{fh}$。

完整性概率需求的示例如下:

(1) 正、副驾驶两侧显示同时发生姿态信息误指示的概率应小于 $10^{-9}/\text{fh}$。

(2) IMA 网络数据传输发生不可检测错误的概率应小于 $10^{-9}/\text{fh}$。

2.1.2　避免无单点失效需求

依据 FAR/JAR/CS/CCAR - 25.1309,不应由单点失效导致灾难性的失效状态发生。无单点失效需求来源于"失效-安全"这一公认的设计原则,即在一次飞行任务过程中,任何系统的单点失效发生后,飞机都仍处于安全状态,持续安全地飞行和着陆。在航空电子系统安全性评估过程中,应对 FHA 识别出的每个灾难性的失效状态派生无单点失效需求。无单点失效需求的示例如下:显示系统应避免单点失效导致丢失驾驶舱内所有航向信息显示。

2.1.3　研制保证等级需求

随着系统复杂性增加,仅从失效模式角度无法保证识别所有的风险,这就需要通过研制过程保证,通过规范的系统研制流程限制影响飞机安全的研制错误发生的可能性。研制保证等级(development assurance level,DAL)根据研

---

① fh：flight hour,飞行小时。

制过程类型分为功能研制保证等级（functional development assurance level，FDAL）和部件研制保证等级（item development assurance level，IDAL）。DAL 用于确定研制保证过程实施的严格程度，不同的严格程度对应不同失效状态的安全性可接受水平。与可用性和完整性概率需求类似，DAL 的分配也基于失效状态的严重程度，按照严格程度递减的顺序，共有 A、B、C、D、E 五个等级。

在评估航空电子系统安全性时，首先根据顶层系统级失效状态最严重的等级为顶层系统功能分配 FDAL，如表 2.2 所示。

表 2.2　顶层系统功能的 FDAL 分配

顶层失效状态严重程度等级	相应的顶层系统功能 FDAL 分配
灾难性的	A
较严重的	B
较大的	C
较小的	D
无安全影响	E

在向子功能和软件/硬件分配 DAL 时，如果不考虑系统架构，那么支持顶层功能的所有子功能的 FDAL 及其架构中所有软件/硬件的 IDAL 的等级都与顶层功能的 FDAL 相同；如果考虑系统架构，则采用功能失效集（functional failure set，FFS）作为分配 DAL 的方法，用 FTA 等系统安全性评估方法来确定导致每一顶层失效状态的所有 FFS 和每个 FFS 的成员，依据 SAE ARP 4754A 中的表 3 进行分配。SAE ARP 4754A 的 5.2.3 节给出了详细的 FDAL 和 IDAL 的分配指南。

在 FDAL 和 IDAL 分配完成后，系统开发按照 SAE ARP 4754A 附录 A 的目标开展所需的功能研制保证活动；软件开发按照 DO‐178C 附录 A 的目标开展所需的软件研制保证活动；硬件开发按照 DO‐254 附录 A 的目标开展所需的硬件研制保证活动。FDAL 需求的示例如下：显示系统显示空速功能应按照 FDAL A 级进行开发。IDAL 需求的示例如下：显示设备的耦合复杂电子硬件应按照 IDAL A 级进行开发。

2.1.4　暴露时间（风险可能发生的时间）

飞机系统失效导致飞机面临的危险程度取决于飞机的飞行阶段。例如，在巡航阶段自动驾驶仪失效与其他危及飞机安全的重大故障不同，此阶段飞行员可以放弃自动驾驶功能，进入人工驾驶模式。然而，同样的系统失效发生在自动着陆阶段，特别是在低能见度条件下，即使飞机不发生灾难性事故，对飞机的影响也极有可能是危险的。所以飞机在不同的飞行阶段其危险程度会有所不同。在上面的例子中，自动着陆期间的系统失效时间很短，平均每次飞行少于 15 min，而巡航期间系统失效取决于其飞行距离，有时对于长距离的干线飞行其风险发生的时间可能超过 10 h。所以同一个系统失效在不同飞行阶段所使用的暴露时间也不同。

还有一种故障在发生后无法觉察到，这种故障称为隐蔽故障。隐蔽故障通常要通过检测的方式才能发现，如告警系统和备份系统。隐蔽故障风险的减缓方法为对各备份或告警系统进行定期检查，其暴露时间应为定期检查之间的时间间隔，而不是飞行时间。

2.2　系统安全性评估与系统开发流程

民机安全性评估流程可以用图 2.2 描述，其与系统开发、集成和验证过程密切相关。根据项目开发的进度和规模，可能需要进行多次安全性评估活动的迭代。每次更改设计都必须检查其更改对产品安全性的影响，并更新安全性分析与评估结果。

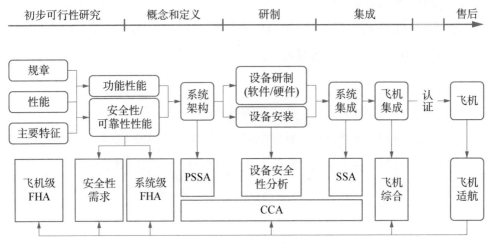

图 2.2　民机安全性评估流程

系统安全性评估流程的数据输入/输出如表 2.3 所示。

表 2.3　系统安全性评估流程的数据输入/输出

输入/输出	类　型	内　容
输入	初始输入	客户需求
		设计数据
		硬件需求
	硬件验证、审定和硬件实现总结	评审意见
		可靠性分析
		软件需求
		软件验证和软件实现成果
	软件验证、审定和软件实现总结	供应商交付物
		系统需求
		系统验证
		测试性分析

（续表）

输入/输出	类　型	内　　容
输出	最终输出	FHA
		PSSA
		安全性评审意见
		SSA
		SSPP
		系统安全性需求

从上述系统安全性评估流程与系统开发流程相结合的角度，可以将安全性评估流程分为如下几个部分：

（1）支持 SRR 的安全性评估活动。

（2）支持 PDR 的安全性评估活动。

（3）支持 CDR 的安全性评估活动。

（4）支持试验准备评审（test readiness review，TRR）的安全性评估活动。

（5）支持认证的安全性评估活动（CA）。

2.2.1　系统安全性评估流程数据流

系统安全性评估贯穿于整个系统开发过程中，下面从安全性评估支持的系统评审活动（SRR、PDR、CDR、TRR、CA）角度分析整个系统安全性评估过程中的数据流，确立依赖关系（见图 2.3）。这里的 SRR、PDR、CDR、TRR、CA 分别表示在进行这些活动时需要安全性方面的支持工作。

2.2.2　航空电子系统安全性评估过程

下面对系统安全性评估过程中涉及的子流程进行详细阐述。

1）支持 SRR 的安全性工作流程

如果系统安全性工作计划中规定安全性分析需要支持 SRR 工作，那么需要执行 FHA 活动（见图 2.4）。

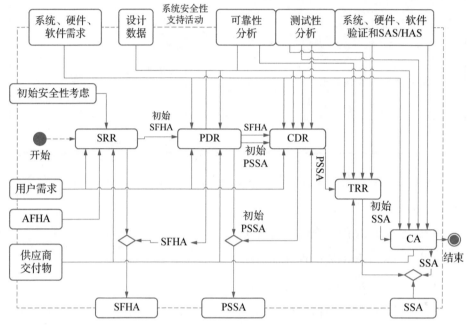

图 2.3　系统安全性评估过程中的数据流

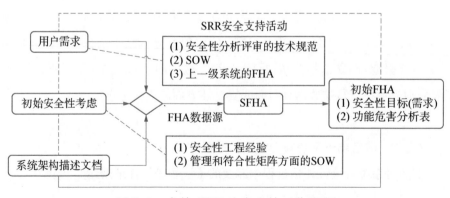

图 2.4　支持 SRR 的安全性工作流程

2) 支持 PDR 的安全性工作流程

如果系统安全性工作计划中规定安全性分析需要支持 PDR 工作,那么需要包括六个子活动:FHA、PSSA、CCA、功能失效分析(functional failure analysis,FFA)、固有危害分析(intrinsic hazard analysis,IHA)、结构分析(structure analysis,SA),这些活动需要在 SRR 之前完成(见图 2.5)。

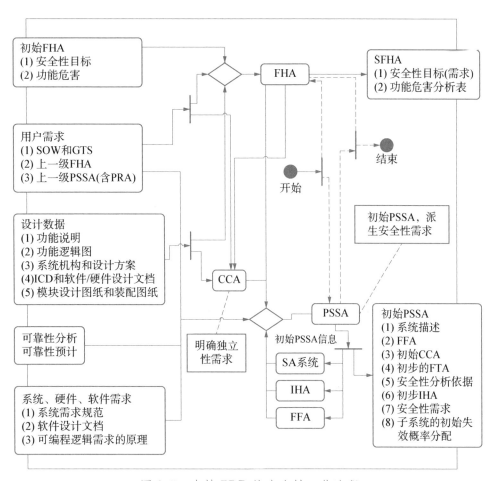

图 2.5　支持 PDR 的安全性工作流程

3）支持 CDR 的安全性工作流程

如果系统安全性工作计划中规定安全性分析需要支持 CDR 工作，那么需要包括六个子活动：CCA、FFA、FMEA、IHA、PSSA、SA（见图 2.6）。

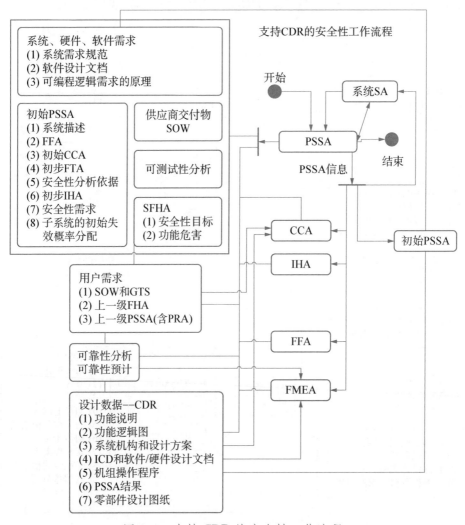

图 2.6　支持 CDR 的安全性工作流程

4）支持 TRR 的安全性工作流程

如果系统安全性工作计划中规定安全性分析需要支持 TRR 工作,那么需要包括四个子活动: CCA、FMEA、SSA、SA(见图 2.7)。

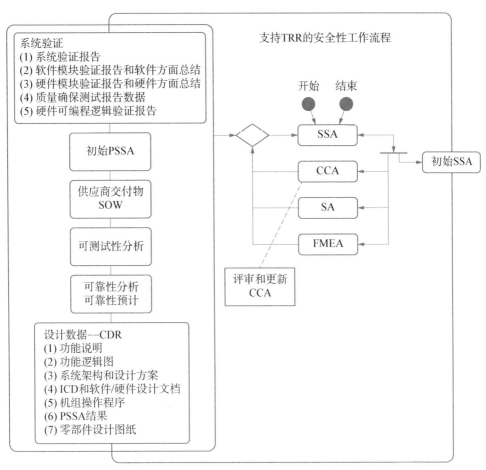

图 2.7　支持 TRR 的安全性工作流程

5）支持 CA 的安全性工作流程

如果系统安全性工作计划中规定安全性分析需要支持 CA 工作,那么需要包括五个子活动: CCA、SSA、PSSA、FMEA、SA(见图 2.8)。

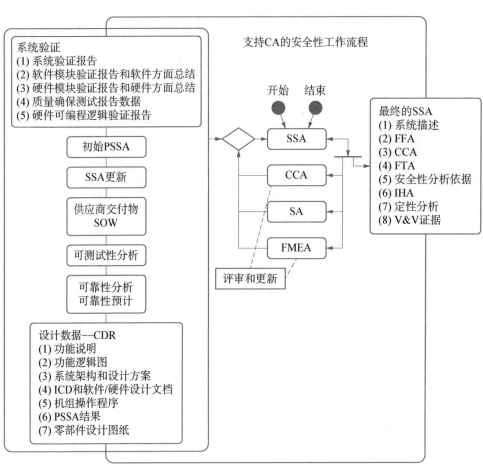

图 2.8　支持 CA 的安全性工作流程

2.3　典型系统安全性分析活动

2.3.1　共模分析

CMA 的目的是在设计实施、制造、维修过程中,对损害余度设计原则的系统部件失效进行识别,验证失效规避实施是否独立。通过执行 CMA 以验证在

FTA、相关图（dependence diagram，DD）或马尔科夫分析（Markov analysis，MA）中识别出的独立性需求是否得到满足。CMA 活动旨在在研制生命周期的初始阶段开发安全性要求。例如，基于 SAE ARP 4754A 的 DAL 分配原则，执行 CMA 能够在独立性和（或）相异性的基础上为一个或多个功能和产品分配 DAL，并派生出具体的冗余、监控或隔离需求，以缓解相同故障的影响。CMA 应捕获需维持这些独立性和相异性的需求，并证明这些需求是有效的且已经过验证的。表 2.4 和表 2.5 分别列出了完成 CMA 需要的输入和输出数据包，数据包中的数据项并不全都需要支持图 2.9 中细述的活动项。此外，根据项目开发阶段不同，并不是所有需要的数据项在最终阶段都是可用的。CMA 的版本应该根据最新的数据基线进行更新。

表 2.4　完成 CMA 需要的输入数据包

输入
: 客户需求
: 设计数据
: FHA
: PSSA
: SSA

注：框图中可能并未直接将这些数据作为输入，但间接地通过 PSSA 或 SSA 将这些需求传给 CCA。

表 2.5　完成 CMA 需要的输出数据包

输出
: CMA

2.3.2　特定风险分析

特定风险分析（particular risk analysis，PRA）的目的是确保系统设计和安全性要求中并未包含不在所分析系统控制范围内的外部事件。如果所研制

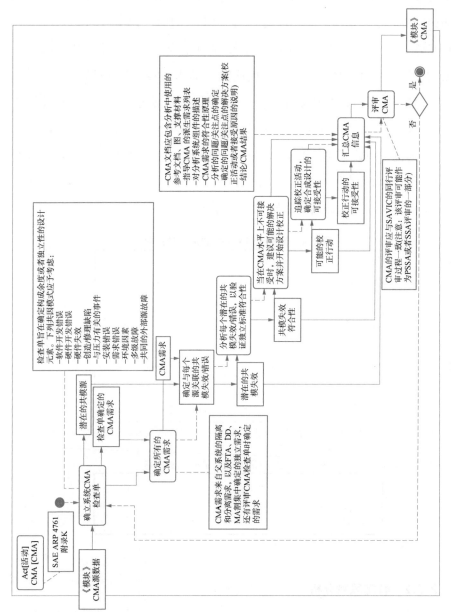

图 2.9 CMA 活动图

项目的 SSPP 中有此要求,或者 PRA 是 PSSA 过程中确定的安全性评估的必要支撑,则系统安全性分析应该执行 PRA。PRA 过程框图参照 SAE ARP 4761 附录 J。以下为典型的特定风险,但不仅限于这些:火、爆炸;高能装置(非包容),如发动机、辅助动力装置(auxiliary power unit,APU)、风扇等;高气压瓶;高压空气管路破裂;高温空气管路泄漏;鸟撞;轮胎爆裂,气流抽打胎面;轮辋释放;高强度辐射场;气流抽打轴;舱壁破裂;流体泄漏(通过作为区域安全性分析的一部分被检查,但有时可能要求 PRA 附加评估),如燃料、液压油、蓄电池酸液、水;与环境相关的,如冰雹、冰、雪、雷击、单粒子效应、温度、振动等。

PRA 通常由飞机主制造商执行,必要时由供应商提供支持。主制造商通常执行 PRA 后下发一系列质量需求给供应商,对于民用项目,通常参照 DO‐160G/ED‐14 的格式。主制造商也可能确定具体的特定风险,供应商应该对产品进行此类风险的分析或与主制造商共同确定并分析产品相关的特定风险。在 PSSA 和 SSA 过程中应以表格的形式捕获 PRA,此表格包含以下各栏:

(1) 描述所分析的特定风险。

(2) 特定风险所影响项。

(3) 此项安装区域。

(4) 特定风险造成的失效模式。

(5) 对飞机造成的影响以及对其分类。

(6) 引用描述外部威胁对飞机的影响的文档。

表 2.6 和表 2.7 分别列出了完成 PRA 需要的输入和输出数据包,数据包中的数据项并不全都需要支持图 2.10 中细述的行动项。此外,根据项目开发阶段不同,并不是所有的数据项在其最终阶段都是可用的。

表 2.6 完成 PRA 需要的输入数据包

输入
: 客户需求
: PRA 规则
: 设计数据
: FHA
: PSSA
: SSA

表 2.7 完成 PRA 需要的输出数据包

输出
: PRA 报告

2.3.3 区域安全性分析

区域安全性分析(zonal safety analysis，ZSA)的目的是确保设备安装满足与基本安装、系统干扰和维修差错有关的安全性需求。ZSA 对飞机区域内进行检查，分析系统故障对邻近系统的影响以及邻近系统故障模式对所评估系统的影响。ZSA 需要有一定的飞机级知识，通常由主制造商执行，并由供应商提供支持。如果所研制项目的 SSPP 中有此要求，或者其为 PSSA 过程中确定的安全性评估的必要支撑，则系统安全性功能应该执行 ZSA。ZSA 过程框图参照 SAE ARP 4761 附录 I。然而在某些情况下，供应商可能需要开展 ZSA(如在供应商作为认证申请者的改型项目中)。供应商也有可能对自给单元进行 ZSA，如发动机配套装备或补给燃料吊舱本身构成了一个区域。在此情况下，供应商应该开展符合 SAE ARP 4761 附录 I 的 ZSA。ZSA 的分析结果以及任何在 ZSA 过程中捕获的安全性要求都应归档在 PSSA 和 SSA 中。

表 2.8 和表 2.9 分别列出了完成 ZSA 需要的输入和输出数据包，数据包中的数据项并不全都需要支持图 2.11 中细述的行动项。此外，根据项目开发

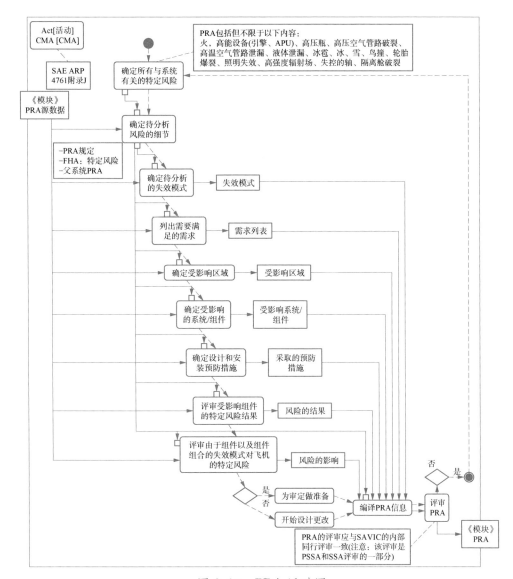

图 2.10　PRA 活动图

阶段不同,并不是所有数据项在其最终阶段都是可用的。ZSA 的版本应该参考最新的数据基线来更新。

表 2.8　完成 ZSA 需要的输入数据包

输入
：客户需求
：设计数据
：PSSA
：SSA

表 2.9　完成 ZSA 需要的输出数据包

输出
：ZSA

2.3.4　固有危害分析

IHA 的目的是针对潜在的固有危害(或者故障状态),对系统设计进行评估。这些固有危害可能对接触到系统的人员(如机组人员、维护人员、乘客等)造成伤害,也可能对飞机本身造成损害(如腐蚀)。IHA 可以确定由系统的安装所造成的所有危害,典型的固有危害包括物理危害、与电气有关的危害、与机械有关的危害、与气体排放有关的危害、储能危害、有危害的材料。

应该分析每种危害的原因和影响,并针对每种潜在的危害,确定缓解措施,这些措施作为安全性需求在 PSSA 报告中进行描述。

表 2.10 和表 2.11 分别列出了完成 IHA 所需的输入和输出数据包,不是每个数据包中所有数据项都要求支持图 2.12 的活动。此外,根据研发计划的阶段,不是所有的数据项在其最终状态都是可用的。

表 2.10　完成 IHA 需要的输入数据包

输入
：设计数据
：PSSA

注：表中这些数据可能不直接作为输入,而是通过 PSSA 或者 SSA 间接输入 IHA。

表 2.11　完成 IHA 需要的输出数据包

输出
：IHA

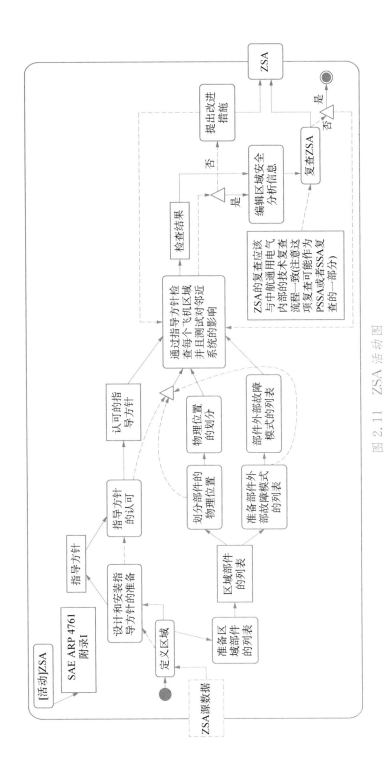

图 2.11 ZSA 活动图

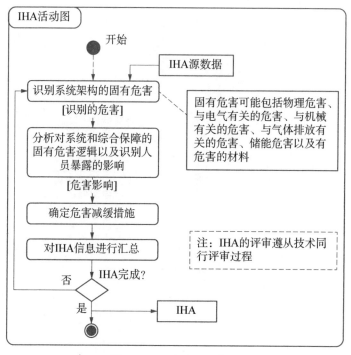

图 2.12 IHA 活动图

2.3.5 失效模式和影响分析

FMEA 对系统或者系统设备的功能失效影响进行评估,并派生出安全性需求,以消除功能失效。FMEA 应该在开发过程的早期开展(如在 PSSA 阶段),并考虑系统或者每个系统设备的功能和子功能。表 2.12 和表 2.13 分别列出了完成 FMEA 所需要的输入和输出数据包,并非数据包中的所有数据项都需要用于支持图 2.13 中列出的活动项。此外,根据项目研制阶段,并不总能获取所有需要的最终状态的数据项,因此,应该引用特定基线的数据项,当数据项更新时,FMEA 也应该相应地更新。

表 2.12 完成 FMEA 需要的输入数据包

输入
: 设计数据
: PSSA

注: 图中可能没有说明这些数据项作为直接输入, 但是间接地通过 PSSA 或者 SSA 传递给 CCA。

表 2.13 完成 FMEA 需要的输出数据包

输出
: FMEA

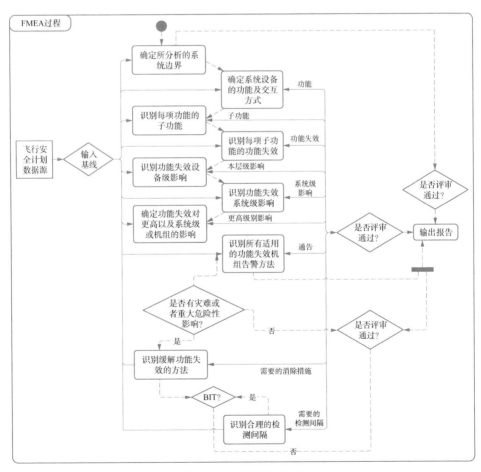

图 2.13 FMEA 过程

2.3.6　失效模式和影响摘要

安全性工程师应评审现有的 FMEA,并且检查所有失效影响的一致性。在进行系统级失效模式和影响总结(failure modes and effects summary, FMES)时,应检查失效模式和组件失效模式,并综合其影响。将来自 FMEA 的失效影响输入到 FMES 表格的"失效模式"栏。可变更 FMES 表格,按需要添加或删除具体的数据输入,以支持 FMES 用户的特定要求以及在使用的具体 FMEA 格式。识别具有相同失效影响的所有失效模式,并将各个失效概率相加,将结果输入 FMES 的"失效概率"栏。可将对 FMEA 内各个失效模式的索引标示在 FMES 的"失效原因"栏;也可将失效模式对上层功能的影响、此失效的征兆以及相关的飞行阶段输入 FMES 表格的相关栏内。

2.4　基于系统控制理论的分析方法

2.4.1　系统控制理论

尽管很多不同的行业使用失效概率控制技术并且这些技术在几十年的使用过程中已体现了其优点,但是事故仍然时常发生。这些事故可能是由于危害分析技术所建立的事故致因模型中所做的一些共同的、不正确的假设导致的。传统的事故致因主要基于如下假设:

(1) 事故发生是由于组件失效。这个假设前提是错误的。该假设忽略了运行极限之外的运行状态以及组件之间超出规范规定的非预期交互。软件相关的事故通常是由控制系统不正确的假设前提运行的结果或者不正确和不完整的规范导致的。因此,软件可靠并不代表其安全。

(2) 事故是由于现行事件链引起的。这个假设只关注事件与导致的事故之间的直接关系,忽略了复杂的交互过程、非线性的交互、时序因素以及事故与社会技术系统相关的复杂过程。

（3）概率化风险分析是安全性分析的最好方法。概率化方法基于有限事故因果模型，对于复杂系统而言是不够的。

（4）操作人员出错导致大多数事故。人为错误的传统观点认为操作人员出错导致大多数事故，并且可以通过更好的培训和安全行为的奖励来减少错误。但是，系统设计人员经常忽略了针对错误开展好的操作设计。事实上，人为错误是系统设计出现问题的征兆，并非是事故的根本原因。

（5）事故是因为随机事件同时发生导致的。大多数事故并不是随机发生的，这些事故的发生是由于系统转变为一种高风险的状态，而这种高风险状态是由成本、性能和时间压力所决定的。社会技术系统通过改变自身和其运行环境动态适应。

（6）把责任归结为事故可以避免未来事故的发生。几乎所有的事故报告都将问题归结于一个根源，即如果该根源能够被识别，那么未来的事故是可以避免的。这需要在事故报告中将结果责任归结为滤除其他原因或者主观性，重点是谁或什么而不是为什么和系统的因素，因此虽然症状是正确的，但是过程可能导致事故仍然存在。

传统事故致因理论与新的安全分析方法假设条件对比如表 2.14 所示。

表 2.14　传统事故致因理论与新的安全分析方法假设条件对比

传统的假设条件	新的假设条件
安全性随着系统和组件的可靠性增加而增加，如果组件不发生故障，那么不会发生事故	高可靠性对于安全性而言，既不必要也不充分
事故是由直接相关的事件链导致的。我们可以通过研究导致事故的事件链来理解事故并且评估风险	事故是一个与整体社会技术系统相关的复杂过程，传统的事件链模型可能没办法充分地描述这个过程
基于事件链的概率化风险分析是最好的评估和沟通安全性与风险信息的方法	风险和安全性可以通过其他比概率化风险分析更好的方法来理解和沟通
多数事故是由于操作错误导致的，通过奖励安全行为和惩罚不安全行为将显著消除或者减少事故	操作出错是环境的产物。为了减少操作错误，我们必须改变操作人员工作的环境

传统的假设条件	新的假设条件
高可靠性软件是安全的	高可靠性软件不代表必然的安全,增加软件的可靠性对于安全性的影响很小
主要的事故是随机事件同时发生导致的	系统有向高风险的状态转变的趋势。这个转变是可预计的,并且在运行阶段可以通过恰当的系统设计来防止或者检测,以提前增加风险的指示
追究责任对于学习并防止事故或者事件是必要的	归因是安全性的敌人。关注点应该在于从整体上理解系统的行为如何导致事故发生,而不是谁或者什么应该承担责任

除了当前危害分析技术的局限性,正在研发的系统的复杂性也不断增加,这已经被摩尔定律所证实。这些系统往往具有软件密集的特征,并且改变了人类的操作方式。此外,从概念到市场的时间更短,系统耦合的增加限制了工程师从传统的"飞行、解决、飞行"开发和测试方法中学习的能力,这些均导致事故发生的原因从本身组件故障到更复杂的社会技术因果要素的转变。认识到这些变化与错误的前提假设是基于系统理论的事故模型和过程（systems-theoretic accident model and process, STAMP)产生的起因。STAMP 基于系统理论并且依赖于系统理论中突发、分层、沟通和控制等概念。在 STAMP 方法中,这些概念包含三个方面:安全性约束、层级控制和过程模型。该方法采用了一个基本的假设前提,即安全性是系统的自身属性,在这种情况下,基于整个社会技术系统,安全性能够被充分地解决,如图 2.14 所示。因此,优化独立的组件或者子系统并不会优化整个系统的安全性。

系统层级的每一层都会对它的下一级施加约束。控制行为链接这些等级并且派生安全性约束。控制理论要求在四种条件下控制一个过程:目标条件、行为条件、可观察条件以及建模条件。在 STAMP 理论中,这些作为安全性约束、控制行为、反馈以及过程模型分别实现。任何人工或者自动的控制器都需要一个被控制的过程模型对其进行有效控制。这个过程模型包含控制法则约

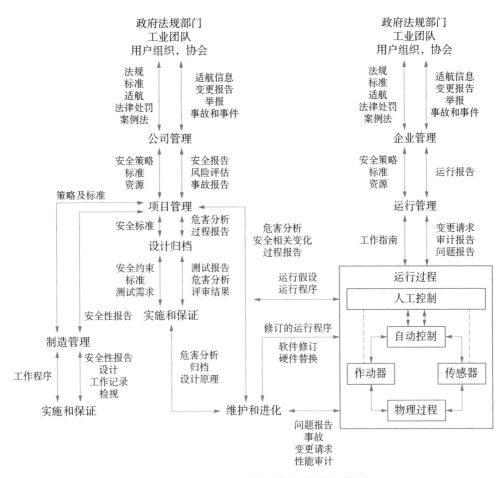

图 2.14   通用的社会-技术控制流模型

束系统变量、当前的系统状态以及控制过程如何改变系统状态。事故是由于不充分的派生安全性功能约束导致的。STAMP 将安全性的关注点从预防故障（如 FTA）转移到派生行为约束的动态反馈控制系统上。

2.4.2   系统理论过程分析

系统理论过程分析（systems-theoretic process analysis，STPA）是基于 STAMP 的危害分析方法。STPA 是两个阶段的迭代过程，能够用于整个系统生命周期过程,从概念阶段到回收处理阶段。STPA 的第一阶段是识别危险的控制行为,第二阶段是确定这些行为是如何发生的。

STPA 的第一阶段识别系统的边界。然后,确定顶层的事故或者不可接受的失误,不限于人类的伤害以及死亡。STAMP 和 STPA 将事故定义为"导致包括人类丧失生命或者受到伤害、财产损失、环境污染以及任务失败的不需要或者非预期的事件"。从这个定义中可以看出,安全性是不涉及事故或者损失的。

系统级的危害是从这些顶层的事故中派生出来的。危害定义为导致事故或者损失的系统状态或者状态集,结合特定的最坏环境条件的集合。危害不等于事故,一个危害可能存在但是不一定会导致事故(如果环境条件是有利的)。很多工业倾向于危害的发生是偶发事故或者反常现象。因此这些顶层系统危害被转换成针对系统行为的顶层安全性需求和设计约束,从而防止系统危害发生。

初步完成之后,系统建立一种层次控制环路的集合模型,称为安全性控制结构。图 2.14 展示了针对总体社会技术系统的控制结构,除了运行过程,还包括开发以及运行管理层次控制环路。组件可以是人、硬件或者软件。控制器能够通过控制行为以及反馈来控制被控制的过程,分别通过向上和向下的箭头表示。

一旦建立了控制结构,就要列出每个控制器的控制过程的可能控制行为。在 STPA 方法中,丧失或者不充分的控制可能造成危害,因此需要分析每个控制行为以确定这些控制行为如何不充分。以下列出了四种可能的不安全控制:

(1) 没有提供针对安全性所需要的控制行为。

(2) 提供了一种会产生危害的控制行为。

(3) 潜在的安全性控制提供得太短暂、太迟或者没有顺序。

(4) 潜在的安全性控制行为停止得太早或者持续时间太长。

不安全的控制行为在这个过程中得到识别,需要转化为低层级的系统安全性约束,以保持足够的控制。每一个控制安全性约束都应能够追溯到上一层级系统所能导致的最高一级系统事故的危害。

尽管这些低层级的约束可以保证足够的控制,但是确定控制如何变得不够更加有效,特别是在设计和实施过程中。基于 STPA 第一阶段识别的潜在不安全控制行为,STPA 第二阶段必须完成潜在因素的识别。控制结构的每个元素都要考虑。例如,不完整或者不正确的控制器过程模型、一个坏的作动器或者传感器功能异常可能导致控制不充分。就如同传统的危害分析技术,STPA 也捕获了由组件故障导致的事故。STPA 过程如图 2.15 所示,控制结构所运行的系统以及环境是不断变化的,因此模型必须不断地更新以保持一致性。

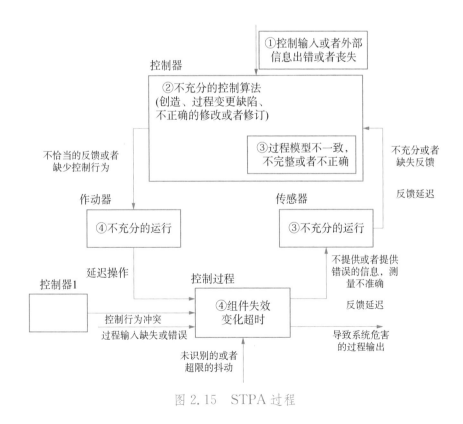

图 2.15 STPA 过程

2.5　基于模型的安全性分析方法

在安全关键系统领域,基于模型的开发在数字控制系统开发过程中逐渐广为应用。在这个方法中,不同的开发活动如仿真、验证、测试和代码生成都是基于通过符号表达的系统形式化模型,如 Simulink 或者高安全性的应用程序开发环境(safety-critical application development environment,SCADE)。在基于模型的安全性分析中,主要探讨扩展基于模型的开发和工具以支持安全性分析。本节简要地讨论了基于模型的开发并说明基于模型的安全性分析方法,然后进一步讨论如何将基于模型的安全性分析综合融入传统的安全性评估过程。

2.5.1　概述

在上述安全性评估过程中,系统 FHA 主要基于工程经验的方法判断系统功能失效对机组成员和飞机的影响,PSSA 从完整性角度分析功能失效模式和状态影响。由于 PSSA 是在对系统架构设计理解的基础上开展的,因此一方面需要考虑资源综合引起的 CMA,另一方面还需要考虑功能综合引起的功能交互行为的安全性(如故障传播)。现有的安全性分析方法主要存在以下几个问题:

(1)依赖工程经验和对系统的理解,对于复杂的综合化系统难以满足完备性要求。

(2)仅能分析单个失效的影响。

(3)仅从构成、逻辑路径分析,无法评估动态失效的影响。

(4)复杂系统的 CMA 难以实现。

出现上述问题的根本原因在于系统设计与安全性分析数据不能统一表示,使得系统设计不能展示其安全性属性,安全性分析结果不能直接反馈到系统设计模型中。

针对上述问题,需要对系统设计和安全性分析采用一致的形式化模型,并扩展现有的系统设计和分析工具,使其支持基于接口的失效模式生成,自动产生功能失效影响要素,即基于模型的安全性分析(module based safety analysis,MBSA)方法,如图 2.16 所示。

建模过程如下:

1) 任务组织层缺陷建模

任务组织层缺陷主要体现在需求的完备性和正确性方面,一方面通过飞行场景的构建来捕获所有操作异常的情况,另一方面通过场景的运行来确认其需求的正确性。

综合化航空电子系统任务层体现了系统内部与外部交互,即飞行员根据指令或所处环境选择执行相应的操作(任务),应用操作层模型包含系统状态、外部环境条件(含人为因素),基于 SysML/AltaRica 构建应用操作模式与任务合成模式。

以飞机自动飞行控制系统(automatic flight control system,AFCS)的应用为例进行说明,飞行员根据外部环境(如飞行高度超过 400 ft[①] 才能使用自动驾驶仪)和飞行阶段选择人工驾驶或自动驾驶,其中人工驾驶进一步分解为接收飞行员指令,并产生作动器动作;自动驾驶需要进一步从通信、导航系统获取精确的飞机姿态、位置信息,计算飞机控制模型,并产生精确的控制指令。根据 SAE ARP 4761,对于 AFCS 的安全性分析需要考虑从飞机发动、起飞到降落的整个过程的功能危害及失效状态,首先就需要在应用操作层考虑操作模式失效对系统的影响。通过模型构建飞行操作及其转换模式,形成状态机,通过定义属性描述操作限制,最终采用模型验证约束条件是否满足和一致。操作模式分析的结果作为设计约束传递到 AFCS 的实现过程中,就可以独立地对 AFCS 进行功能层的建模。

----

① ft: 英尺,长度单位,1 ft=0.304 8 m。

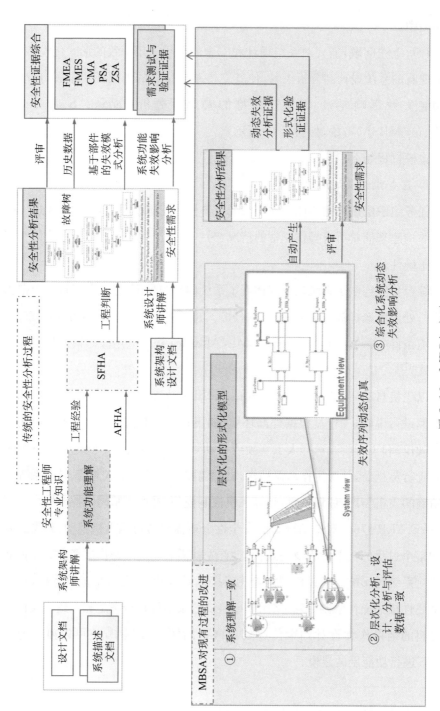

图 2.16 MBSA 方法

60

2）功能层失效建模

在系统级建模上，将整个系统作为整体组件，同时将系统功能所需要的信息输入作为整体组件的外部输入接口，将系统功能作为整体组件的外部输出接口。将设备作为模型的基本组件，将设备的外部数据输入作为内部组件的输入接口，将设备功能作为内部组件的输出接口。基于功能的内部数据流，将系统外部数据输入数据传输路径，将不同设备的输入/输出接口进行连接，最终将设备的接口连接到系统的输出接口上，从而完成整个显示系统的 SysML 模型的搭建。将显示系统的功能物理模型以及数据传递过程通过 SysML 模型正确地表达出来。

当深入设备层级的建模阶段时，以设备整体为组件，将设备所包含的各个模块作为子组件。将各个模块的数据输入作为输入接口，对外提供的功能作为输出接口，以功能的数据传递路径作为各个接口之间关联关系的依据，完成显示系统各个设备的设备级 SysML 模型建模。

3）资源层故障建模

故障模型的主题集中在模型组件自身以及外部的数据输入上。组件自身可以按照组件的失效模式进行失效状态的描述。数据则可能发生数据丧失、不合法数据以及误导性的数据等故障。通过具体的失效模式数据，对系统组件、设备组件和模块组件的状态进行捕获，按照 AltaRica 语言的表达方式进行描述，在 SysML 模型中补充相应的不同系统组件的状态数据。整个 SysML 模型对于系统的描述更为具体和清晰。

4）建立功能失效路径

从最终的影响来看，系统功能的状态取决于设备的故障状态以及输入数据的状态。然而，对存在多个设备以及多个数据输入的情况而言，它们之间的关系决定了单个设备或者数据输入的失效对于整体功能的影响。因此，需要按照功能的实现逻辑来搭建各个设备不同状态以及数据输入的不同状态与功能的不同状态之间的关系。对冗余关系的子组件或者数据输入而言，当所有的子组件或者输入数据处于异常状态时，上一层的功能才会表现出功能的异常状态，各个子组件或输入数据的异常状态是一种"与"的关系。而对于协同的子组件或者输入数据而言,当任何一个子组件或者数据处于异常状态时,上一层功能就会表现出异常状态,各个子组件或者输入数据的异常状态是一种"或"的关系。按照各个层级功能的实现逻辑,对系统、设备以及组件之间的不同状态进行关联,搭建失效模式之间的因果关系逻辑。

对于整个系统而言,其自身状态以及内部组件的失效模式空间是极其庞大的。而层次化的建模以及失效因果关系的建立使得每次建模都只需要关注本层级单一组件的输入状态以及组件状态与功能输出状态之间的关系,建模过程更加简单、精确。当所有组件的因果关系建立完毕后,通过软件程序本身的逻辑推演功能得到系统的某一组件在各个层次以及系统层级的功能状态的影响,从而将系统自身与内部组件的失效模式空间转化为各个层级、各个组件的有限状态关联,对系统的逻辑行为描述更为准确。基于所建立的因果关系模型能够准确地分析出内部任一组件对于其他组件以及系统内部各个层级的影响。

5)故障传播路径验证

系统设计的功能逻辑除了应实现所需要的功能之外,还应避免系统及其各个层级的组件故障对于系统功能的影响。因此,通过各个层级的组件失效模式以及功能失效因果关系的搭建,能够对系统的逻辑设计进行验证,以判断系统功能逻辑是否正确。通过对选定层级的组件状态进行设定,通过功能的失效路径以及搭建的失效因果关系,我们能够直观地看出每个组件的状态在整个系统内部的传递过程以及对于系统功能最终的影响,从而在系统建模设计阶段通过形式化的方式,对系统设计进行验证,确保最终的系统设计能够满足功能的需求。

6)安全性分析以及结果输出

由于所建立的 SysML 模型中融合了系统各个层级、组件的状态以及失效因果关系,因此基于 FTA 的准则,软件可以按照层级自动生成不同状态的故障树,从而开展定量和定性的分析。不仅如此,通过功能的失效路径,可以开展所需要层级的 FMEA,从而确定系统设计过程中存在的共模组件以及失效的薄弱环节,输出完整、正确的安全性分析结果。

由于系统设计本身是一个迭代的过程,因此系统层级以及内部组件的变更往往影响系统各层级的功能。在融合了 AltaRica 故障模型的系统模型中,设计变更对于安全性的影响分析只需要关注组件自身状态变更以及输入/输出数据的因果关系,通过运行模型即可得到变更后的分析结果,进而开展变更影响分析,从而能够迅速地响应和判断设计变更是否可行。

2.5.2　安全性建模分析技术

基于模型的开发重点主要在于系统软件组件的建模。为了开展系统及安全性分析,需要考虑系统运行环境,主要涉及机械组件。基于模型的工具和技术可以用于相关的物理组件建模。通过包含数据组件(硬件和软件)和物理组件(泵、阀等)的组合模型,可以建立一个形式化系统行为模型。这个模型可以针对数字和机械系统的故障模型进行扩展,以建立一个扩展系统模型,如图2.17 所示。这个模型可以用于描述一个或者多个故障展示的系统行为。

扩展系统模型可以用于不同的方针和分析。它允许频繁地尝试“某些部件坏了会出现什么后果”的场景,通过仿真的方式获取组合失效的影响。针对更为严格的分析,我们可以用静态分析工具(如模型检验和定理证明)自动证明或者反证系统是否满足某些特定的安全性需求。此外,这些工具可以扩展产生传统的安全性分析结果,如故障树。

为了支持基于模型的安全性分析,传统的“V”形过程需要进行修改,从而保证形式化系统和故障建模能够围绕安全性分析活动开展。这些模型同时被系统设计和安全性分析使用,并且是系统开发过程的关键输出物。

如果扩展的系统模型已经存在,则安全性分析过程包括定义一系列形式化属性以表示系统的安全性需求,然后使用形式化分析技术判断设想的系统架构是否能够满足安全性属性。故障树和 FMEA 等输出物可以作为形式化分析的附加产物生成。

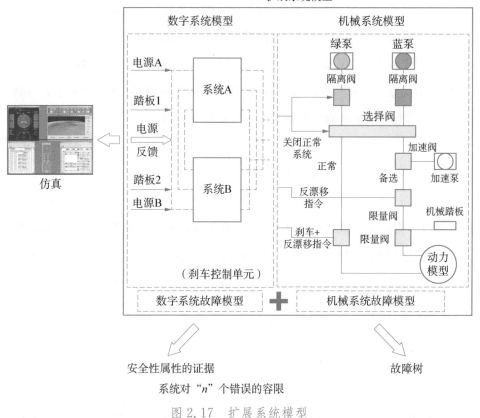

图 2.17　扩展系统模型

　　该方法的主要优势是系统工程师和安全性工程师在一个公共的、明确的系统模型上开展工作,从而能够将系统开发过程与安全性工程过程紧密地结合在一起。公共的模型能够确保安全性分析结果是相关的,并且随着系统架构迭代的过程不断更新,允许在早期的系统设计过程中进行安全性评估。不仅如此,该方法还能够自动判断不同方案对于关键安全性指标的满足状况,从而能够支持不同的架构以及设计方案的探索。

　　在理想的情况下,使用的计算工具(如模型检验)能够自动开展很多安全性分析活动,安全性工程师的任务将主要转变为对于生成的安全性文档的评审,确认为系统以及故障模型的假设条件。在这种情况下以及在减少人的工作负担的情况下,基于模型的安全性分析能够实现更精确、更完整的安全性分析。

下面我们将进一步详细描述不同的基于模型的安全性分析活动。

1) 形式化系统建模

基于模型的开发或者基于模型的安全性分析的主要步骤在于为所开发的系统构建一个形式化模型。系统的行为可以通过支持图形以及文本表达的形式化说明语言描述,如同步(文本)语言 Lustre、图形工具(如 Simulink)以及 SCADE。系统的逻辑和物理架构也可以通过这些符号或者架构描述语言表达,如架构分析和设计语言(architecture analysis and design language, AADL)。

2) 形式化派生安全性需求

派生安全性需求是通过传统的"V"模型过程确立的。为了自动开展分析,安全性属性必须通过形式化符号进行表达,候选的符号包括时序逻辑(如 CTL/LTL)或者更高级别的属性逻辑,直接使用模型语言与系统模型结合在一起(如同步观察模型语言)也是可以的。

3) 故障建模

系统层级的故障可能是由组件发生故障、不正确的输出、错误的信息或者没有出错的情况下软件功能异常导致的。故障模型包括系统组件可能发生的各种不同功能异常方式的信息,如不确定性、翻转等。故障模型也描述了所触发的组件故障以及持续时间。这里区分一下瞬态故障(即持续时间短)和永久故障(即会永久持续的故障)。故障模型也可以描述更复杂的故障行为,如故障传递、独立的故障等。故障模型还可以描述故障的层级,在故障模型中用户可以定义组件的失效模式,就如同子组件的一个功能或者如潜在故障行为的一个抽象。

基于系统模型,可以针对数字故障、机械故障、时序故障等不同类型的故障进行建模。例如,数字故障与系统的数字组件相关,可能导致硬件芯片输出反转。我们也能够描述软件无法按照预期设定执行的情况(如软件出错),但是如何对这些失效模式进行描述和建模仍然无法确定。一些软件错误可以通过注入失效模式进行仿真,如反转和不确定性问题等。但是这些失效模式与软件失效的直观概念不太契合,且这方面的问题需要进一步探索。

机械故障是指发生在系统的数字控制器以外的机械组件故障。机械故障完全取决于系统的环境,并且可能包含电力和液压问题、网络混乱、通信故障以及其他不同种类的问题。

4) 模型扩展

为了开展基于模型的安全性分析,故障模型与系统模型组合在一起描述故障发生时系统的行为,称为扩展系统模型。有两种方法将故障信息加入系统模型。第一种是直接将故障行为嵌入系统模型中;第二种是单独建立故障模型,独立于系统模型,在分析的时候将两个模型自动融合到一起。

5) 仿真

有了系统的形式化模型并扩展了故障模型,工程师就能仿真不同的失效场景,通过图形用户接口控制活动观察系统功能的失效影响。这种管理可以用于在开展更严酷的静态分析之前快速检测共同场景下的安全性问题。

6) 安全性属性的证据

形式化验证工具(如模型校验和法则证明)可以用于证明安全性属性完整地覆盖了扩展系统模型。为了证明相关的属性,工程师一般不得不排除一些一定不可能发生的故障组合。这些可以编码为用于证明过程的前提或者原则。如果一个属性已经得到了证明,那么安全性工程师的职责是评审证明过程中所用到的前提是否符合实际情况。如果符合实际情况,则工程师就通过故障模型证明了系统满足安全性属性。如果一个属性没有得到证明,则可能有必要重新设计系统的架构或者降低原来的安全性属性以调节延迟或者其他可接受的约束,从而允许系统重新恢复。

这个方法也可以用于开展系统的容错设计探索研究,如 n 最大为多大才能够保证发生 n 个故障的情况下依然满足特定的安全性需求;还可以用于探索一些特定故障的组合情况,如发生概率高于可靠性边界 10^{-7}/飞行小时的特定组合,这些组合不包括随机组合。安全性工程师还可以探索相同的故障在不同的持续时间条件下的系统行为,如永久故障和瞬态故障。

2.5.3　安全性分析实例

针对基于 IMA 的飞机系统之间交互密集的情况,我们以自动驾驶系统为例对多系统交互进行建模(见图 2.18),这里以方向舵(rudder)作动控制面(简称方向舵面)的控制机制分析电源系统、飞控系统、液压系统之间的交互存在的动态失效问题。

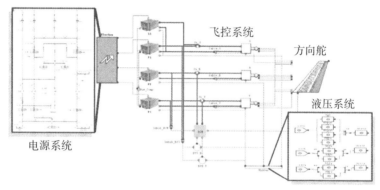

图 2.18　多系统交互的 AltaRica 模型(以自动驾驶系统为例)

1）系统架构建模

从方向舵面控制系统来看,其组成包括以下几个部分。

（1）电源和液压组件：为作动提供资源。

（2）作动系统组件：作用在连接面上,伺服控制为液压作动器。

（3）控制系统组件：向作动器传输自动驾驶系统的控制指令,并接收反馈信息。有三类控制计算机：主控计算机(PRIM)、二级控制计算机(SEC)作为主控计算机的备份、备份控制模块(backup control module,BCM)作为系统最终的备份。每个控制通道由一个 PRIM 和一个伺服控制(S/C)控制,当所有的 PRIM 通道都失效(PRIM 计算机失效或相连的 S/C 失效时),激活 SEC;如果

SEC 失效,则激活最后的 BCM。方向舵面控制系统物理架构模型(SysML)如图 2.19 所示。

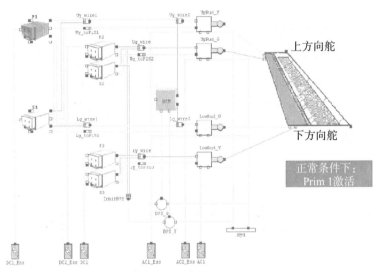

图 2.19　方向舵面控制系统物理架构模型(SysML)

AFCS 作为安全关键系统,其失效会导致灾难性的事故发生,因此其必须满足避免单点失效的安全性需求,需要对作动器和计算机的输出进行监控,采用 command-monitoring(COM‑MON)架构(见图 2.20)。

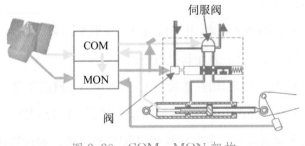

图 2.20　COM‑MON 架构

COM‑MON 中的 COM 通道和 MON 通道需要保持同步,MON 通道用于检测计算机本身的失效问题和作动控制组件的失效问题。MON 一方面计算 COM 的指令数据,并将其与接收到的 COM 数据进行比对;另一方面接收作动控制组件和作动面上的传感器反馈信号,如果比较结果超出阈值或反馈信号超出作动范围,则两个通道都关闭。

2) 系统行为建模

上述系统架构设计主要从系统组成角度进行描述,下面需要对系统的行为进行建模。

(1) 基本定义。基于上述系统架构定义,首先定义如下组件类别:PRIM 和 SEC 为计算机组件、S/C 为作动组件;Resource Power 为电力和液压组件,BCM 和备份电源系统(backup power system,BPS)为最后的备份组件和方向舵面。则 PRIM 和 SEC 的行为可以描述如下:在初始状态下,PRIM、SEC 处于正常状态,当有错误发生时,会导致相应的组件出错或丧失功能。PRIM 和 SEC 组件状态变迁如图 2.21 所示。

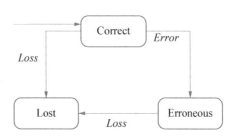

图 2.21　PRIM 和 SEC 组件状态变迁

将{Correct,Lost}定义成 StatusType,则 PRIM 和 SEC 组件的状态变量(flow)的描述如表 2.15 所示。

表 2.15　PRIM 和 SEC 组件的状态变量描述

状态	类型	初始值
Status	StatusType	Correct

组件之间的交互可以用数据流描述,通过定义输入、输出、局部变量的形式表示(见表 2.16)。

表 2.16　组件之间的交互用数据流描述

数据流	类型	方向
Resource	Boolean	In
Activation	Boolean	In
Feedback	StatusType	In
Order	StatusType	Out

状态变迁主要基于现有的状态,由事件(event)激发(如 SEC 的 Lost 状态只有在其不处于 Lost 状态的情况下才能激发),可以描述如下(见表 2.17)。

表 2.17　状态变迁的描述

事件	条件	状态影响
Loss	Status ！＝Lost	Lost
Error	Status ！＝Correct	Erroneous

PRIM 和 SEC 的指令输出基于断言(assertion)执行,可以描述如下(见表 2.18)。

表 2.18　PRIM 和 SEC 指令输出的描述

断言	场　景	值
Order	Resource and Activation and Status ＝ Correct and Feedback＝Correct	Correct
	Resource and Activation and Status ！＝ Lost and (Status＝Erroneous or Feedback＝Erroneous)	Erroneous
	Else	Lost

(2)失效逻辑分析。创建 PRIM 的实例 P1、P2、P3 和 SEC 的实例 S1、S2、S3,考虑功能丧失的失效状态,利用 SimFia 建立如图 2.22 所示的安全性模型。

上述模型可以根据组件之间的依赖关系和组件基本定义,构建失效传播路径,从而产生相应的失效序列。这里我们重点讨论动态失效序列的产生问题,

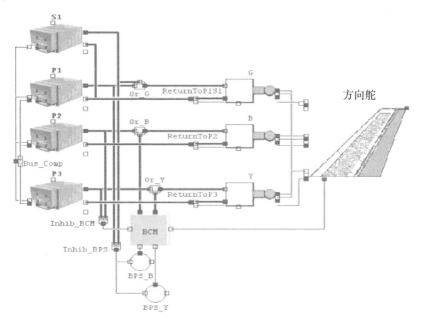

图 2.22　方向舵面控制系统的 AltaRica 模型

这是基于模型驱动方法与传动方法的最大区别。我们以系统重构为例，SEC 是 PRIM 的备份，当 PRIM（P1、P2、P3）失效（Lost）后，SEC（S1、S2、S3）激活，以变量的形式定义激活的命令：（Activation：Boolean），该指令由组件 P1、P2、P3 发出，激活的规则定义如表 2.19 所示。

表 2.19　激活的规则定义

断言	场　　景	值
S1_Activation	P1_Status＝Lost and P2_Status＝Lost and P3_Status ＝Lost	True
	Else	False

COM‐MON 架构的 AltaRica 模型如图 2.23 所示。

基于工程经验，我们可以分析出 S1 存在隐蔽故障问题，即当激活 S1 后发现 S1 失效，成为 Hidden_Loss，而对于激活之前就发现的失效成为 Active_

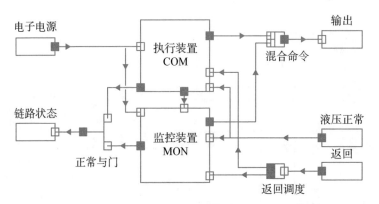

图 2.23　COM-MON 架构的 AltaRica 模型

Loss，从而分析出如下所示的方向舵面控制系统丧失的失效序列。

$$PRIM：Loss\ of\ all\ PRIMs\ \&\ SEC：Hidden\ Loss$$

$$PRIM：Loss\ of\ all\ PRIMs\ \&\ SEC：Active\ Loss$$

而基于模型的运行生成的失效序列为

$$\boxed{SEC：Hidden\ Loss；PRIM：Loss\ of\ all\ PRIMs}$$

$$SEC：Active\ Loss；PRIM：Loss\ of\ all\ PRIMs$$

$$PRIM：Loss\ of\ all\ PRIMs；SEC：Active\ Loss$$

这里 $\boxed{SEC：Hidden\ Loss；PRIM：Loss\ of\ all\ PRIMs}$ 的时序包含了一个状态更新的操作，即"Update"事件。

考虑到方向舵面是个循环系统（如 S/C 反馈信号），为了避免生成的失效序列过程进入无限循环的状态，需要引入信号延迟的定义，如表 2.20 所示。

表 2.20　信号延迟的定义

事件	条　件	状态影响
Update	Available and InputFromCom！＝Mon_Order	Lost
	InStatus！＝Input	Input

　　同样，延迟也会存在于如下电源供应模块中，电源模块的 AltaRica 模型如图 2.24 所示，电源采用冗余备份模式 G1 和 G2，同时为一个控制计算机供电，通过 switch 模块进行电源切换，每个电源产生模块都有一个 Loss 的失效模式存在。

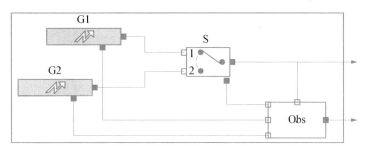

图 2.24　电源模块的 AltaRica 模型

　　当初始状态 G1 有效时，S 在位置 1 上，G1 提供电力；当 G1 丧失时，S 通过"Update"事件将结合位置调整到 2，实现 G2 供电。这里有个动态失效模式，即 S 的切换和"Update"操作的失效在现有的故障树中是无法表现出来的。这种动态失效模式只能通过动态运行仿真体现出来。基于该失效模式能够派生出电源切换时间对系统影响的需求。

2.6　小结

　　本章按照 SAE ARP 4761，结合 FAR/JAR/CS/CCAR‑25.1309 条关于飞机系统设计和开发的顶层要求，基于 SAE ARP 4754A 和 SAE ARP 4761 等相关标准，详细介绍了安全性需求的定义，包括可用性和完整性概率需求、无单点失效需求、研制保证等级需求和暴露时间等内容，并结合工程实践，对航空电子系统安全性评估流程进行了细化，对典型安全性分析活动进行了描述。本章描述了三种介绍安全性评估活动的内容、输入/输出流、活动图等，并对支持项目评审节点相关的安全性支持活动进行了详细描述。同时,采用"一图,一表,一文"的形式清晰地介绍了典型安全性分析活动,如共模分析、特定风险分析、区域安全性分析、固有危害分析、失效模式和影响分析的相关内容。相对于传统的安全性分析方法,本章后半部分介绍了目前较为流行的基于系统控制理论和基于模型的安全性分析方法,并结合实例重点对基于模型的安全性分析方法进行了阐述。

参考文献

[1] SAE ARP 4754A Guidelines for Development of Civil Aircraft and Systems [S]. SAE, 2010.

[2] SAE ARP 4761 Guidelines and Methods for Conducting the Safety Assessment Process on Civil Airborne Systems and Equipment [S]. SAE, 1996.

[3] 甘旭升,崔浩林,刘卫东,等.STPA 危险分析方法及其在 ATSA-ITP 设计中的应用[J].中国安全科学学报,2015(05): 82-88.

[4] 胡剑波,郑磊.综合火/飞/推控制系统复杂任务的 STAMP 建模和 STPA 分析[J].航空工程进展,2016,007(003): 309-315.

[5] 刘金涛,唐涛,赵林,等.基于 STPA 的 CTCS-3 级列控系统功能安全分析方法[J].中国铁道科学,035(5): 86-95.

[6] 车程,刘轶斐.基于模型的安全性分析技术研究[J].航空工程进展,2016,007(003): 369-373.

[7] GU Q, WANG G, ZHAI M. Model-based Safety Analysis for Integrated Avionics System [C]// 14th AIAA Aviation Technology, Integration, and Operations Conference. 2014.

[8] 黄传林,黄志球,胡军,等.基于扩展 SysML 活动图的嵌入式系统设计安全性验证方法研究[J].小型微型计算机系统,2015,36(3): 408-417.

［9］ BATTEUX M，PROSVIRNOVA T，RAUZY A，et al. Model-Based Safety Assessment：The AltaRica 3. 0 Project ［J］. Insight，2013,16(4)：24 – 25.

［10］ MORTADA H，PROSVIRNOVA T，RAUZY A. Safety Assessment of an Electrical System with AltaRica 3. 0 ［M］// Model-Based Safety and Assessment. Springer International Publishing，2014.

［11］ 樊运晓,罗云. 系统安全工程［M］. 北京：化学工业出版社,2009.

3

安全性需求捕获与确认方法

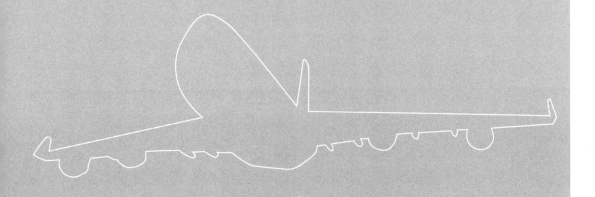

系统工程的起点是系统需求的定义,需求定义的主要任务是根据客户需求和工程限制条件,深入描述系统功能、性能、安全性等方面的要求,以确保据此设计的系统架构满足用户的要求和设计的目标。它主要定义了系统的功能、性能、安全性以及适航方面的需求。需求定义是系统工程开发流程中要确定的首要工作,因此通过确认活动保证需求的正确性和完备性是非常重要的,它将保证后续设计的正确性。在不同的开发层次上都要进行需求定义工作,包括飞机级、系统级、设备级,最终到软件/硬件级(部件级),整个过程是一个反复迭代的过程。在当前的飞机系统设计过程中,由于具体的开发情况不同,从效率和工程实际角度出发不能保证所有的流程都是正向设计的过程,因此自下而上的设计也是允许的。对于没有成熟经验的民机设计者,适航方面推荐采用正向设计的过程以弥补经验不足的缺陷。

3.1　安全性需求的追溯关系

安全性需求包括功能独立性、可用性、完整性、监控、功能研制保证等级、运行和维护等不同类型的需求。在系统概念设计阶段,对系统功能执行初期的FHA 获得系统安全性目标、系统危害、危害分类的原因等主要数据。在设计阶段系统架构逐渐细化,可以执行系统安全分析,以初期识别的危害作为顶事件,构建故障树,分析造成系统危害的失效和故障,并提出相应的安全性需求处理失效。在开发阶段,一方面,开发实现从系统安全分析过程分配的安全性需求;另一方面,执行软件/硬件安全性分析,采用类似系统安全分析的过程对软件/硬件执行 FTA 和软件 FMEA。系统设计阶段对细化的子系统功能需求重新进行评估,分析可能产生的失效,并向上追踪到系统危害,通过软件/硬件开发阶段分析得出的软件失效可以追踪到系统故障;同时在软件/硬件设计阶段和软件/硬件开发阶段的系统故障都应该追踪到软件/硬件失效。

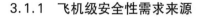

3.1.1　飞机级安全性需求来源

飞机级安全性需求来源主要是适航条款、市场需求和客户需求。

（1）适航条款为安全性最低要求，是在进行民机的安全性设计时必须满足的要求。系统安全性设计必须满足 CCAR/FAR/CS‐25.1309、25.1709 以及 AC 25.1309 等条款的要求。

（2）市场需求是指为了使飞机具有市场竞争力，通过对国内外市场上潜在竞争机型安全性水平进行调研，获得在市场上能够得到客户认可并具有竞争力的安全性水平，并以此安全性水平作为飞机安全性需求之一。该需求不能低于适航要求。例如，根据 AC 25.1309 条的要求，单个灾难性的失效状态的发生概率应小于 $10^{-9}/\text{fh}$；根据市场调查，竞争机型的某灾难性的失效状态的发生概率已达到 $10^{-10}/\text{fh}$。为了让飞机具有市场竞争力，此失效状态的设计需求就为 $10^{-10}/\text{fh}$。

（3）客户需求是指由于潜在客户的特殊需求，需要飞机具有独特的功能，进而需要对功能进行危害性评估，提出相应的安全性需求，如飞机应具有某功能。飞机级安全性需求作为系统级需求捕获的部分来源，是飞机级 FHA、PASA、CCA、安全性设计准则等活动的输出内容。

3.1.2　系统级安全性需求来源

系统级安全性需求主要来源是适航条款、飞机级 FHA 和 PASA、其他系统的安全性接口需求、衍生需求、CCA 需求、系统运行环境派生的安全性需求以及安全性设计准则。

（1）适航条款是指本系统需满足 CCAR/FAR/CS‐25.1309、25.1709 条以及与本系统相关的其他安全性条款。

（2）飞机级 FHA 和 PASA 规定了系统级安全性的定量概率需求以及 FDAL。

（3）其他系统的安全性接口需求来自其他系统的安全性需求。

（4）衍生需求源自系统设计过程本身，与上层（飞机级）需求不相关的需求称为衍生需求。衍生需求包括与系统设计相关的安全性需求。衍生需求可能来自设计决策,也可能来自电子硬件/软件接口。例如,为执行特定功能的设备选择不同的电源,衍生需求由此而生,为此电源制订的需求包括安全性需求,就是衍生需求。电源功能失效或故障所导致的失效状态决定了必要的 DAL。衍生需求的捕获和处理应与在相同研制阶段所适用的其他需求相协调。衍生需求应包括依据和/或参考适用的设计准则。

(5)CCA 需求分区、隔离等需求,以保证功能独立性。

(6)系统运行环境派生的安全性需求。

(7)系统安全性设计准则规定了系统安全性设计的定性需求,系统根据安全性设计准则确定本系统详细的安全性设计准则和规范。

3.1.3　设备级安全性需求来源

设备级安全性需求主要来源是适航条款、系统级 FHA 和 PSSA、CCA 需求、系统设计准则和规范以及人机交互和设备运行环境派生的安全性需求。

(1)适航条款是指本设备需满足 CCAR/FAR/CS‐25.1309、25.1709 条以及与本设备相关的其他安全性条款。

(2)系统级 FHA 和 PSSA 规定了设备的安全性定量设计需求以及 DAL。

(3)CCA 需求形成对设备的安装、分区、隔离等需求,以保证设备的功能独立性。

(4)系统设计准则和规范规定了设备的定性设计需求。

(5)人机交互和设备运行环境(如 DO‐160)派生的安全性需求。

3.1.4　软件/硬件安全性需求来源

软件/硬件的安全性需求来自确保功能安全的设计约束(实现机制),分为软件/硬件内部失效规避机制和外部失效规避机制。

软件/硬件内部失效(包括瞬态失效),如一个硬件电子控制单元(electronic

control unit，ECU)内部一般包括电源、时钟、CPU、输入电路(通信、I/O)、输出电路(通信、I/O)、随机存取存储器(random access memory，RAM)、只读存储器(read-only memory，ROM)等，以数字量输出为例，存在开路、短路两种失效模式，两种模式中有一种为危险侧失效，应有相应的防护机制和故障诊断机制。

软件/硬件外部失效的容错机制(如外部失效)涉及接口失效和环境失效，接口有电源、输入/输出(I/O)、通信、模拟量；环境失效有温度、湿度、振动、电磁兼容性(electromagnetic compatibility，EMC)等，除了考虑正常范围的上限和下限，也要考虑超出范围后的失效，分析外部失效后的 ECU 功能表现为系统对外部连接部件失效的安全机制，连接外部传感器、执行器失效后的安全机制，如传感器输入超过正常范围值。

3.2　飞机系统危险识别方法

飞行任务的组织过程是飞行员在环人机交互的过程，可概括为飞行员通过一系列认知活动不断从驾驶舱人机界面中感知所需的飞行状态参数、监控系统工作状态，结合任务目标对当前状况做出全面评估，分析可能的对策及结果，并做出控制决策。飞行员通过驾驶舱人机界面组件将其控制决策传达给飞行控制系统。飞行控制系统将飞行员的指令转化为飞机各舵面作动器的实际动作以及发动机推力的变化。与此同时，多种机载传感器始终保持对飞行状态参数和系统工作状态的监测，并将这些信息通过驾驶舱人机界面实时反馈给飞行员。

在飞行任务组织过程中存在大量潜在的安全性影响因素，包括一些固有的因素，如任务相关因素(任务目的、任务类型、任务难度等)、设计相关因素(布局、信息可读性、信息显著性、控制器件可达性、控制方式等)以及组织相关因素(培训、企业文化等)，它们会对不同飞行员产生普遍的影响；还有一些随机的因素如系统故障、极端天气和飞行员差错等，其是否出现、何时出现无法预料。这些因素以各种可能的方式相结合,为人机系统带来了极其复杂的影响。航空危害成因模型如图 3.1 所示。

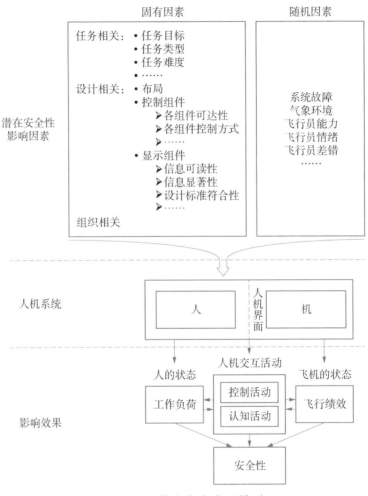

图 3.1　航空危害成因模型

飞行事故原因归为人、机、环境、管理四类,管理是作用于"人、机、环境"系统的要素,但不直接作用于安全事件,管理的效果通过"人、机、环境"系统及时或延期表现出来。所谓"及时"指公司管理的作用与管理的实施同步;"延期"指管理的作用效果在管理实施一段时间后才表现出来。因此,管理是另一层次的问题，是与"人、机、环境"系统并立的一个重要因素。如果管理的功能发挥不出来，不能协调"人、机、环境"系统的失调，出现安全管理波动与失误，则可能影响致因的相互作用，产生风险放大效应或突变，从而诱发航空危害。

危害源可以进一步分解，如图3.2所示。

在开展FHA活动，识别系统失效状态对机组的影响时，为了降低失效状态的影响，按照机组识别危害—危害处理的基本过程，通常在综合权衡系统设计与机组操作后，从失效识别和机组行动两个方面派生需求。失效识别需求的典型类型是机组告警的信息告警或音频告警，即派生系统的告警功能需求支持机组对失效状态的识别；机组行动需求的典型类型是应急操作程序，即派生机组在发现系统失效后采取的应急操作需求。

失效识别需求的示例如下：显示系统应对两侧显示的关键飞行参数数据进行交叉对比监控。

机组行动需求的示例如下：当正、副驾驶两侧显示的关键飞行参数数据不一致时，飞行员应通过备份仪表系统判断可信的数据显示。

以上两条需求的派生针对"正、副驾驶单侧显示的关键飞行参数发生误指示"的失效状态发生时，在对比监控发现数据不一致时将情况告知两侧飞行员，以通过备份显示判断识别出可信数据，降低失效状态影响严重程度。否则，此失效状态影响将等同于灾难性的"正、副驾驶两侧显示的关键飞行参数发生误指示"失效状态。

3.3　人为因素风险识别

将驾驶舱人为因素评估指标作为输入，分析存在的隐性危害；故障成分可以通过故障树的形式进行危害识别，状态通过基于场景的状态机的形式进行危害识别，具体阐述如下。

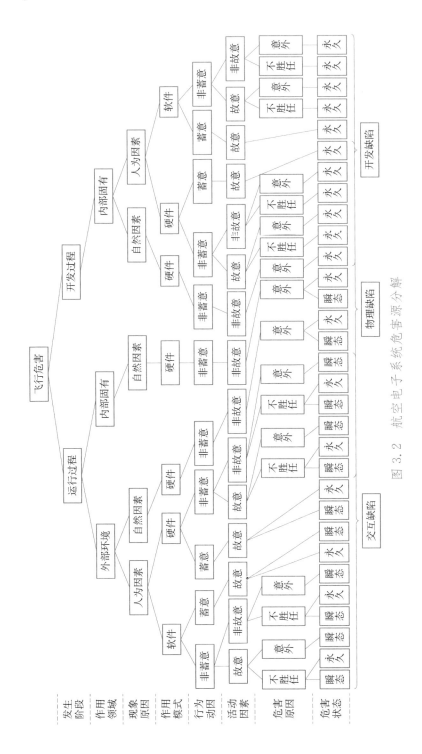

图 3.2　航空电子系统危害源分解

指标体系分为认知活动、控制活动、工作负荷、飞行绩效四个方面。

(1) 认知活动有具体的指标支撑,包括注视时间、眨眼间隔、扫视频率、瞳孔直径等。

(2) 控制活动包括副翼偏转速率、升降舵偏转速率、方向舵偏转速率、油门杆偏转速率。

(3) 工作负荷包括心率和呼吸(包括呼吸频率以及呼吸幅度)。

(4) 飞行绩效的评估指标包括横向偏差、高度偏差、速度偏差、到达时间偏差。

飞行安全是各种影响因素在相互关联、共同作用下,整个人机系统所涌现出的特性。因此,不应先入为主地认为安全性影响因素产生的效果相互独立,或企图用几个独立的方面描述系统整体安全性。相反,安全性的不同评价方面之间必然存在相互关联,而且这些关联中隐含了很多重要的诊断信息。

(1) 认知活动与工作负荷之间的相关性可以反映认知活动对飞行员资源的需求(或对界面信息的感知、处理难度)。当两者正相关时,即脑力需求增大时工作负荷也提高,说明认知活动确实给飞行员带来了心理压力,需要飞行员投入更多努力。当两者无显著关联时,说明此时的认知活动是"次要的",并不会对资源占用产生影响。

(2) 控制活动与工作负荷之间的相关性可以反映控制活动对飞行员资源的需求(或控制器件的操控难度)。当两者正相关时,说明控制活动的增加确实给飞行员带来了更多心理压力或体力需求,需要飞行员付出更多努力。通过对比认知活动与工作负荷的相关性以及控制活动与工作负荷的相关性,有可能推断出任务对哪方面的资源需求更多。

(3) 认知活动与飞行绩效之间的相关性可以反映飞行员的警惕程度,也可以反映界面信息的显著性。当绩效变化时,如果认知活动与飞行绩效的相关性较强则可以推断飞行员很快注意到了绩效的偏差,或者说出现绩效偏差时人机界面能够很快吸引飞行员的注意力,使其改变认知策略与注意力分配。在对新型驾驶舱的显示界面设计进行评估时,如果同一批飞行员在新型驾驶舱中执行飞行任务时的认知活动与飞行绩效的相关性比在参考机型中执行相同任务时更强,则可推断新型驾驶舱中的信息显示相对于参考机型来说更加显著,更容易吸引飞行员的注意力。反之,可推断新型驾驶舱界面信息的显著性不如参考机型。

(4) 控制活动与飞行绩效之间的相关性可以反映控制活动的有效性。一方面,对于同一个驾驶舱来说,不同水平的飞行员所表现出的控制活动与飞行绩效的相关性的差异可以用来反映飞行员的技术水平,负相关程度越高(绩效偏差随着控制活动增加而降低),飞行员的操作越能有效地修正绩效偏差。另一方面,同一批飞行员在不同型号驾驶舱中的控制活动与飞行绩效的相关性上的差异可以反映驾驶舱控制器件在控制效率上的差异。相关程度更高的驾驶舱其控制器件设计更合理,能够更加高效地改善飞行绩效。

(5) 认知活动与控制活动之间的相关性以及工作负荷与飞行绩效之间的相关性比较复杂,诊断意义比较含糊,本书暂不对它们进行讨论。

基于上述分析,可以形成任务合成的人为因素评估诊断理论模型,如图 3.3 所示。其中竖直方向分别描述飞行员的认知活动和控制活动;水平方向分别描

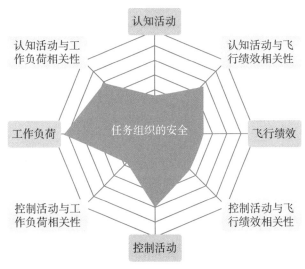

图 3.3　任务合成的人为因素评估诊断理论模型

述了飞行员的工作负荷和飞行绩效;对角线方向表示相邻评价方面之间的相关性。通过这个模型既可以对人为因素所影响的飞行安全做出全面的评价,又可以对安全隐患的来源进行考察与分析。

飞行情景的核心内容包括"天气条件""飞机因素"和"飞行环境"三个主要方面,如图3.4所示。在定义和开发飞行情景时,有以下两个要求:

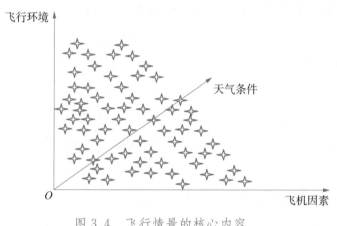

图 3.4　飞行情景的核心内容

(1) 飞行情景的配置包含三个方面的所有情况,包括极端情况。

(2) 各个方面的配置所包含的情况分布比较均匀。

可得到如下所示的飞行情景组织结构:

$$机组航段任务情景 = \{任务需求 \in \bigcup_{i=1}^{I} 机组任务_i \} \xrightarrow[与操作相关的]{机组任务} 准则$$

$$= \{功能及因素 \in FAR - 25.1523\}$$

$$机组航线任务情景 = \{机组航段任务 \in \bigcup_{j=1}^{J} 机组航段任务情景_j \}$$

$$飞行情景 = \{航线飞行情景 \in 天气条件 \otimes 飞机因素 \otimes 机组航线任务情景\}$$

飞行情景的组织结构更适于描述和表达机组、飞机、环境的动态关系。基于飞行情景的人为因素风险识别方法如图3.5所示。

为了实现开发飞行情景的目的、满足开发飞行情景的要求、覆盖飞行情景的核心内容并符合飞行情景的组织结构,飞行情景的开发方法需要以明确的开发思想作为指导。

飞行情景的开发思想可总结为分阶段,分方面,选项组合,结合考察目标、评估要求及准则。以此思想为指导建立的飞行情景开发方法可称为基于方法指南的飞行情景开发方法。下面结合图 3.5 对飞行情景的开发思想及基于方法指南的飞行情景开发方法做简要说明。

(1) 分阶段——将飞行情景根据飞行航段分成多个阶段:起飞机场(包括起飞前地面运行、发动机起动、滑行、起飞前检查);起飞;爬升;巡航;下降进近;着陆;着陆机场(包括着陆后滑行、发动机关闭、着陆后检查)。

(2) 分方面——将飞行情景根据核心内容及工作量测量要求分成多个方面:天气情况、飞机因素、飞行环境、工作量类型、数据窗口。

(3) 选项组合——可选取、配置并组合飞行情景各个方面的内容:飞行情景的各个方面分成若干主题专项,每一主题专项都包含若干选项,可根据需要选取主题专项并配置其选项。

(4) 结合考察目标、评估要求及准则——考察目标、评估要求、最小飞行机组准则。

确定各飞行阶段的考察目标的目的在于为飞行情景的开发过程提供指导,减少在选取、配置并组合飞行情景各个方面内容时的盲目性,提高所定义和开发的飞行情景的针对性。

基于方法指南的飞行情景开发方法可简要表述为结合考察目标、评估要求及准则,以选项组合的形式,分别选取、配置并组合机组、飞机及环境在各个飞行阶段、各个方面的动态关系。

3.4　系统设计过程中的安全性需求捕获

基于安全飞行和人为因素的风险识别,通过安全性分析方法,制订安全性

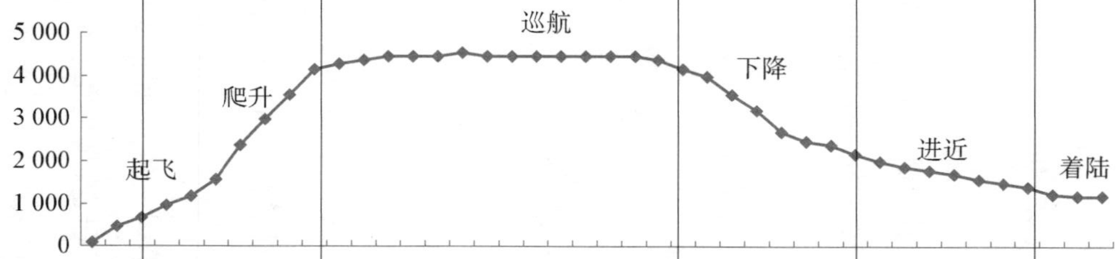

高度/ft		起飞机场	起飞时刻	考察目标	天气情况				飞机因素			

高度/ft: 5 000　4 000　3 000　2 000　1 000　0

起飞　爬升　巡航　下降　进近　着陆

天气情况: 能见度　云　雨雪　颠簸　风向　积冰　风速　雷暴

飞机因素: 重量及平衡　最低设备清单　故障　事件

飞行环境	计划飞行类型				
	飞行计划				
	空中交通				
	机组任务				
	签派放行单				
工作量类型	功能				
	因素				
数据窗口	窗口事件				
	数据项目				

图 3.5　基于飞行情景的人为因素风险识别方法

风险以及危害的防护措施及策略,并以安全性需求的形式存在。因此,航空电子系统的安全性需求捕获和分析是围绕安全性设计过程开展的,下面将分别进行阐述。

3.4.1 随机失效概率需求

随机失效概率需求用来要求系统、设备或者组件功能需要满足的可用性和完整性水平,通常的表现形式是平均每飞行小时内功能丧失或者出错的概率。功能的可用性和完整性概率需求取决于失效状态对应的危害等级。当功能的失效状态等级确定时,对应的功能可用性和完整性概率需求按照 AC 25.1309 中的映射关系确定,如表 3.1 所示。

表 3.1　功能可用性和完整性概率需求映射关系

失效状态的分类	无安全影响	较小的	较大的	较严重的	灾难性的
可允许的定性概率	无概率要求	可能的	微小的	极小的	极不可能
可允许的定量概率:每飞行小时平均失效概率[①]	无概率要求	$<10^{-3}$	$<10^{-5}$	$<10^{-7}$	$<10^{-9}$

① 这里提供的数值概率范围仅供参考。申请人不必完成定量分析,也不用通过这种分析证明。对于轻微的失效状态,这个数值标准已经得到满足。目前对于运输类飞机,仅仅采用当前普遍接受的工业惯例即认为满足这个标准。

随机失效概率需求示例如下:

(1) 航空电子系统丧失姿态数据显示功能的概率应该小于或等于 10^{-9}/fh。

(2) 航空电子系统姿态数据显示功能发生不可检测错误的概率应该小于或等于 10^{-9}/fh。

当可用性和完整性概率需求在进行分解或者验证时,需要结合功能设计所采用的冗余、独立性监控设计策略开展,将功能分配到子功能和组件上。

3.4.2 研制保证等级需求

飞机失效状态的发生由硬件的随机物理失效或研制过程中存在的错误导

致。通过研制保证过程,确保系统研制在足够规范的方式下进行,从而限制了对飞机安全可能造成影响的研制错误发生的可能性。对产生不同严重性失效状态的研制错误,需要进行不同严格程度的研制保证。DAL 是研制过程严格程度的度量,对于那些在飞机服役期间暴露会造成不良安全性影响的错误,通过 DAL 确立的严格程度和相关目标,将在功能(飞机级、系统级)和项目的研制过程中发生错误的概率限制在安全性可接受的水平内。DAL 不仅适用于功能或项目自身的研制过程,而且适用于与其他所有相关联功能或项目间接口的研制,这些其他功能或项目可能会影响该功能或项目。

DAL 是对应于系统或项目的失效所导致的危险状态而规定的一系列等级,用于描述在系统和项目的研制过程中为了避免出错而采取的措施和方法,在安全性评估过程中确定,其目的是在系统和项目的研制过程中从安全性的角度选择质量程序,为相应的等级制定对应的工作程序及验证标准,以将需求或设计中的错误或遗漏减至最小。

DAL 有 A、B、C、D、E 五个等级。根据对应的失效状态类别以及系统和设备的架构设计分配等级,其具体的分配原则参照 SAE ARP 4754A。根据 FHA 中确定的失效状态危害等级,最终在 PSSA 中确定 DAL。DAL 的确定还取决于系统架构,尤其取决于独立失效和/或错误和/或外部事件的数量,这些与所考虑的项目失效和错误的组合会导致产生失效状态。

FDAL 等级决定了飞机和系统功能研制的严格程度,即飞机和系统的需求研制严格程度,与等级相关的具体目标和工作在 SAE ARP 4754A 中规定。

IDAL 等级决定了软件和电子硬件的研制严格程度。其中,软件研制的具体目标和工作在 DO‑178C 中规定,电子硬件研制的具体目标和工作在 DO‑254 中规定。

3.4.3　避免单点失效需求

对于功能而言,功能失效是按照功能路径进行传播的。如果功能路径上的一个组件失效将导致整个功能失效,则该组件的失效称为单点失效。显然,对于功能危害等级非常高的功能而言,单点失效是不可接受的。因此,AC 25.1309 中明确要求系统功能设计不能存在单点失效造成的灾难性的危害等级的功能失效。由此,结合航空电子系统的功能危害性等级评估的结果,针对灾难性的危害等级的功能失效状态,需要派生避免单点失效的需求。

避免单点失效需求示例如下:

(1)航空电子系统不应存在单点失效导致姿态数据显示功能发生不可检测的错误。

(2)航空电子系统不应存在单点失效导致姿态数据显示功能丧失的失效状态。

(3)对功能丧失的失效状态而言,其单点失效可以进一步通过冗余设计满足;对于功能出错的失效状态,其单点失效需要通过增加独立的监控来避免。

3.4.4 独立性需求

在前文介绍的 STPA 以及基于模型的安全性分析方法中,FTA 是一种很重要的分析工具。在利用故障树开展功能安全性分析时,与门是重要的故障逻辑表达方式之一。与门表示的是只有当下层多个事件都发生的情况下,上层事件才会发生。与门事件成立的前提是下层的多个事件之间都是独立的,任何一个事件的发生都不会影响其他事件或者受到其他事件发生的影响。

当为了满足可用性、完整性或者避免单点失效需求而派生出冗余、监控等失效防护的设计策略时,需要进一步对功能、备份功能以及监控功能做出独立性的约束,以确保开展 FTA 时,与门事件的独立性前提存在。

以姿态显示功能为例,提供姿态数据显示的组件包括主显示器和备份显示器,对姿态显示功能丧失的失效状态开展 FTA 如图 3.6 所示。

由此,独立性需求示例如下:

(1)主显示器的姿态显示功能应与备份显示器的姿态显示功能保持独立。

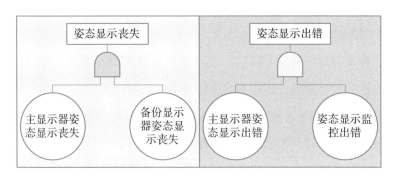

图 3.6　对姿态显示功能丧失的失效状态开展 FTA

（2）主显示器的姿态显示功能应与姿态显示监控功能独立。

通常独立性需求的派生有以下两种来源。

1）DAL 分配相关的独立性需求

第一种来源是在开展 PSSA 的 DAL 分配活动时，为了达到降低 DAL 进而降低系统研发实施难度的目的，对系统功能或组件提出的独立性需求。

独立性是分配 DAL 时应该考虑的因素，对于 FDAL 和 IDAL 的分配，有两种独立性：功能独立性和项目研制独立性。

功能独立性通过功能的不同，使共同的需求错误发生的概率最小。功能独立性用不同的需求实现、完成飞机级或系统级功能，并减缓相关顶层失效状态的影响，如采用轮刹、发动机反推和地面减速板三种不同原理实现地面减速功能。

项目研制独立性通过项目的不同，使各自独立研制的项目间共模错误发生的可能性减至最小。例如，可通过不同的操作系统、编程语言、微处理器或不同的研制团队和研制过程实现项目研制独立性。

在按照 ARP 4754A 的表 3 分配 DAL 时，对于给定 FFS 的成员，在满足独立性的情况下，成员按照"选项 1"或"选项 2"可以各自分配低于顶层失效状态严重性类别的 DAL。

因此，当功能或设备需要分配低于顶层失效状态严重性类别的 FDAL 或

IDAL 时,就需要派生相应的独立性需求。

2) CMA 独立性需求

第二种来源是在开展 CMA 时,为了将共模故障消除到可接受的程度而提出的独立性的设计需求。这些共模故障可能导致与门事件同时发生,从而影响并破坏与门事件之间的独立性。在开展航空电子系统的共模分析时,考虑 SFHA 中确定的灾难性失效状态(Ⅰ类)或危险的失效状态(Ⅱ类),找出这两类失效状态的故障树中的每一个与门事件或者故障树的最小割集中的事件,开展 CMA,派生出事件之间的独立性需求。

独立性需求示例如下:显示系统的主显示器与备份显示器应在姿态、空速和气压高度信息的显示功能上保持独立性。

3.4.5　冗余备份需求

备份需求是为了满足可用性概率需求而针对系统架构派生的需求,用于避免功能丧失的情况。基于历史数据统计,在当前工业水平下针对 $10^{-5}/fh$ 量级以下的可用性概率需求,通常都需要采取双备份或多备份的设计措施。通常在开展 PSSA 时,结合失效状态的等级及可用性概率需求,派生相应的备份设计需求。此外,对于主设备和备份设备需要切换工作的情况,也应提出备份切换的需求。

备份需求的示例如下:

(1) 显示系统应在一个或多个显示设备发生失效后,重构显示画面以持续为机组提供用于安全飞行的关键飞行参数信息显示。

(2) 当探测到一个显示设备故障后,系统显示管理功能应在 1 s 内在另外的显示设备上重构显示画面。

3.4.6　功能监控需求

对关键的航空电子系统功能而言,在完整性上往往需要满足完整性指标

$(10^{-9}/\mathrm{fh})$的要求。基于电子产品的行业领域经验,单个设备在功能实现上的完整性往往只能达到$10^{-6}/\mathrm{fh}$的级别。因此,在单个设备无法满足航空电子系统功能可用性要求的条件下,为了避免单点失效,需要通过监控的策略,由设备的功能通道和独立的监控通道协同满足功能的完整性需求。因此,需要根据功能的完整性需求以及设备功能实现通道的完整性能力,确定需要监控的功能范围,形成功能的监控需求。例如,航空电子系统应有独立的监控,对主要姿态显示功能的功能通道进行监控。

3.4.7　错误行为的检测需求

系统功能由软件和硬件实现,因此软件和硬件的运行状态决定了系统功能的完整性。根据系统设计过程的经验,在开展软件和硬件设计之前,通过硬件的失效模式分析,针对常见的硬件和软件的错误行为设计检测手段,开展防护性设计,能够有效提升设备的完整性水平,进而提升系统功能的完整性水平。

系统以及软件/硬件的错误行为检测包括但不限于以下方面:数据延时检测、协议数据有效性检测、数据刷新速率检测、分区冻结检测、分区同步检测、数据接口检测、数据读取检测、CPU看门狗检测、模块温度检测、电源电压检测等。针对以上错误行为检测方式,结合功能设计的具体实现,形成相应的检测需求。

3.4.8　规避风险的操作需求

当系统功能运行发生错误时,为了避免功能出错为飞行员带来不利影响,系统需要提供额外的手段,以支持机组对错误行为的处理。常见的方式往往是对功能进行抑制、关断或者重启。因此,机组中断错误作为安全性失效处理的一个环节,也需要有系统提供相应的支持功能。机组中断错误行为的需求示例如下:当主显示器发生数据显示错误时,综合显示单元应支持通过手动关闭屏幕背光的方式进行重启,同时支持数据显示功能重构。

3.4.9 监控需求

监控需求也属于安全性设计需求,是为了满足完整性概率需求而针对系统架构派生的需求,用于避免功能未检测到的错误运行的情况。基于历史数据统计,在当前工业水平下针对 $10^{-7}/\mathrm{fh}$ 量级以下的完整性概率需求,通常都需要采取监控的设计措施。通常在开展 PSSA 时,结合失效状态的等级及完整性概率需求,派生相应监控设计需求。通常,应从以下 4 个方面提出需求以保证按照需求开展的监控设计的有效性。

1) 监控的覆盖范围需求

应明确监控的覆盖范围,即明确被监控的功能或数据对象,针对不同的监控对象,可通过需求分析相应制订合理适用的监控措施。监控的覆盖范围需求的示例如下:显示系统应针对关键飞行数据(如姿态、空速、气压高度)的处理和显示设计监控。

2) 监控与被监控对象之间的独立性需求

由于监控需求通过与被监控对象构成功能失效集来降低系统的完整性概率水平,因此监控与被监控对象之间不能存在级联故障,即监控与被监控对象之间应有独立性的要求,即要求在系统运行时一方的失效不能对另一方的正常运行造成影响。监控与被监控对象之间的独立性需求的示例如下:关键飞行数据的监控功能应独立于关键飞行数据的数据处理功能。

监控在发现被监控对象满足失效判断条件后,只有在做出相应的系统响应后不让被监控对象失效后造成的失效影响持续传播,才能起到真正的监控作用,即应规定错误行为的探测需求。错误行为的探测需求示例如下:显示系统应在探测到数据错误指示之后,移除该错误指示的数据或将此数据标记为无效。

3) 中断失效功能继续运行的操作需求

除了系统或设备自身做出响应的监控类型,有些无法独自由系统设备自身实现的监控有时也需要机组参与,针对当前的系统或设备状态采取机组响应措施,以消除危害影响。机组的中断响应需求示例如下:当亮度控制板的显示器背光调节旋钮旋至"off"时,显示系统应在其他显示器上重构显示画面。

4)隐蔽故障的测试需求

隐蔽故障是指对飞机没有可察觉的影响,且不可被监控措施检测的故障。隐蔽故障发生时,其本身通常不会造成影响。隐蔽故障通常与在正常操作中不使用的功能相关联,监控的故障就属于典型的隐蔽故障,隐蔽故障只能通过维修任务修理(日检、预防性维修、校验、定检等),这种故障对应一个相应的维修时间。通常对监控派生的定期测试,可通过设计上电自检测(power on built-in test,PBIT),通过飞机维修页面显示告知机组或维修人员已消除隐蔽故障。监控的定期检测需求示例如下:显示系统应对关键飞行参数的监控功能失效设计定期测试机制,以消除隐蔽故障的影响。

3.4.10　监控功能的检测需求

对系统功能而言,监控是为了防止功能异常而设计的,并不会影响功能的正常运行。在这种情况下,监控的运行状态无法通过功能的运行状态体现出来,如果没有相应的测试手段,则很难知道监控功能正常与否。由于不知道监控是否工作,因此功能的完整性无法得到保证。在 FTA 中,体现出来的就是暴露时间很长。为了避免监控暴露时间过长,导致功能的完整性无法得到有效提升,需要对监控提出检测需求。监控的检测需求主要包含两个方面:候选适航维修性需求和自检测(built-in test,BIT)的检测需求。候选适航维修性需求是指通过人工的方式,用特定的测试设备对监控功能进行检测。BIT 的检测需求通过设定的逻辑判断监控功能是否能够正常执行。监控的检测需求示例如下:

(1)主显示器的监控通道应每隔 1 000 h 通过外部的检测设备检测其状态。

(2)主显示器的监控通道应通过 PBIT 对其运行状态进行检测。

3.4.11　错误及失效告警需求

告警设计的目的在于根据对功能出错或者异常行为的检测结果，通过特定的方式提醒飞行员注意功能出错或者异常状态。因此，对于航空电子系统的关键功能，通过有效的错误或者异常提示告知飞行员功能运行情况，也是安全性设计的重要环节之一。用于告知飞行员错误与失效指示的方式主要包括以下几个方面或者组合：机组告警消息、机组声音告警、机组灯光告警、显示画面的异常提示。

以上错误认知及失效指示功能的等级应该根据功能出错以及失效的等级进行确定。对于功能出错或者失效危害等级高的失效状态，其认知方式以及失效指示方式应该具有最高的优先级以及最直接的展示方式。错误及失效指示需求示例如下：当双侧姿态数据交叉监控结果不一致时，应该在姿态数据上通过故障旗的方式提醒飞行员姿态数据不可信。

3.4.12　应急操作程序的机组操作需求

应急操作程序是功能失效发生后，飞行员为防止功能失效造成更严重后果所采取的行为。因此，除了最高安全性等级灾难级别的失效状态不用给出应急操作程序外，其他危害等级的失效状态都需要给出应急操作程序，即当功能失效状态发生后，飞行员能够采取什么行动以保证该功能失效不会造成更加严重的后果，而这也是用于支持功能危害等级的重要依据。通常的应急操作程序包括以下两种类型：一种是在功能丧失的情况下，启用备份的功能，如轮机刹车和发动机反推、电源系统和应急电池等。另一种是在功能出错的情况下，启用备份的功能进行表决，如在双侧误显示的情况下，通过备份仪表进行表决；三路冗余的飞控系统通过表决减小功能出错概率等。

这些飞行程序需要在飞行员操作手册中明确定义。应急操作程序的机组操作需求示例如下：当双侧主显示器之间交叉对比出现不一致的情况时，即当主显示器界面上出现故障旗时，飞行员应该借助备份显示进行表决，判断双侧主显示器出错的一方。

3.4.13　签派需求

在起飞前,当系统或设备失效时能否签派取决于系统或者设备对于飞行安全的重要性。通过安全性评估执行飞行任务时不同设备对于飞机飞行安全性的影响,确定主最低设备清单(master minimum equipment list,MMEL),根据航空电子系统的 MMEL 以及设备的可靠性指标——平均失效间隔时间(mean time between failures,MTBF)最终确定航空电子系统的签派需求。签派需求示例如下:航空电子系统的签派率应该大于或等于 99.998%。

3.4.14　单粒子翻转和多位翻转需求

对于民机电子设备而言,由于使用的高度常在 8 000~10 000 ft 的高空,因此来自太空的高能粒子往往会对产品中使用的半导体存储器件的功能产生不利的影响,即单粒子效应(single event effect,SEE)。根据半导体存储器件的用途,SEE 对功能的影响可能是功能出错或者功能丧失。因此,对关键的航空电子系统功能而言,为了满足可用性和完整性水平,需要开展单粒子翻转(single event upset,SEU)和多位翻转(multiple bit upset,MBU)的防护设计。常用的防 SEU 和 MBU 的措施如下:

(1) 错误纠正码(error correcting code,ECC):能够检测两位出错,校正一位。

(2) 循环冗余校验(cyclic redundancy check,CRC):能够检测多位出错。

(3) 奇偶校验:能够检测一位出错。

因此,针对不同的功能要求以及不同的使用场景,需要制订不同的防护策略,从而形成针对 SEU 和 MBU 的需求,示例如下:CPU 应该激活奇偶检验功能,并且在检测到奇偶检验不一致时,能够重启。

3.4.15　安装和维护派生出的安全性需求

安装和维护也是安全性的重要方面。独立的安装位置和防错安装设计能够有效地应对 ZSA 过程中产生的问题。而维护需求也是用于支撑暴露时间的重要手段,候选适航维修性需求是解决隐蔽故障的重要手段。

安装需求主要指在开展航空电子系统安全性评估活动时所派生出的分隔、隔离、保护等安装设计的需求。例如,开展 CMA 时,为了消除安装过程中有可能导致故障树与门或割集事件发生的共模故障,往往会针对设备的安装过程派生隔离安装需求,从物理上消除共模故障源。安装及防护需求示例如下:

(1) 主显示器功能与备份显示器应该物理隔离安装。

(2) 主显示器功能的监控应该在 1 000 飞行小时后通过人工检测的方式判断其监控功能的正常状态。

3.5　适航规章的安全性约束捕获

1) 功能和性能安全性相关需求

适航规章中会包含一些出于安全飞行操作的考虑而要求系统需要具备的安全性相关的功能和性能,在捕获航空电子系统设计需求时,需要将这些安全性相关的功能及其性能需求直接作为系统的设计需求。例如,航空电子显示系统需要为飞行员提供一些飞机飞行操作安全相关的飞机状态信息等。此外,针对一些新技术在航空电子系统上的应用,也会有相应的安全性相关需求对其进行约束。尽管这些安全性相关需求不是由安全性评估活动派生出的,但是仍然是保证飞机和系统安全性必不可少的需求类型。功能和性能安全性相关需求的示例如下:显示系统应提供相应于当前襟翼和起落架状态的飞机最大和最小速度限制指示。

2）人机接口安全性相关需求

在航空电子系统，尤其是驾驶舱显示控制系统中，通常会派生人机接口设计需求，以约束与飞行机组人员操作相关的系统设计。人机接口安全性相关需求通常包括系统异常状态下的自身处理、信息指示等，如显示参数丢失后的异常状态指示画面设计需求等。人机接口安全性相关需求的示例如下：当空速数据丢失时，空速读数指示应显示为三条黄色虚线，格式为"---"。

3）运营派生的安全性需求

飞机的签派能力反映了飞机及其系统功能的可用性水平，直接影响航空公司的运营收入，是商用飞机运营使用的主要考核目标，也是航空公司在选择机型时考虑的一项极其重要的指标。对于航空电子系统中的多备份设计，通常会派生出单一或部分设备失效后的签派需求，以提高民用飞机在产品故障后仍能完成计划内飞行任务的能力。签派需求的示例如下：显示系统应满足在一个显示器失效后仍可签派的需求。

3.6 运行环境方面的安全性需求捕获

1）SEE 需求

如前所述，SEE 可以对电子硬件造成影响，对于运行高度环境特殊、存储空间较大的航空电子设备的影响尤为明显。

SEE 需求的示例如下：显示单元应能在不影响正常功能的前提下从 SEU 或 MBU 状态中恢复。

2）电磁干扰和 EMC 派生的安全性设计约束

EMC 是指电子设备在电磁环境中正常工作的能力，电磁干扰（electromagnetic interference，EMI）是对电子设备工作性能有害的电磁变化现象。EMI 不仅会影响电子设备的正常工作，而且会造成电子设备中的某些元器件损害，从而导致功能的失效。EMC 和 EMI 的控制措施主要有屏蔽、隔离、滤波等，从这些方面派生出相应的安全性需求。

3.7　需求管理

安全性需求管理过程包含安全性需求定义以及安全性相关需求的确认和验证。安全性需求和安全性相关需求的定义可参考 SAE ARP 4754A。飞机级和系统级功能的安全性需求包括对可用性（功能的连续性）和完整性（行为的正确性）的最低性能约束。防止故障状态和提供安全相关功能的需求，在系统开发的各个层级都应该是可追溯的、可识别的，至少应分配到软件和硬件层级。这将确保在软件和硬件设计层级上，安全性需求是可见的。在需求梳理的过程中，需要分析其对现有需求的影响，包括安全性、可靠性等，利用面向动态对象的需求系统（dynamic object oriented requirement system，DOORS）工具，并采用符合 SAE ARP 4754A 的配置管理流程进行需求追踪和变更管理，如图 3.7 所示。

需求管理过程首先要建立管理工具，并制订管理流程，通过需求确认过程保证需求的正确性与完整性。此外，应对需求进行变更控制，确保每一个需求的更改都可追溯，保证项目团队在统一的设计准则下进行工程开发及测试验证，为之后设计评审以及最终适航取证提供依据。需求管理可以保证各个层级需求的完整性、一致性和协调性，通过需求管理可以在产品不同研制阶段追踪和更新需求的状态、发布需求基线、管理需求变化并建立追踪关系。需求管理的过程从需求获取阶段开始贯穿于整个项目研制生命周期。需求管理可分为下列几个方面。

1) 需求的属性管理

通过制订需求管理计划，明确需求管理的目标及方法，定义需求的必要属

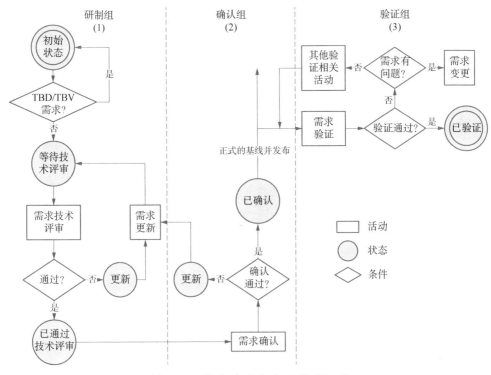

图 3.7   需求追踪和变更管理流程

性。需求管理过程是产品生命周期中一个非常重要的活动,开发人员必须明确系统开发的目标。如图 3.8 所示,将系统功能、性能、接口和安全性等需求描述成正确的、完整的需求规格说明,并在需求管理工具中受控,从而奠定系统开发的基础。

通过需求确认活动,可以确保需求的正确性与完整性,在研制生命周期的早期识别细微的错误和遗漏,减少由此导致的重新设计和系统性能的不确定性。

2）需求追溯性管理

需求追溯性管理采用结构性描述的方式,体现为两个过程:自上而下分解;自下而上可追溯。需求追溯性层级关系如图 3.9 所示。

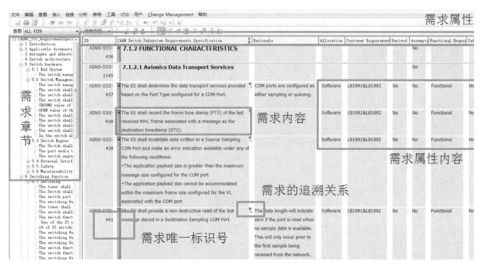

图 3.8 需求属性管理示例截图

如图 3.9 所示,需求是逐层分解的过程,子级需求的设计要完全满足其父级需求;在分解的过程中会产生派生需求,确认是否是上层需求缺失;所有派生需求都需要有相关的解释说明,并进行安全性分析,避免系统中出现非预期功能。确保从客户需求、系统需求、子系统需求、软件/硬件高层需求和软件/硬件低层需求逐步实现并得到验证,从而保证最终产品可以满足客户的需求。建立子级到父级需求的追踪关系。

3) 需求变更管理

对于需求的变更管理主要体现在可控性和可追溯性上。可控性通过需求模块的权限进行控制,一旦建立正式基线,需求设计人员的编辑权限就要收回,不能随意更新需求内容。可追溯性是指更改的可追溯性,任何需求变更都需要提出变更申请,经过需求管理变更控制成员评审后方可进行变更,保留需求变更的证据。对于需求的变更,需要建立相关影响性分析流程,确认需求的变更对客户要求、子级需求分解、设计开发、测试验证是否产生影响。需求变更管理流程如图 3.10 所示。

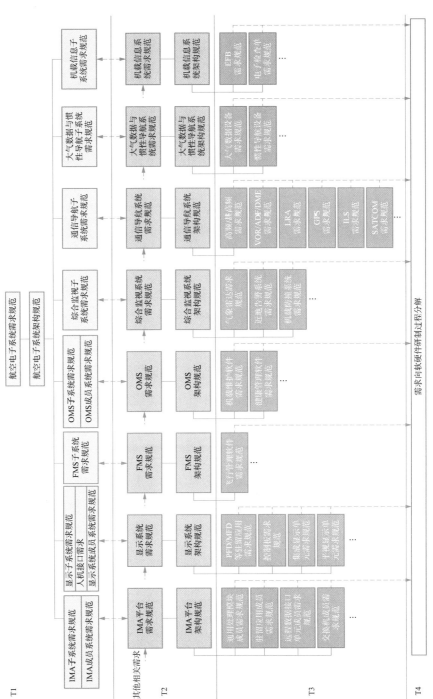

图 3.9　需求追溯性层级关系

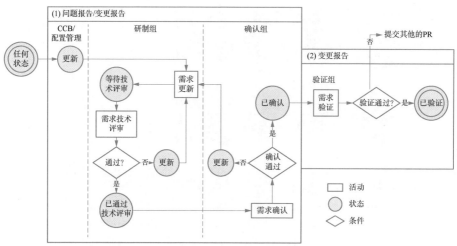

注：任何状态表示初始状态、等待技术评审、更新、已通过技术评审、确认或验证中的任何一种情况。

图 3.10 需求变更管理流程

对于需求的版本,通过建立基线进行控制,当需求内容达到一个相对稳定的状态时,可以为需求建立临时基线,用于工程评审或者阶段总结。当需求通过评审后,可以建立正式的基线版本,作为产品的功能基线和测试验证基线。利用基线的对比功能,可了解每次基线的变更情况。

4)需求管理工具

需求管理工具采用 DOORS。DOORS 是一款需求管理应用程序,用于捕获、连接、跟踪、分析和管理需求信息,以保证产品的开发和需求规格说明与相关标准一致。DOORS 支持多用户并行的工作方式,捕获需求后,用户可以通过使用视图链接和可追踪性分析等功能,在项目的整个生命周期中对需求进行追踪和管理。DOORS 工具系统架构如图 3.11 所示。

DOORS 主要可以完成如下功能:项目数据库的结构化管理、需求的条目化管理、需求的协作开发、需求的链接和追踪管理、需求变更影响分析、需求的历史信息记录、需求的属性定义、需求访问的权限管理、数据的备份和恢复、需求报告的导出、需求的基线管理。

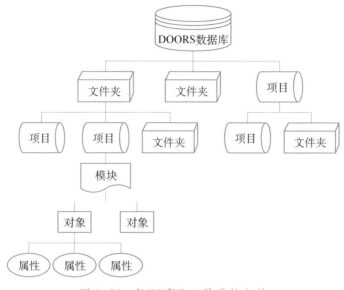

图 3.11　DOORS 工具系统架构

DOORS 以模块为单位存储和管理需求信息,使用项目和文件夹的方式组织模块,以对象的方式进行条目化的需求管理。通过 DOORS 工具可以对需求进行捕获和管理,并且相关验证活动的数据也可以在 DOORS 中进行管控,利用工具的追溯性特性,建立需求及验证追溯性矩阵,为之后的适航审查奠定基础。

3.8　安全性需求确认方法

需求确认是为了保证所定义的系统需求是正确和完整的,使最终设计的产品能够满足用户、供应商、维护修理人员和适航当局的要求。确认和验证的区别如下:确认的目的是证明系统的需求是正确的和完整的,而验证的目的是证明需求已实现,即系统能够满足需求。需求确认一般发生在研制初期,它是系统集成者的责任。在确认活动开始之前,系统集成者应编制系统确认计划以明确相关的要求、活动和准则。

系统安全性需求定义中的错误有多种形式,如含糊不清、表述不正确、表述互相矛盾、表述不完整或者需求缺失等。为了避免这些错误的发生,需求根据不同的 DAL 主要采用追溯性、工程评审以及建模等方式进行正确性和完备性的确认。

1) 追溯性

所有的需求都需要与其父级需求以及子级需求进行链接,如果定义为衍生需求,则需要表明原因,评价其是否合理。

2) 分析

有许多的分析方法可以用于确认需求,如在 SAE ARP 4761 中描述的与安全性相关的分析方法。研制初期与适航当局针对 FHA 和 PSSA 的讨论将有助于安全性相关需求的确认。

3) 模型

对于功能架构以及物理架构的建模工作,应当使用系统模型化语言和统一的模型化语言。飞机系统的模型需要有相关的专家进行技术评审,通过评审确认模型可以正确、完整地代表系统,并且能够通过这些模型化架构反映需求情况。建立模型进行确认的好处是比较直观,能够清楚地描述语言无法准确描述的内容。在完成功能架构和物理架构评审后将对需求进行更新。

4) 试验

试验通常是一种验证的方法,也可以用于需求的确认。这种确认方式可能发生在所有的设计阶段,如采用工模、原型机、仿真器或者最终的设计实现等。需要注意的是需要确保所有的仿真都正确地表示了系统、相关的接口以及其安装的环境,只有这样试验的结果才是有意义的。实际上部分验证试验也可以用于相关需求的确认,这主要取决于试验的目的。

5) 相似性

安全性需求也可以通过对比相似的认证项目进行确认,如果相似系统的经验充足,则能有效地说明需求的正确性和完备性。使用相似性进行需求确认的先决条件是提出功能和失效状态分类是一致的,并且两个系统在等效的环境下执行相似的功能。

6）工程评审

工程评审主要基于个人研发系统的经验,通过评审检查系统需求的正确性和完备性。对于衍生需求,工程评审是在验证试验进行之前对于需求进行确认的一个非常有效的方式。但是这种方式的效率取决于专家的研发经验和评审过程的认真程度。最终的评审意见、会议纪要、检查单、行动项以及后续工作都需要进行记录。

系统安全性分析产生的数据项将用于向适航当局和客户提供证明材料,表明系统的所有相关失效状态都已识别,并且引起这些失效状态的所有重要组合失效也都已经分析过。在通常情况下,适航当局会采用本书的方法作为安全性相关适航认证和规章的符合性方法,适航当局可能针对具体的项目要求解决目前规范中没有覆盖的安全性相关问题,如适航当局的版本文件、备忘录及通知。当进行安全性评估时,其他有用的信息来源应该参考 SAE ARP、RTCA 出版物、FAA 出版物(包括 CFR 和 AC)、EASA 出版物(包括 IR、CS 和 AMC)、EUROCAE 出版物和项目审定计划中适航当局的出版物。

3.9　小结

本章介绍了航空电子系统安全性需求的定义、作用和分类,针对每一类型的安全性需求,介绍了详细的定义和捕获方法,可为航空电子系统安全性需求的捕获提供参考。

参考文献

[1] SAE ARP 4754A Guidelines for Development of Civil Aircraft and Systems [S].

SAE，2010.

［2］ SAE ARP 4761 Guidelines and Methods for Conducting the Safety Assessment Process on Civil Airborne Systems and Equipment［S］. SAE，1996.

［3］ 魏博,赵春玲,徐见源,等.民用飞机系统需求确认研究［J］.航空电子技术,2012 (01)：6-9+19.

［4］ 阎秀生,郭云志.电磁兼容的概念及设计方法［J］.电源技术应用,2003(4)：14-23.

［5］ 汪震宇,李艳军,许振腾,等.基于签派可靠度的民机经济性评估方法［J］.航空计算技术,2014(4)：51-54.

［6］ 仲照华,周海燕,肖杰斌.一种基于广义驾驶舱系统需求的航空电子系统需求捕获方法［J］.航空电子技术,2017(1)：10-15

［7］ HUBERT G，BUARD N，GAILLARD R，et al. A Review of DASIE Code Family：Contribution to SEU/MBU Understanding［C］// null. IEEE Computer Society，2005.

［8］ YEH Y C. Safety critical avionics for the 777 primary flight controls system ［C］// Digital Avionics Systems，Dasc Conference. IEEE，2001.

［9］ DUTERTRE B，STAVRIDOU V. Formal requirements analysis of an avionics control system［J］. IEEE Transactions on Software Engineering，1997,23(5)：267-278.

［10］ ANDERSON S，FELICI M. Controlling requirements evolution：An avionics case study［C］// International Conference on Computer Safety，Reliability，and Security. Springer，Berlin，Heidelberg，2000.

［11］ 郑培真,苑春春,刘超,等.面向软件安全性需求分析过程的追踪模型［J］.计算机科学,2017,44(4)：30-34.

4

综合模块化航空电子系统安全性设计

综合模块化航空电子(IMA)是提升飞机系统整体性能、降低重量的必然途径。它对飞机系统各子系统内的各个功能进行综合,并利用 IMA 系统将飞机系统各子系统的所有功能集中在几个处理机上完成,从而实现对系统的综合控制、管理和故障监控的功能。

系统安全性是民机航空电子系统发展的关键要素,综合化航空电子系统作为交互密集的复杂系统,不仅在功能交互之间存在影响事故发生的因素,而且在层次化架构中存在安全性约束,架构中的每一层级都会对其下一层级的活动施加约束,高层级通过层级之间的控制过程控制低层级,通过这种方式来满足各层级的安全约束。

4.1　综合模块化航空电子系统架构

目前比较先进的民用飞机如 A380、波音 787、A350XWB、C919 均采用开放式的航空电子系统架构,即采用"通用数据计算平台＋ARINC 664 网络＋通用输入/输出单元"架构,首先通过 RDIU 将数据集中;其次由 RDIU 通过航空以太网总线(ARINC 664 网络)发送到综合处理机箱进行处理;最后发送到控制、显示及告警系统。该系统架构的特点是采用通用化的硬件平台,标准化程度高,支持系统综合;采用满足 ARINC 664 标准的网络,开放性强,对第三方产品和应用支持能力强。目前主要的航空电子系统供应商(如霍尼韦尔、罗克韦尔-柯林斯和 GE 航空)都拥有自己的航空电子系统架构,如霍尼韦尔的 PrimusEpic、柯林斯的 Proline 和 GE 航空的 OpenArchitecture。

IMA 平台提供一组可配置的资源,只有对这些资源进行正确配置才能支持托管的飞机系统应用。IMA 系统域包括 IMA 平台和驻留应用,其中 IMA 平台包括通用数据计算平台、网络传输平台和远程数据接入平台;驻留应用包括航空电子系统、机电管理和自动驾驶系统的应用(见图 4.1)。

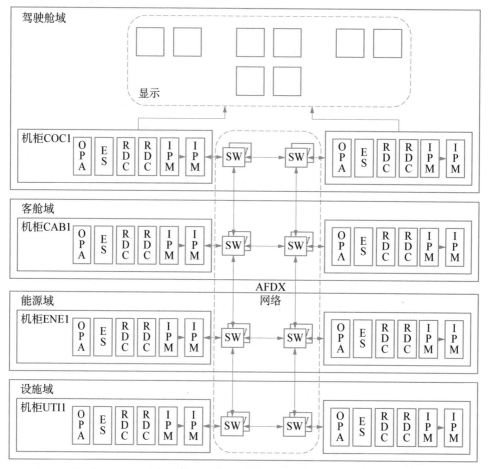

图 4.1　IMA 系统域

4.2　综合模块化航空电子系统架构与安全性模型

前文提到,基于模型的安全性设计的核心是将安全性需求、危险规避机制与系统功能、性能设计集成建模。本节主要对 IMA 系统架构与安全性模型描述方法进行阐述。

4.2.1 支持安全性扩展的架构模型

4.2.1.1 架构元数据模型

整个架构模型的开发过程涉及功能架构、逻辑架构和物理架构的建模与分析,ASPECT 工具支持基于 SysML 的建模,建立的模型结构如图 4.2 所示。

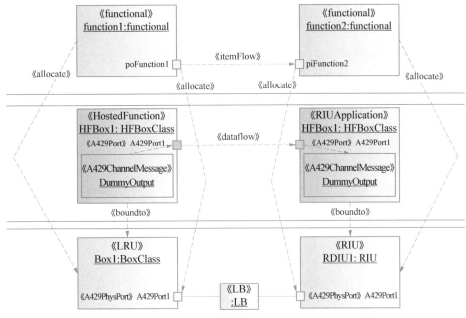

图 4.2 功能架构、逻辑架构和物理架构模型结构

功能架构从提供服务的角度描述了系统层级功能及其接口,功能架构建模包括以下三个过程:

(1) 确定来自飞机外部系统的支持功能,定义功能外部接口关系。

(2) 根据定义的功能进行功能分解,将功能分解到子功能,每个功能都包含其安全性属性(如失效状态及危害等级、实现模式等)。

(3) 建立系统功能与子功能、子功能与子功能的交联关系,描述功能之间交互的信息流及失效影响,定义功能内部接口关系。

功能架构模型示例如图 4.3 所示。

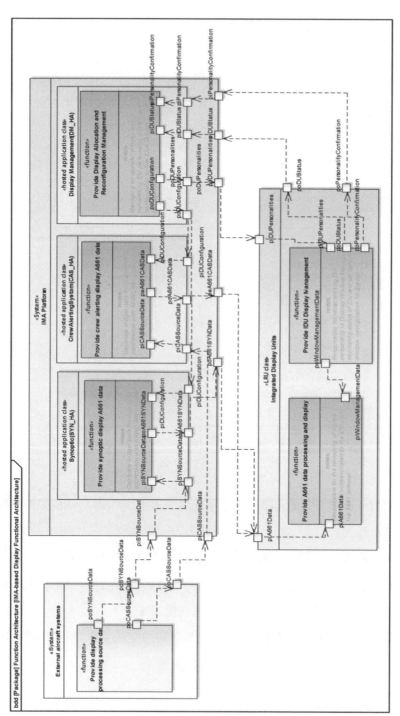

图 4.3 功能架构模型示例

　　逻辑架构从系统实现的角度描述了实现功能的逻辑组件及其交互参数,逻辑架构建模包括以下两个过程:

　　(1) 根据功能和子功能定义,确定实现子功能的驻留分配,初步定义系统的组成,并将功能安全性属性分配给部件。

　　(2) 将子功能之间的信息流转化为具体的数据流,定义逻辑接口。

　　逻辑架构模型示例如图 4.4 所示。

　　物理架构描述用于建模系统的物理组件,如外场可更换单元(line replaceable unit, LRU)、RDIU、GPM 等,以及物理组件之间的连接。物理架构建模包括以下两个过程:

　　(1) 根据功能的安全性需求和系统组成,确定实现各个功能的物理架构,并描述占用资源和参数的虚拟链路。

　　(2) 根据功能架构中的交互关系,将数据流转化为总线数据,定义物理设备的接口。

　　为了确保需求、架构与配置的一致性和可追踪性,进而确保安全性分析和需求验证的有效性,需要针对系统架构模型定义规范化的数据模型,包括数据模型组织结构、数据模型元素关系、数据模型元素属性等方面。

　　采用基于统一建模语言(unified modeling language, UML)的"类-实例"继承设计关系的数据模型组织结构,便于元素属性的传递和扩展,如图 4.5 所示。

　　描述功能或设备对象的数据模型示例如图 4.6 所示,包括对象(Function/LRU)、逻辑或物理端口(Port)、消息(Message)、参数(Parameter)和外部对象的连接(Connector)。

　　功能和逻辑架构数据模型类型定义包括用户驻留功能需求、用户驻留功能RDIU 需求、用户 IMA 驻留应用需求、交换机应用功能需求、RDIU 应用功能需求、IMA 驻留应用需求、A664 消息和参数、A429 消息和参数、CAN 消息和参数、模拟量消息和参数。

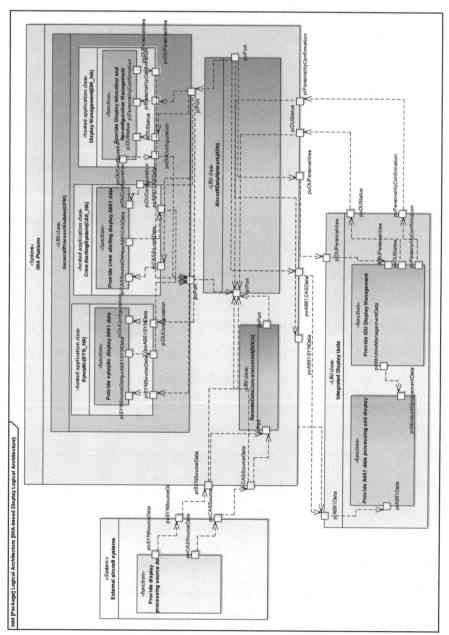

图 4.4　逻辑架构模型示例

120

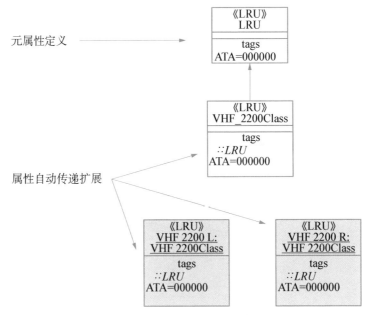

图 4.5　数据模型组织结构

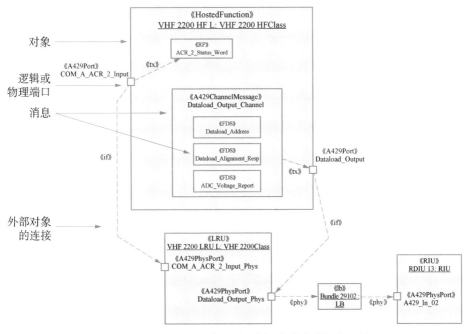

图 4.6　描述功能或设备对象的数据模型示例

物理架构数据模型类型定义包括用户设备单元及其物理端口、机柜模块、GPM、交换机模块、远程数据交互单元模块、总线物理连接关系、数据库。

资源配置数据模型类型定义包括虚拟链路、RDIU 内部转换功能（转换过程）、RDIU 网关功能（转换输入/输出）、GPM 分区调度。

基本数据模型定义示例如下。

（1）功能架构元素示例如图 4.7 所示。

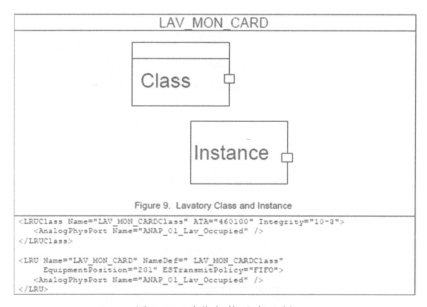

图 4.7　功能架构元素示例

（2）逻辑架构元素示例如图 4.8 所示。

（3）远程数据接入网关元素建模示例如图 4.9 所示。

（4）关系元素建模示例如图 4.10 所示。

基本的 IMA 元素模型请参考 4.1 节，这里不再赘述。

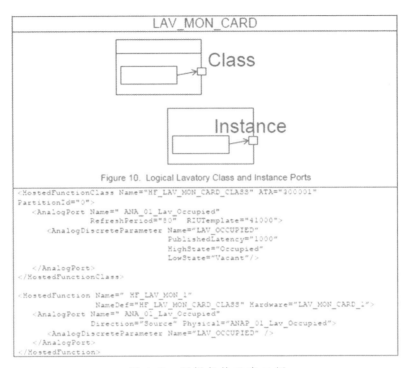

图 4.8   逻辑架构元素示例

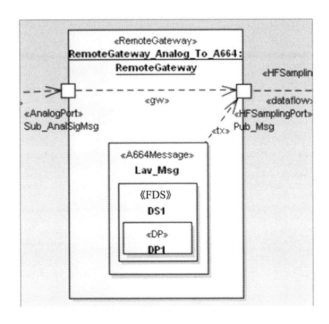

```
<RemoteGateway Name="RemoteGateway_Analog_To_A664" Guid="Guid1" XsdVersion="3.0"
Hardware="RIU_AFT">
   <AnalogPort Name="Sub_AnalSigMsg" Guid="Guid2"
              A664Latency="-1"  AsyncDelay="-1"
              BAGDelay="-1" CommandLabel="a"
              Direction="Source" Gw_Cmd_Ref="HF_LAV_MON_CARD.LAV_OCCUPIED"
              Physical="RIU_AFT.Analog_Lav" RefreshPeriod="80"
              RIUTemplate="11004" SysJitterWC="-1" TemplateInstance="11004_C01"
              UDC="Filter Constant,1;">
      <Gateway_Ref SrcName="RemoteGateway_Analog_To_A664.Pub_Msg"
                   SrcGuid=" Guid3" SrcUsrId="123" UsrId=""
                   LatencyCritical="False" />
   </AnalogPort>
   <HFSamplingPort Name="Pub_Msg" Guid="Guid4"
                   Direction="Source" MessageSize="12"
                   Networks="Both" RefreshPeriod="100">
      <A664Message Name="Lav_Msg" Guid="Guid5"
                   MessageOverhead="32" MessagePad="40"
                   MessageSize="12"
                   MsgDataProtocolType="Parametric data"
                   SubVLID="2" TransmissionIntervalMinimum="200"
                   VLID="1000">
         <FDS Name="DS1" Guid="Guid6" ByteOffsetWithinMsg="4"
                   DataSetSize="4" DsDataProtocolType="A664_FSS">
            <DP Name="DP1" Guid="Guid7"
                BitOffsetWithinDS="24"
                DataFormatType="A664_FSB"
                ParameterSize="8"
                PublishedLatency="1" TransmissionIntervalMinimum="1" />
         </FDS>
      </A664Message>
   </HFSamplingPort>
</RemoteGateway>
```

图 4.9 远程数据接入网关元素建模示例

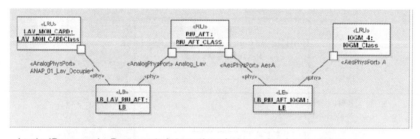

LogicalBuses.xml – Represents interactions between hardware via buses
```
<?xml version="1.0" encoding="utf-8"?>
<LogicalBuses XsdVersion="2.6">
   <LB Name="LB_LAV_RIU_AFT" Guid="Guid1" NameDef="LB"
       GuidDef="Guid2" PhysProtocolType="Analog">
    <Port_Ref Name="LAV_MON_CARD.ANAP_01_Lav_Occupied" Guid="Guid3" />
    <Port_Ref Name="RIU_AFT. Analog_Lav" Guid="Guid4" />
   </LB>
   <LB Name="LB_RIU_AFT_IOGM" Guid="Guid5" NameDef="LB"
       GuidDef="Guid6" PhysProtocolType="A664">
    <Port_Ref Name="RIU_AFT.AesA" Guid="Guid7" />
    <Port_Ref Name="IOGM_4.A" Guid="Guid8" />
   </LB>
</LogicalBuses>
```

图 4.10 关系元素建模示例

4.2.1.2 安全性扩展模型

1）安全性数据描述

基于 SAE ARP 4761 中描述的 FTA 方法，根据实际工程应用需求，定义 FTA 和安全隔离分析所需的数据，如表 4.1 所示。根据基于 ASPECT 的架构设计过程，架构相关的属性（表 4.1 中 1~5 项）可直接在 ASPECT 工具中定义，而剩下的安全性数据（表 4.1 中 6~9 项）需要进行扩展描述。

表 4.1　FTA 和安全隔离分析所需的数据

编号	数据	类型	描述
1	Id	String	标识
2	Name	String	名称
3	Premise	EANode	驻留节点
4	Parent	List<String>	源链接
5	Child	String	目标链接
6	Availability	Float	可用性
7	Integrity	Float	完整性
8	Level	String	模块硬件层级
9	Area	RectangleF3D	位置及体积信息

2）安全性属性定义

在 ASPECT 工具中，标签值（Tagged Values）直接在对应块的属性框中编辑，用户可根据具体需求自定义属性，也便于解析模型时从架构模型中直接提取某一组件的属性信息。因此，可以采用标签值描述、分析所需的安全性属性，增加的标签值如表 4.2 所示。

表 4.2　安全性属性增加的标签值

编号	数据	类型	描述	SysML 描述方法
1	Availability	Float	可用性	标签值：LossOfFunction
2	Integrity	Float	完整性	标签值：MalFunction

编号	数据	类型	描述	SysML 描述方法
3	Level	String	模块硬件层级	标签值：Level
4	Area	RectangleF3D	位置及体积信息	标签值：StationLine 标签值：WaterLine 标签值：ButtockLine

　　为了进行故障传播分析，采用基于 SysML 描述的架构模型，通过扩展"functionalType"及相关的数据模型类型，使其支持安全属性（见图 4.11）。

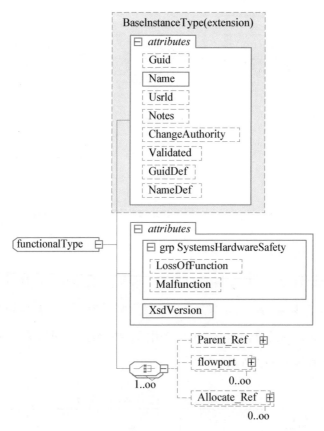

图 4.11　功能架构模型对安全属性扩展示例

在 ASPECT 工具中，通过块（Block）和包（Package）的标签值定义，实现安全性属性的扩展描述，如图 4.12 和图 4.13 所示。

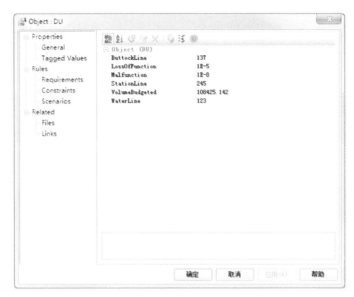

图 4.12　块标签值示例

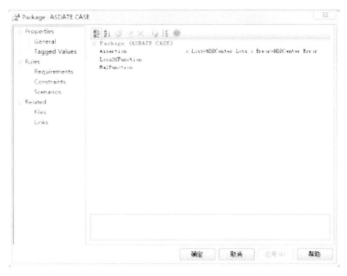

图 4.13　包标签值示例

3) 故障传播行为建模

考虑 SysML 语言不具有严格的形式化语义，无法直接依据 SysML 进行故障传播分析，因此需要依赖功能架构定义的数据流分析，这就需要将功能失效模式与数据流绑定。与此同时，研究 SysML 与 AltaRica 之间的映射关系，针对异常模型部分进行映射，转化为 AltaRica 之后，就可以利用 AltaRica 的严格语义定义失效故障传播的自动分析。

1) 基于 SysML 系统架构模型的 FTA

在基于扩展的 SysML 语言描述的系统架构模型自动生成故障树时，分为以下几步。

(1) 步骤 1：如果系统架构模型为层次模型，则将其展开，使得模型中不包含可以被继续划分为其他元素的元素。

(2) 步骤 2：确定故障树顶事件。查看包元素中的相关描述，根据失效模式标签"LossOfFunction"和"MalFunction"确定顶事件，根据断言确定输出模块以及它们之间的关系，用故障树描述。

(3) 步骤 3：针对"LossOfFunction"，做如下操作。

a. 对于 LRU 层级的某元素 A，构造如图 4.14 所示的故障树基本单元。

b. 对于外场可更换模块(line replaceable module，LRM)层级的某元素 A，其输出丧失由或门连接，故障原因为 A 本身丧失、所对应的 LRU 层级的元素丧失(如果已定义了"LossOfFunction")以及 A 输入丧失。

c. 对于某元素 A 的输入丧失，若其数据流只来源于元素 B，则该事件由或门连接，并且其中一个故障原因是 B 丧失，另一个故障原因是 B 输入丧失。

d. 对于某元素 A 的输入丧失，若其数据流来源于多个元素，则查看 A 的断言属性，查找丧失模式的表达式，将其映射为故障树；如果不能找到相应的表

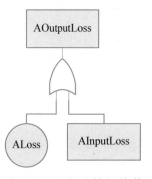

图 4.14　LRU 层级的故障树基本单元

达式,则默认这几个元素是冗余备份的关系,用与门连接它们的输出丧失事件。

e. 对于没有数据流来源的元素 A,用 A 本身丧失代替 A 的输入丧失和 A 的输出丧失。

(4) 步骤 4:针对"MalFuntion"的操作与步骤 3 类似,只是当某元素的数据流来源于多个元素时,如果不能找到相应的断言表达式,则用或门连接它们的输出丧失事件,因为即使是冗余备份关系,任意一个输入模块错误均会导致该模块发生错误。

按照以上步骤,即可将故障树基本单元扩展为完整故障树结构,完成基于扩展的 SysML 语言描述的架构模型的自动故障传播分析和故障树建模。由步骤 3 和步骤 4 可知,如果对应每一个模块的每一种失效模式都在其断言属性中定义了完整的断言表达式,则步骤 2 和步骤 3 可抽象为同一种模式。"LossOfFunction"定义的丧失类失效模式和"MalFunction"定义的错误类失效模式的主要区别在于当相应的断言属性没有定义时的默认行为。当系统架构模型规格十分庞大时,默认行为的定义将减少对模块的断言定义的需求,安全性分析人员只需要对具有特殊行为的模块进行断言属性的定义,从而极大地缩短了生成故障树的时间。

2) 基于 AltaRica 模型的系统故障传播分析

需将 SysML 系统架构模型转换为 AltaRica 模型。SysML 模型本身不具备严格的形式化语义定义,难以直接针对 SysML 模型进行严格的分析与验证,需要将其转换为严格定义的形式化模型,才能在此基础上进一步设计分析与验证算法。因此,建立系统正常功能的 SysML 模型以及故障行为的模型到符号化模型检验工具(如 NuSMV)中的形式化模型语法与语义的转换规则,设计基于 ATL 元模型转换框架的自动模型转换方法,给出模型转换的一致性和正确性的保证方法。

基于 AltaRica 模型开展故障传播分析研究。AltaRica3.0 模型的语法结构基本组件是结点(class/block)。一个结点由下面几个部分组成。

（1）状态（state）：AltaRica3.0 虽然不显式定义状态变量，但包含 init 语句的变量声明隐式声明了状态变量。状态是状态转换系统的核心元素，只会在相应事件触发时才改变。

（2）事件（event）：事件可以被触发，从而引起状态的转换。

（3）流变量（flow）：分为输入流变量和输出流变量。AltaRica3.0 虽然不显式定义流变量，但包含 reset 语句的变量声明隐式声明了流变量。流变量是该结点与其他结点数据交换的桥梁，也是故障传播的桥梁。结点与结点之间的数据通过断言定义流变量之间的关系传输。

（4）初始化（init）/重启（reset）：本质都为初始化赋值，init 为状态变量初始化赋值，reset 为流变量初始化赋值；reset 包含了当结点处在环路时的重启赋值。

（5）状态转换（transition）：描述系统的状态转换，每个转换都包含触发事件、卫士和操作三部分；当事件触发并且卫士成立时进行赋值操作，以改变状态变量的值。

（6）断言（assertion）：描述流变量和状态变量以及流变量之间的关系，通常通过连接两个结点，保证结点之间可以传输数据，或者通过定义流变量和状态变量之间的关系进行故障传播。断言分为内部断言、in-out 断言、in-in 断言和 out-out 断言。内部断言定义输出流变量与本结点内状态变量和输入流变量之间的关系；in-out 断言定义两个结点之间的数据传输；in-in 断言定义一个结点的输入流变量和下层结点的输入流变量之间的关系；out-out 断言定义一个结点的输出流变量和上层结点的输出流变量之间的关系。

（7）子结点：描述结点的层次结构。AltaRica3.0 通过实例化结点类的方式声明当前结点的子结点。

（8）同步：上层结点通过同步事件绑定下层一个或多个结点的事件，定义下层结点事件的同步关系。主要分为强同步和弱同步。所有的结点类型分为 equipment 类型和 component 类型。component 类型是系统组件的最小单元，也是 AltaRica 层次的底层结点,没有子结点和同步的声明;equipment 类型结点包含子结点和同步的声明以及子结点之间的数据传输,不包含状态变量。AltaRica 3.0 模型示例如图 4.15 所示。

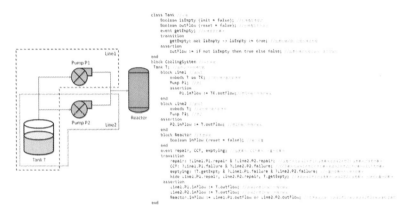

图 4.15　AltaRica 3.0 模型示例

AltaRica 模型用于对复杂系统故障行为进行层次化建模,其模型的执行语义则用一类形式化的模型:卫士转换系统。本质上卫士转换系统就是一个状态转换空间,因此,可以采用基于模型检验的状态空间搜索方法,通过构建卫士转换系统获取 AltaRica 模型的系统动态行为执行语义。然后,面向用户指定的故障注入触发事件,在所获取的系统动态故障行为的执行状态序列集合中,设计相应的搜索算法判定初始故障如何通过部件、子系统等之间的数据接口在系统中进行可能的传播路径,以及可能导致的其他故障失效事件等信息。

4.2.2　综合模块化航空电子系统架构与安全性设计过程

本节基于系统工程方法,从功能执行环境入手,利用自主开发的 IMA 建模设计工具 ASPECT 阐述 IMA 系统安全性设计过程。

4.2.2.1　飞行任务场景分析

飞行任务场景分析旨在识别飞行过程中的空中交通冲突危险,其过程如图 4.16 所示。

图 4.16　飞行任务场景分析过程

1）输入

飞行任务场景是指飞机在机组、外部环境（大气、无线电、地形、电磁等）以及内部状态（故障）的组合中的预期行为（即功能）。飞行任务场景依据不同的需求层次，分为飞机级运行场景、系统级运行场景、设备级运行场景。飞机级运行场景以飞机为对象，考虑飞机的外部环境、运营、维护等情况。系统级运行场景以系统为对象，以飞机级运行场景作为输入，考虑系统的运行、维护以及交联系统的状态影响。设备级运行场景进一步细化，在系统级运行场景的基础上，进一步考虑设备间的影响。为了保证飞行任务场景尽量完整，将飞行任务场景的相关项分为若干维度，建立飞行任务场景的多维矩阵，从而覆盖所有可能的场景。

对于飞机级运行场景，从以下几个维度考虑。

（1）时间维度：即飞机所处的运营或维护阶段。运营阶段包括地面阶段、地面滑跑、起飞、爬升、巡航、下降、进近、着陆等；维护阶段包括车间维修、航前航后检查等。

（2）环境维度：环境维度主要考虑飞机所在地的宏观或微观外部环境条件（能见度、云雨雪、风向、风速、风沙、空气含盐量、电磁环境、雷暴、积冰等）。

（3）飞机状态维度：飞机的状态包括重量、平衡、飞机故障、飞机事件等，如单发失效、双发失效、舵面卡阻、单套液压系统失效等。

（4）任务维度：包括正常的航线运营、飞行试验、维修等。

（5）干系人维度：即从干系人的角度考虑场景，如飞行员、空管员、维护人员等。

对于系统级运行场景，除与飞机级运行场景相同的维度外，还需增加交联系统的状态维度。

（1）时间维度：即飞机所处的运营或维护阶段。运营阶段包括地面阶段、地面滑跑、起飞、爬升、巡航、下降、进近、着陆等；维护阶段包括车间维修、航前航后检查等。

（2）环境维度：除了飞机级运行场景的环境维度元素，还需增加高温、高湿、振动、真菌等元素。

（3）状态维度：依据设备的可用性，划分为正常模式场景和各种失效模式。

（4）任务维度：划分为航线运营场景、试飞场景和维护场景等。

（5）干系人维度：即从干系人的角度考虑场景，如飞行员、空管员、维护人员等。

（6）交联系统的状态维度：交联系统的状态。

以飞行管理功能——高度层变更程序（Intrail procedure，ITP）为例，进行 ITP 操作场景的操作过程如下：

a. P1（ITP 启动阶段）——执行应用程序的准备工作，包括评估飞行机组的 ITP 操作要求、识别参考飞机并将 ITP 请求发送至地面空管。

b. P2（ITP 指令阶段）——空管发送 ITP 许可，并由机组人员重新评估。

c. P3（ITP 执行阶段）——ITP 飞机收到许可后执行 ITP 操作，按照 ITP 指示保持所需的爬升和下降速度。

d. P4（ITP 终止阶段）——当达到请求飞行高度或出现异常事件时 ITP 终止。

ITP 操作场景如表 4.3 所示。

表 4.3　ITP 操作场景

阶段	执行对象	操 作 场 景
启动阶段	机组	机组申请 ITP 许可之前,ITP 机组检查是否满足以下标准:爬升和下降能力标准;ITP 速度和距离标准;相对高度标准;ITP 和潜在参考飞机的位置数据标准;ITP 和潜在参考飞机的速度数据标准;航迹标准
		机组申请 ITP 许可。ITP 请求中应包含所请求的飞行高度和每架参考飞机的 ID、ITP 距离和相对位置(前方或后方)
指导阶段	空管	如果满足以下标准,则空管授予 ITP 许可: (1) 在 ITP 请求中发送的 ITP 距离等于或大于 15 n mile (2) 关闭马赫数差分等于或小于 0.04 Ma (3) 参考飞机在 ITP 期间没有操作且没有预期操作 (4) 如果所需的垂直间隔最小值为 1 000 ft,则 ITP 与参考飞机之间的最大垂直距离为 3 000 ft;如果所需的垂直间隔最小值为 2 000 ft,则最大垂直距离为 2 000 ft (5) ITP 和参考飞机是同轨飞机 (6) ITP 请求消息格式是正确的 ATC 不允许飞机同时作为 ITP 飞机和参考飞机进行另一次 ITP 操作。如果该飞机同时进行一次 ITP 操作并跟随另一次 ITP 操作,则 ATC 可允许飞机成为两架不同 ITP 操作的参考飞机。ATC 应在 ITP 许可中包括参考飞机 ID 和放行飞行高度
	机组	ITP 飞行机组人员应按照正常程序与 ATC 确认 ITP 许可已被正确接收。如果 ATC 在 ITP 放行中提供的具体信息与 ITP 飞行机组提出的 ITP 请求中包含的信息一致,则 ITP 飞行机组应执行 ITP 操作
		在收到 ITP 许可后,ITP 飞行机组应对此进行检查 在开始 ITP 操作之前,应满足以下 ITP 标准:ITP 速度和距离标准;ITP 和潜在参考飞机的位置数据标准;ITP 和潜在参考飞机的速度数据标准;航迹标准
执行阶段	机组	(1) 执行 ITP 操作 (2) 发送新的飞行高度报告 飞行机组人员应在 ITP 期间保持所需的马赫数。ITP 飞行机组不得修改基于 ITP 设备的 ITP 许可。若在 ITP 操作期间 ITP 机组人员检测到了爬升和下降率不符合要求,则应及时纠正。如果在 ITP 操作期间无法执行 ITP 爬升和下降,则 ITP 飞行机组应遵循区域应急程序。如果 ITP 机组人员检测到 ITP 和参考飞机间距离减少或可能发生空中碰撞,则 ITP 飞行机组应遵循区域应急程序

（续表）

阶段	执行对象	操 作 场 景
	空管	如果 ATC 尚未收到 ITP 的飞行高度报告，则 ATC 联系机组人员
		如果在达到飞行水平期间，ATC 检测到飞机处于错误的飞行高度，则 ATC 应立即与飞机联系
终止阶段	—	当 ITP 飞机达到请求飞行高度或出现异常事件时 ITP 终止

2）活动

（1）建立场景用例图，识别飞行任务过程中的用例和参与者。用例是指飞机为一个或多个参与者提供的一段完整的服务，该服务包含一系列行为序列以实现参与者预期的操作；参与者包括飞行机组以及在飞行任务过程中与飞机交互的其他外部系统。如图 4.17 所示为 ITP 运行过程的场景用例图，包含四个用例和三

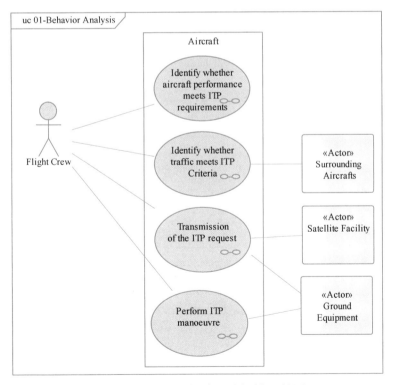

图 4.17　ITP 运行过程的场景用例图

个外部参与者,椭圆形表示用例,火柴人和标记为《Actor》类型的块表示参与者,矩形框表示飞机能力边界,用例和参与该用例的参与者用线所连接。

（2）建立场景用例活动图。为每个场景用例分别建立活动图,活动图包含一系列实现该用例时所需执行的活动,展现了该用例的工作流程。如图 4.18 所示为用例"Perform ITP manoeuvre"的活动图,包含活动起始点、活动结束点和十个活动,其中凸三角矩形表示该行为向外发送数据,凹三角矩形表示该行

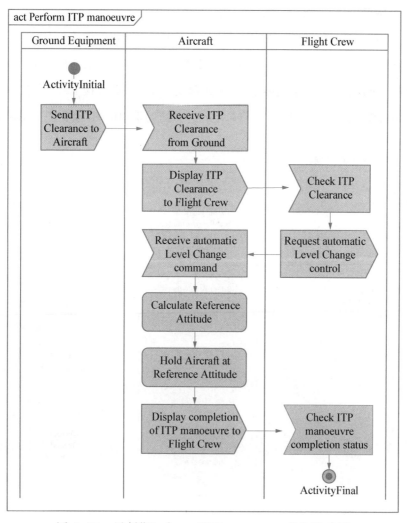

图 4.18 用例"Perform ITP manoeuvre"的活动图

为接收数据,圆角矩形表示普通行为。

（3）建立场景用例序列图。为每个场景用例分别建立序列图,序列图描述实现该用例时各参与者之间数据交互和行为执行的顺序关系。如图4.19所示为用例"Perform ITP manoeuvre"的序列图,直观地展示了地面设备、飞机和机组人员之间的交互顺序和交互内容,指向其他参与者的箭头表示数据的传递,指向自身的箭头表示该参与者自身所执行的行为。

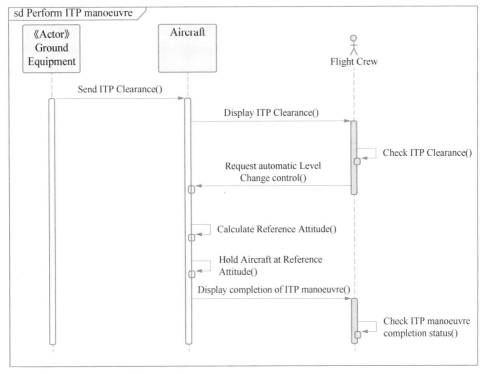

图 4.19　用例"Perform ITP manoeuvre"的序列图

（4）构建场景动画。利用场景动画建模,直观地展示场景执行过程中参与者的行为和交互,可以直观地显示冲突风险。如图4.20所示为场景动画截图。

（5）建立飞机系统需求图。根据各个用例的活动图和序列图,捕获飞机在

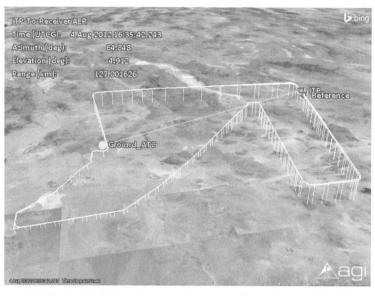

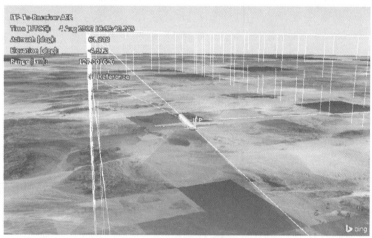

图 4.20 场景动画截图

执行飞行运行过程中所需提供的功能（如冲突规避），形成飞机需求，如图 4.21
所示为支持 ITP 运行过程的飞机系统需求图。若有必要则飞机需求还可以包
括性能需求等非功能类需求。

（6）建立需求和活动图中活动的追溯关系，如图 4.22 所示。

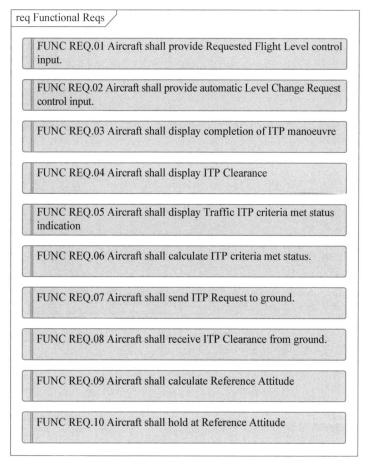

图 4.21　支持 ITP 运行过程的飞机系统需求图

3) 输出

输出航空电子系统飞行任务组织需求。

4.2.2.2　功能架构建模

功能架构描述了系统层级功能及其接口,基于 ASPECT 的功能架构建模包括以下两个过程:功能外部接口定义和功能分解与组合。其中功能外部接口定义确定来自飞机外部系统的支持功能,定义功能外部接口关系;功能分解与组合根据定义的功能进行功能分解,建立系统功能与子功能、子功能与子功

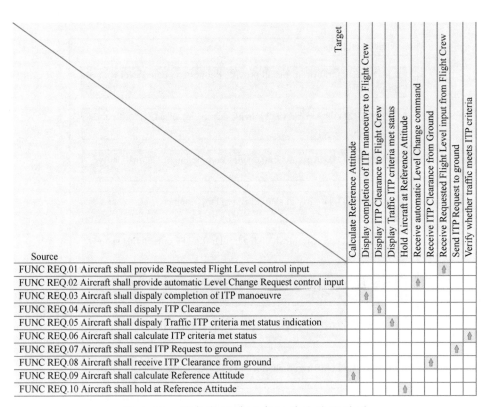

Source \ Target	Calculate Reference Attitude	Display completion of ITP manoeuvre to Flight Crew	Display ITP Clearance to Flight Crew	Display Traffic ITP criteria met status	Hold Aircraft at Reference Attitude	Receive automatic Level Change command	Receive ITP Clearance from Ground	Receive Requested Flight Level input from Flight Crew	Send ITP Request to ground	Verify whether traffic meets ITP criteria
FUNC REQ.01 Aircraft shall provide Requested Flight Level control input								↑		
FUNC REQ.02 Aircraft shall provide automatic Level Change Request control input						↑				
FUNC REQ.03 Aircraft shall dispaly completion of ITP manoeuvre		↑								
FUNC REQ.04 Aircraft shall dispaly ITP Clearance			↑							
FUNC REQ.05 Aircraft shall dispaly Traffic ITP criteria met status indication				↑						
FUNC REQ.06 Aircraft shall calculate ITP criteria met status										↑
FUNC REQ.07 Aircraft shall send ITP Request to ground									↑	
FUNC REQ.08 Aircraft shall receive ITP Clearance from ground							↑			
FUNC REQ.09 Aircraft shall calculate Reference Attitude	↑									
FUNC REQ.10 Aircraft shall hold at Reference Attitude					↑					

图 4.22 需求和活动图中活动的追溯关系

能的交联关系,描述功能之间交互的数据流,定义功能内部接口关系。

1) 功能外部接口定义

功能外部接口定义的目的是定义系统功能边界,具体工作内容如下:

(1) 定义功能需要从航空运营管理(aeronautical operational control, AOC)、空中交通管理(air traffic management,ATM)、机场、机组人员/乘客、自然环境中需要获取的信息(如高度、温度、气压等)。

(2) 定义功能对获取的信息(从 AOC、ATM、机场、机组人员/乘客、自然环境中获取)进行处理(如显示温度、热量控制)。

根据以上定义,梳理出所有功能外部接口:收集与每个功能有关的具体飞机系统(如飞控系统、惯导系统),识别每个功能外部输入/输出接口和数据流内容。所有接口变量及其属性构成了系统边界。

基于 ASPECT 的功能外部接口定义工作流程，如图 4.23 所示。针对每一个功能，在块图描述该系统功能与外部系统的交联关系，包括接口和数据流，如图 4.24 所示；数据用块图定义在数据模型文件包内，如图 4.25 所示。

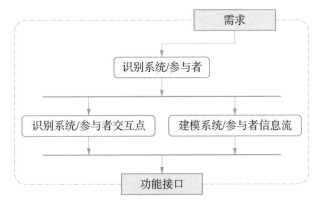

图 4.23　基于 ASPECT 的功能外部接口定义工作流程

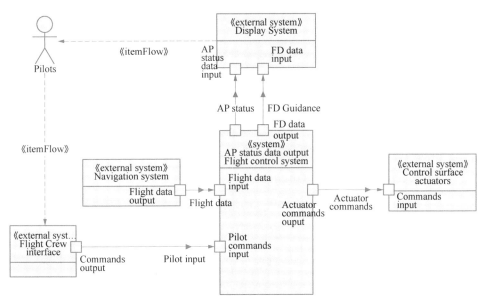

图 4.24　系统功能与外部系统的交联关系

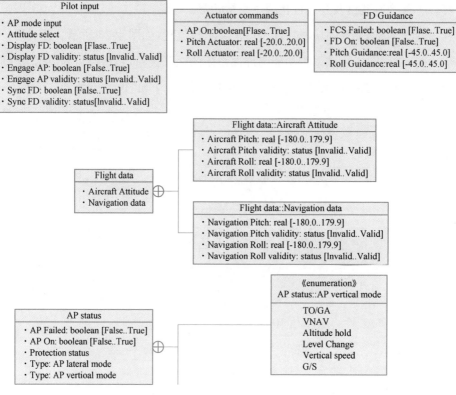

图 4.25　功能接口数据模型示例

2) 功能分解与组合

功能分解的目的是定义系统的行为组织,包括如下内容:

(1) 描述系统功能如何组织才能获得运行环境(AOC、ATM、机场、机组人员/乘客、自然环境、其他飞机功能)信息。

(2) 描述飞机如何做才能控制、响应对运行环境(AOC、ATM、机场、机组人员/乘客、自然环境、其他飞机功能)的处理。

(3) 描述系统功能如何与运行环境(AOC、ATM、机场、机组人员/乘客、自然环境、其他飞机功能)交互(正常情况下)。

(4) 描述系统功能如何与运行环境(AOC、ATM、机场、机组人员/乘客、自然环境、其他飞机功能)交互(异常情况下)。

（5）描述系统功能如何与运行环境（AOC、ATM、机场、机组人员/乘客、自然环境、其他飞机功能）交互（条件不满足情况下的可选项）。

每个功能都通过用例进行描述，基于上述描述，将重复的用例综合到一个用例中，定义一个实现该功能的子功能集。

基于 ASPECT 的功能分解工作流程如图 4.26 所示，具体工作步骤描述如下。

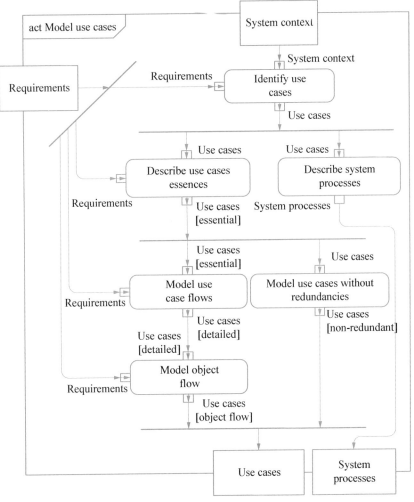

图 4.26　基于 ASPECT 的功能分解工作流程

（1）第一步：通过用例图描述系统需要提供的服务（功能），通过包图组织多个用例（第一层次的功能分解可以参考 ATA 100），如图 4.27 所示。

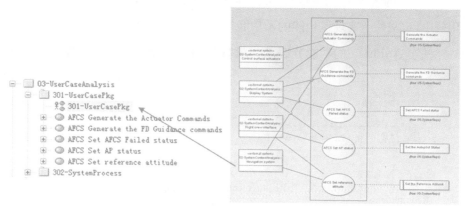

图 4.27　用例图描述功能示例

（2）第二步：对每个用例，建立该用例的活动图，定义实现用例的交互信息，定义系统子功能，如图 4.28 所示。

（3）第三步：利用活动图描述不同用例之间的系统处理过程，如图 4.29 所示。

（4）第四步：根据用例的系统处理过程，分析是否有可以合并的子功能，如果有，则重复第一步到第三步，重新定义子功能。

（5）第五步：利用内部结构图（internal block diagram，IBD）进行组合，描述实现某个功能的子功能交联关系，包括子功能之间的数据流和接口定义，搭建出功能架构。例如，定义完 ATA 31 系统与外部系统的接口后，以 ATA 31 为基础进行功能分解，包括如下四个功能："FlightAlertFunc""ControlPanelFunc""DisplayFlightData"和"RecordingData"功能（静态结构），如图 4.30 所示。

基于航空电子分系统功能之间的交互，定义与分系统功能处理过程相关的接口和数据参数，形成分系统功能初步接口控制文档（interface control document，ICD）；建立航空电子分系统功能之间的接口关系，形成初步功能接

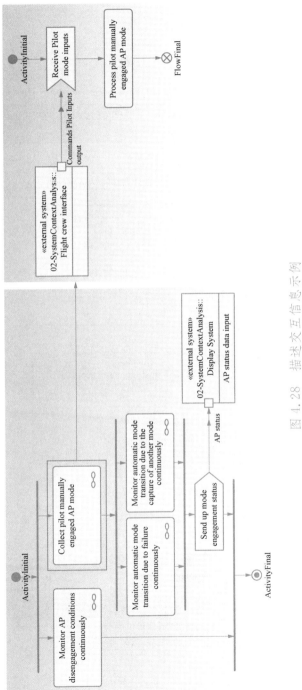

图 4.28　描述交互信息示例

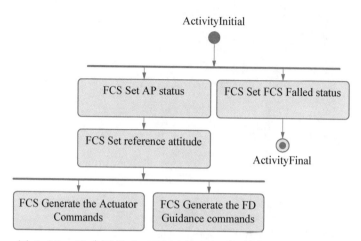

图 4.29 活动图描述不同用例之间的系统处理过程示例

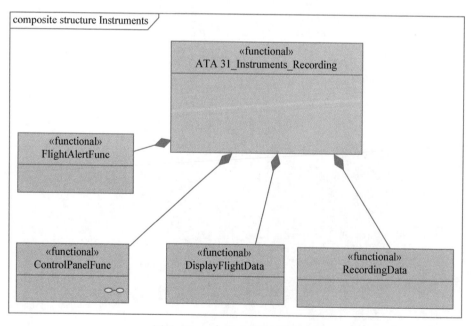

图 4.30 功能分解结果示例

口图。以"Provide ITP Calculation"和"Provide ITP Flight Crew Display and Control"为例,分析端到端处理流程,定义功能接口(数据项),形成该功能的功能接口图,如图 4.31 和图 4.32 所示。

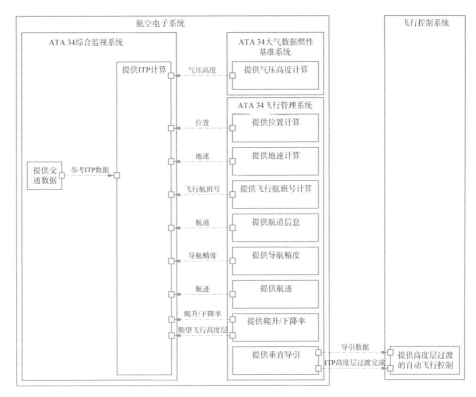

图 4.31　航空电子分系统功能接口图

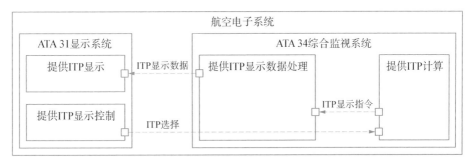

图 4.32　用例"Provide ITP Flight Crew Display and Control"的航空电子
分系统功能接口图

根据建立的活动图和序列图，捕获分配给航空电子分系统的功能需求；根据建立的功能接口图，捕获分配给航空电子分系统的接口需求。在"Provide ITP Calculation"和"Provide ITP Flight Crew Display and Control"用例中捕获四个分系统：ATA 31 显示系统、ATA 34 综合监视系统、ATA 34 飞行管理系统和 ATA 34 大气数据惯性基准系统的功能和接口需求，如图 4.33 所示。

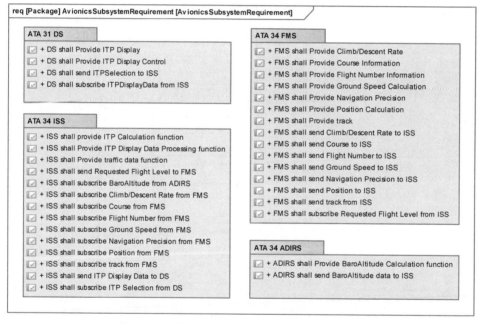

图 4.33　航空电子分配给分系统的需求图

4.2.2.3　逻辑架构建模

逻辑架构描述了实现功能的逻辑组件及其交互数据结构，包括消息、数据集、参数层级。

1）逻辑架构建模流程

基于 ASPECT 的逻辑架构建模流程具体如下所示。

（1）根据系统功能信息，初步建立逻辑功能。

（2）细化逻辑功能分解，将逻辑功能分配给逻辑组件，并描述逻辑组件之间的交互关系。

（3）根据逻辑组件交互关系，定义逻辑组件的接口。

2）系统功能转化

系统功能转化即将系统功能转化为逻辑功能，建立逻辑架构与系统分析之间的追溯关系，用特定的追溯矩阵描述逻辑功能与系统功能之间的关系，如表4.4所示。

表 4.4 系统功能转化追溯矩阵

追溯关系		系 统 功 能			
		系统功能 1	系统功能 2	……	系统功能 n
逻辑功能	逻辑功能 1	√			√
	逻辑功能 2		√		
	……				
	逻辑功能 n	√			

通常在系统功能定义足够详细的情况下，系统功能与逻辑功能之间是一一对应的关系。

3）逻辑功能分解及交互描述

逻辑功能分解的目的是定义系统的逻辑组件，包括如下内容：

（1）描述逻辑功能如何组织才能获得对应的系统功能。

（2）描述逻辑功能如何处理以控制、响应运行环境（AOC、ATM、机场、机组人员/乘客、自然环境、其他逻辑功能）。

（3）描述逻辑功能如何与运行环境（AOC、ATM、机场、机组人员/乘客、自然环境、其他逻辑功能）进行逻辑交互（正常情况下）。

（4）描述逻辑功能如何与运行环境（AOC、ATM、机场、机组人员/乘客、自然环境、其他逻辑功能）进行逻辑交互（异常情况下）。

（5）描述逻辑功能如何与运行环境（AOC、ATM、机场、机组人员/乘客、自然环境、其他逻辑功能)进行逻辑交互(条件不满足情况下的可选项)。

与系统功能的交互描述类似,按照图 4.26 的功能分解工作流程,利用用例图定义每个逻辑功能,通过活动图描述每个用例的交互信息和处理过程,在此基础上,将重复的用例综合到一个用例中,定义一个实现该功能的逻辑子功能集。如果在系统功能转化时,系统功能与逻辑功能之间是一一对应的关系,那么逻辑功能的分解及交互描述可以直接利用系统功能的分解及交互描述。

根据逻辑功能和逻辑子功能集,初步定义逻辑组件(软件项)。通过逻辑组件分解图从逻辑的角度描述系统内部结构,对逻辑功能进行分配,同时利用 IBD 描述实施逻辑功能交互的组件交互关系,初步搭建出逻辑架构,以满足系统功能目标,如图 4.34 所示。

4) 逻辑接口定义

逻辑接口定义的目的是定义逻辑功能交互的逻辑参数,具体工作内容如下:

(1) 识别功能所需数据流的来源以及发送数据流的目标。

(2) 定义实现交互所需的输入/输出参数。

逻辑接口定义的流程如图 4.35 所示。针对每一个逻辑功能和子功能,基于其功能架构和分配的逻辑组件,识别数据流来源和去向,定义详细的输入/输出参数,最后按照图 4.25 所示的接口数据模型,用块图将参数定义在数据模型文件包内,完善逻辑架构。

4.2.2.4　物理架构建模

物理架构描述设备层级的硬件,包括 LRU、机柜和 LRM 等。依据位置、尺寸、重量、环境温度、振动、飞机电源系统架构、飞机驾驶舱架构、飞机机载维护系统架构、飞机告警策略、维修、飞机对独立性的策略、技术标准、算法、重用、性能等,进行架构权衡,建立航空电子分系统的设备组成;根据驻留应用设计准则,选取航空电子分系统功能驻留在 IMA 中,定义为驻留应用。

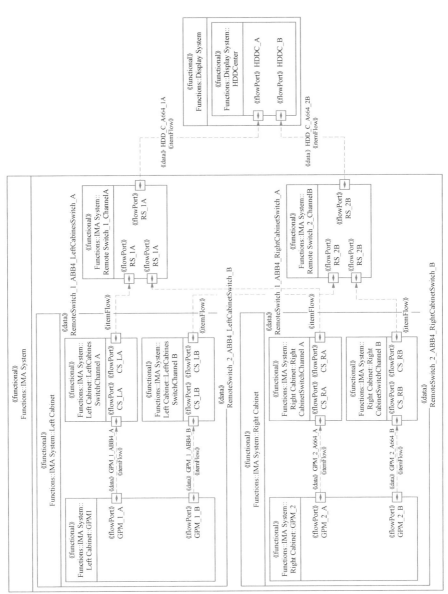

图 4.34　逻辑架构示例

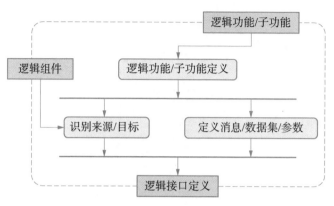

图 4.35　基于 ASPECT 的逻辑接口定义流程

　　仍以前文所述 ITP 功能为例,如图 4.36 所示,定义 ATA 31 显示系统的 LRU 组成,建立 LRU 的类模型 IDUClass,基于架构权衡结果,生成 IDUClass 实例 IDU_C、IDU_LIB 和 IDU_RIB,建立该分系统的物理结构图。同样地,建立 ATA 34 大气数据惯性基准系统、ATA 34 综合监视系统和 ATA 23 通信系

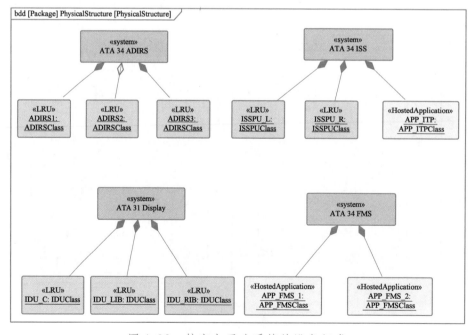

图 4.36　航空电子分系统的设备组成

统的 LRU 模型,包括类和实例,确定这些分系统的物理设备组成;其中 ATA 34 飞行管理系统的全部功能分配给 APP_FMS 驻留应用,ATA 34 综合监视系统的"Provide ITP Display Data Processig"和"Provide ITP Calculation"功能分配给 APP_ITP 驻留应用,并基于架构权衡结果,确定了驻留应用的实例数量。

依据飞机数据网络设计以及参数传输性能、安全性等要求,依据利益相关者需求,定义基于 IMA 的物理设备与外部交联的总线接口;根据功能接口图,建立航空电子系统组成设备之间的总线连接关系,形成航空电子系统物理设备拓扑。

如图 4.37 所示,定义 ATA 31 显示系统的 LRU 总线接口,每个 IDUClass 分别设计两个接口:AesPhyPort A 和 B。同样地,ATA 34 大气数据惯性基准系统和 ATA 34 综合监视系统的 LRU 都设计 AesPhyPort A 和 B 两个接口,ATA 23 通信系统的 LRU 设计一个 AnalogPhyport 接口;建立各分系统驻留应用到 IMA 的驻留关系;将各分系统 LRU 的 AesPhyPort 接口连接到网络总线,AnalogPhyport 接口通过 IMA 的 RDIU 连接到飞机网络总线,形成 ITP 功能的物理架构图。

物理架构的确定与初步安全性评估结果紧密交互,从可用性和完整性两个方面考虑物理组件的组织方式:对于可用性指标要求,通过备份设计满足,即增加独立于主通道的备份通道;对于完整性指标要求,通过监控设计满足,即增加独立于主通道的监控通道。根据工程经验,物理组件组织方式可依据表 4.5 选择。

表 4.5　基于安全性目标的物理组件组织方式

组织方式	MTBF/h	适用可用性目标	适用完整性目标
单通道	5 000	较小的	较大的
双通道	2 500	较大的	较严重的
双通道监控	1 250	较严重的	灾难性的
三通道	1 667	灾难性的	灾难性的
四通道	1 250	灾难性的	灾难性的

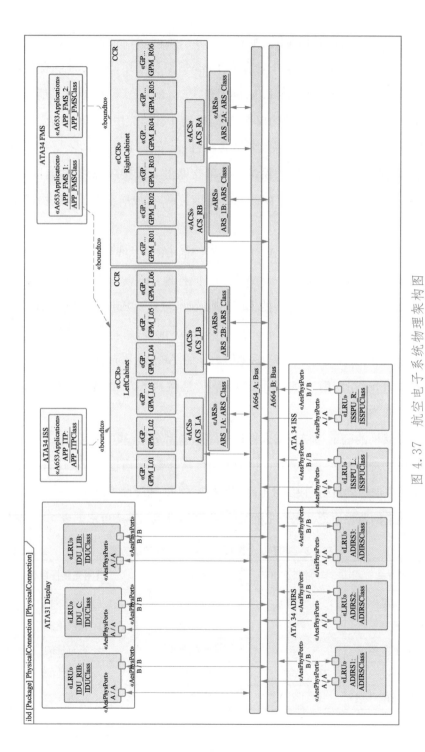

图 4.37　航空电子系统物理架构图

具体的物理组件组织流程如图 4.38 所示,针对每个逻辑功能,明确逻辑功能的安全性目标,包括各个功能失效的 DAL;根据该等级,初步选择满足要求的物理组件及其组织方式,同时考虑是否有其他约束条件(如签派需求等);基于逻辑架构,确认数据虚拟链路上的资源冗余是否满足通道要求,并对逻辑架构进行修正;基于逻辑架构中逻辑组件及接口关系,提取该功能的物理组织方式,再用 IBD 将实现该功能的物理组件及其交互关系描述出来;最后,综合所有功能的物理组件组织模型,初步搭建物理架构模型,如图 4.39 所示。

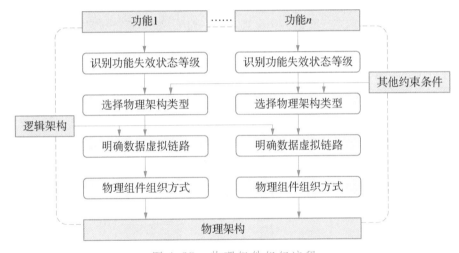

图 4.38　物理组件组织流程

1) 物理接口定义

物理接口定义的目的是定义物理功能交互的接口类型,具体工作内容如下:

(1) 识别物理功能所需数据流的来源以及发送数据流的目标。

(2) 定义物理接口类型和接口数量,以及接口的性能要求。

物理接口定义流程如图 4.10 所示。针对每一个物理功能和子功能,基于其逻辑架构和分配的物理组件,识别数据流来源和去向,定义具体的交互物理

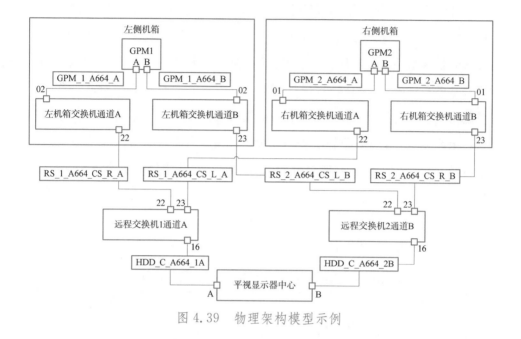

图 4.39　物理架构模型示例

接口及其属性,最后按照如图 4.25 所示的接口数据模型,用块图定义在数据模型文件包内,完善物理架构。

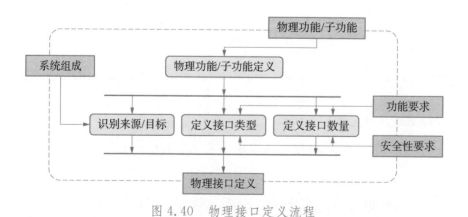

图 4.40　物理接口定义流程

2）建立航空电子接口数据模型

模型是整个接口配置的核心,通过面向对象的思想进行描述,用以定义飞机体系结构和设备、功能组成以及内部连接和交互关系,包括物理系统、逻辑系统以及数据交互(基于消息、数据块和数据参数的组织形式)、系统连接关系。面向对象的接口模型规则可以达到最小化重新定义的目的。通过面向对象的方法对模型数据进行定义和组织。

(1)类:定义所有实例共享的结构和通用属性,代表了系统体系结构中的一类元素。

(2)实例:定义类的一个具体实例,继承类的结构和属性,同时增加和定义自有特性,代表系统体系结构中的一个具体组成元素。

模型中主要包含以下几类模型。

(1)设备模型:设备模型定义了系统架构中的物理设备,包括综合化航空电子平台产品 GPM、RDIU 和其他 LRU。设备模型对设备的硬件相关属性、设备物理端口组成以及物理端口属性进行定义,例如对于一个 RDIU 设备,其定义如下。

a.硬件相关属性:包括对设备的名称、全局统一标识符、ATA 章节、专用集成电路(application specific integrated circuit,ASIC)类型(单/双)、端系统存储缓冲区大小、端系统接收和发送的延迟等属性进行定义。

b.设备端口组成包括 ARINC 664 端口、ARINC 429 端口、ARINC 717 端口、串行总线接口、模拟量接口、电源接口等。

c.物理端口属性:对于一个物理端口,通常包含对该物理端口名称、全局统一标识符、传输速率、传输方向、电气特性等属性的定义。

(2)功能模型:功能模型定义了设备中的驻留功能和应用,以及驻留功能和应用的逻辑端口、端口的数据收发情况。例如,综合化航空电子系统中包含了驻留功能以及符合 ARINC 653 的驻留应用,其中,符合 ARINC 653 的驻留应用定义包括对驻留应用名称、全局统一标识符、ATA 章节、应用程序所需的处理时间、安全等级、状态寄存器的浮点异常处理模式(浮点异常精确模式和浮点异常禁用模式)、配置和数据寄存器大小、分区 ID、分区类型、分区处理周期、内存大小需求、调度优先级等属性的定义。

a. 逻辑端口组成：包括 ARINC 653 队列端口、ARINC 653 采样端口。逻辑端口属性包含对端口名称、全局统一标识符、端口传输方向、端口消息大小、数据刷新周期等属性的定义。

b. 端口数据收发：定义端口发送的消息、消息中的组织模型（消息结构、参数组成、参数位移）、端口接收的参数、参数来源。

（3）数据及组织模型：数据及组织模型用来定义系统中各种不同类型数据的组织规范，包括 A664 消息、A429 字、A825 消息、A717 帧、模拟量等各种不同类型的数据。对消息和参数的名称、全局统一标识符、消息和参数大小、协议类型、传输间隔、消息中数据块和参数组成、数据块和参数位移等进行定义。

（4）物理和逻辑连接关系模型：物理和逻辑连接关系模型用以对系统中各个设备的物理端口连接关系、数据收发关系进行定义。

a. 物理连接关系：以每一条物理连接线路为描述对象，定义该连接关系的名称、全局统一标识符、端口连接类型（ARINC 664、ARINC 717、ARINC 429、模拟量等）等属性，同时定义每一个连接对象所涉及的一对收和发的物理端口。

b. 逻辑连接关系：在每个驻留功能和应用的逻辑端口数据交互中定义数据的发送源、目的端、拷贝源、数据中转等，实现对每一条数据传输路径的定义。对于 ARINC 664 网络，同时包含对整个网络中的虚拟链路的组成和分配情况的定义。定义设备模型需要先定义基础数据元、基础端口、基础部件和基础链接。定义完成基础数据元之后，再完成高级元素的定义，如设备用 LRU 定义，功能用 HostedFunction 等方式定义。根据不同的端口类型，定义物理端口和逻辑端口。如图 4.41 所示为定义的 LRU 接口模型。

3）捕获功能和系统 ICD

根据建立的航空电子系统物理架构以及各个设备之间的总线连接关系，通过特定工具,提取存储在数据库中的各个系统的设备物理端口信息及物理端口的交联关系。

物理端口信息包括物理端口名称、总线类型、传输媒介、传输速率、传输方向、网络标号、传输冗余等信息。

物理端口交联关系包括交联关系名称、发送源端口、接收源端口、端口类型、传输方向等信息。

捕获设备的物理端口信息有两种方式:一种是通过数据库进行提取,另一种是通过 Excel 表格模板填写。

第一种方式利用数据库查询语句,完成所需信息的提取,如图 4.42 所示。第二种方式利用 Excel 模板填写物理端口信息和链接关系,例如综合显示单元(integrated display unit, IDU)设备的所有物理端口信息,如图 4.43 所示。

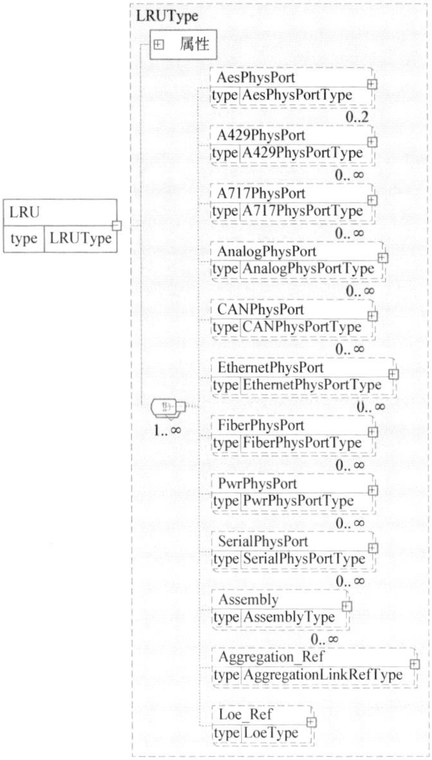

图 4.41　LRU 接口模型

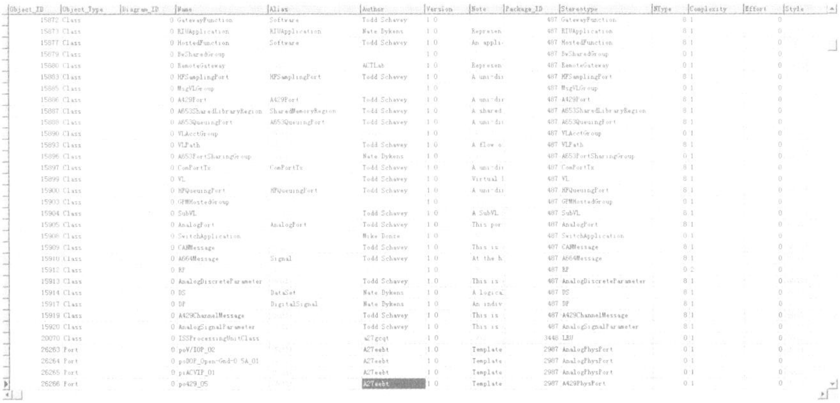

图 4.42　物理接口数据库存储

159

	A	B	C	D	E	F	G	H
1	No.	PhysicalPort_Name	Description	BusType	Direction	NetWork	Rate	Comment
2	1	pi_A429_AHRS1_IDU	IDU A429输入	A429	Destination		100kbps	
3	2	pi_A429_AHRS2_IDU	IDU A429输入	A429	Destination		100kbps	
4	3	pi_A429_ADS1_IDU	IDU A429输入	A429	Destination		100kbps	
5	4	pi_A429_ADS2_IDU	IDU A429输入	A429	Destination		100kbps	
6	5	pi_A429_RADIOALTIMETER_IDU	IDU A429输入	A429	Destination		100kbps	
7	6	pi_A429_DAU_IDU_01	IDU A429输入	A429	Destination		100kbps	
8	7	pi_A429_DAU_IDU_02	IDU A429输入	A429	Destination		100kbps	
9	8	pio_RS422_PFC1_IDU	IDU RS422输入	A429	Both		115200bps	
10	9	pio_RS422_PFC2_IDU	IDU RS422输入	A429	Both		115200bps	
11	10	pio_RS422_MFC_IDU	IDU RS422输入	A429	Both		115200bps	
12	11	pio_RS422_CCD_IDU	IDU RS422输入	A429	Both		115200bps	
13	12	pi_XGA_XXX_IDU	IDU XGA输入	XGA	Destination			
14	13	pi_PAL_XXX_IDU	IDU PAL输入	PAL	Destination			
15	14	po_XGA_IDU_DLVR	IDU XGA输出	XGA	Source			
16	15	pi_Ethernet_XXX_IDU	IDU Ethernet接口	Ethernet	Both		1000Mbps	
17	16	pi_Discrete_SWPANEL_IDU_01	IDU离散量输入	Discrete	Destination			
18	17	pi_Discrete_SWPANEL_IDU_02	IDU离散量输入	Discrete	Destination			
19	18	pi_Power_SWPANEL_IDU	毁钥电源输入	Power	Destination			
20	19	pi_A453_WEATHERRADAR_IDU	IDU A453输入	A453	Destination			
21	20	pio_A664_IDU_GPNSU1	IDU A664接口	A664	Both	A	100Mbps	
22	21	pio_A664_IDU_GPNSU2	IDU A664接口	A664	Both	B	100Mbps	
23								

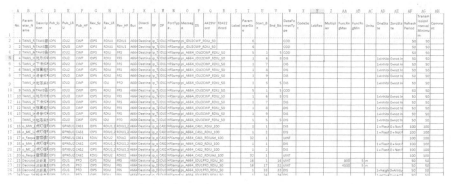

图 4.43　物理模板表格定义

(1) 捕获航空电子分系统功能 ICD。根据航空电子分系统的功能接口图和分系统供应商功能要求,建立驻留功能和驻留应用;根据驻留功能和驻留应用的实际功能要求,定义功能接口参数和数据,并建立设备到功能的绑定以及逻辑端口到物理端口的绑定。该步骤完成之后,即形成各个航空电子分系统的独立接口文件。

捕获航空电子分系统功能 ICD 时采用接口设计工具进行导入和录入,导入和录入的格式如图 4.44 所示。

No.	Parameter_Name	Description	Pub_Sys	Pub_LRU	Pub_HF	Rev_Sys	Rev_LRU	Rev_HF	Bus	Direction	RP	DP	PortType.	Message	DS	A429Word	RS422Word	Label	ParameterSize	Start_Bit	End_Bit	DataFormatType	CodeSet	LsbRes	Multiplier	FuncRngMax	FuncRngMin	Units	OneState	ZeroState	RefreshPeriod	TransmissionIntervalMinimum	Comment
1	TAWS_R	TAWS音	IDPS	IDU2	CWP	IDPS	RDIU1	RDIU1	A664	Destina	ip_T	IDU2	HFSamp	pi_IDU2CWP_RDIU_50					6			COD									50	50	
2	TAWS_R	TAWS音	IDPS	IDU3	CWP	IDPS	RDIU1	RDIU1	A664	Destina	ip_T	IDU3	HFSamp	pi_IDU3CWP_RDIU_50					6			COD									50	50	
3	TAWS_M	TAWS告	IDPS	IDU2	CWP	IDPS	RDIU	FRS	A664	Destina	ip_T	IDU2	HFSamp	pi_A664_IDU2CWP_RDIU_50					5	1	5	COD									50	50	
4	TAWS_In	地形抑	IDPS	IDU2	CWP	IDPS	RDIU	FRS	A664	Destina	ip_T	IDU2	HFSamp	pi_A664_IDU2CWP_RDIU_50					1	6	8	DIS							1=Inhib	0=not In	50	50	
5	TAWS_In	下滑抑	IDPS	IDU2	CWP	IDPS	RDIU	FRS	A664	Destina	ip_T	IDU2	HFSamp	pi_A664_IDU2CWP_RDIU_50					1	7		DIS							1=Inhibi	0=not In	50	50	
6	TAWS_In	襟翼超	IDPS	IDU2	CWP	IDPS	RDIU	FRS	A664	Destina	ip_T	IDU2	HFSamp	pi_A664_IDU2CWP_RDIU_50					1	8		DIS							1=Inhibi	0=not In	50	50	
7	TAWS_In	语音抑	IDPS	IDU2	CWP	IDPS	RDIU	FRS	A664	Destina	ip_T	IDU2	HFSamp	pi_A664_IDU2CWP_RDIU_50					1	9		DIS							1=Inhibi	0=not In	50	50	
	TAWS_In	起落架	IDPS	IDU2	CWP	IDPS	IDU	PFD	A664	Destina	ip_T	IDU2	HFSamp	pi_A664_IDU2CWP_RDIU_50					1	5	5	DIS							1=Inhibi	0=not In	50	50	
9	TAWS_M	TAWS告	IDPS	IDU3	CWP	IDPS	RDIU	FRS	A664	Destina	ip_T	IDU3	HFSamp	pi_A664_IDU3CWP_RDIU_50					5	1	5	COD									50	50	
10	TAWS_In	地形抑	IDPS	IDU3	CWP	IDPS	RDIU	FRS	A664	Destina	ip_T	IDU3	HFSamp	pi_A664_IDU3CWP_RDIU_50					1	6	8	DIS							1=Inhib	0=not In	50	50	
11	TAWS_In	下滑抑	IDPS	IDU3	CWP	IDPS	RDIU	FRS	A664	Destina	ip_T	IDU3	HFSamp	pi_A664_IDU3CWP_RDIU_50					1	7		DIS							1=Inhibi	0=not In	50	50	
12	TAWS_In	襟翼超	IDPS	IDU3	CWP	IDPS	RDIU	FRS	A664	Destina	ip_T	IDU3	HFSamp	pi_A664_IDU3CWP_RDIU_50					1	8		DIS							1=Inhibi	0=not In	50	50	
13	TAWS_In	语音抑	IDPS	IDU3	CWP	IDPS	RDIU	FRS	A664	Destina	ip_T	IDU3	HFSamp	pi_A664_IDU3CWP_RDIU_50					1	9		DIS							1=Inhibi	0=not In	50	50	
	TAWS_In	起落架	IDPS	IDU3	CWP	IDPS	IDU	PFD	A664	Destina	ip_T	IDU3	HFSamp	pi_A664_IDU3CWP_RDIU_50					1	5	5	DIS							1=Inhibi	0=not In	50	50	
15	o_MW_I	点灯信号	IDPS	GPNSU1	CAS1	IDPS	RDIU1,2	RDIU1,2	A664	Destina	ip_o	CAS1	HFSamp	pi_A664_CAS1_RDIU_100					1	1		DIS							1 = Flash	0 = Not F	100	100	
16	o_MC_L	点灯信号	IDPS	GPNSU1	CAS1	IDPS	RDIU1,2	RDIU1,2	A664	Destina	ip_o	CAS1	HFSamp	pi_A664_CAS1_RDIU_100					1	2		DIS							1 = Flash	0 = Not F	100	100	
17	o_Reque	音频请	IDPS	GPNSU1	CAS1	RDIU	RDIU2	RDIU2	A664	Destina	ip_o	CAS1	HFSamp	pi_A664_CAS1_RDIUAd_100					32	1		UINT									100	100	
18	o_MW_I	点灯信号	IDPS	GPNSU2	CAS2	IDPS	RDIU1,2	RDIU1,2	A664	Destina	ip_o	CAS2	HFSamp	pi_A664_CAS2_RDIU_100					1	1		DIS							1 = Flash	0 = Not F	100	100	
19	o_MC_L	点灯信号	IDPS	GPNSU2	CAS2	IDPS	RDIU1,2	RDIU1,2	A664	Destina	ip_o	CAS2	HFSamp	pi_A664_CAS2_RDIU_100					1	2		DIS							1 = Flash	0 = Not F	100	100	
20	o_Reque	音频请	IDPS	GPNSU2	CAS2	RDIU	RDIU2	RDIU2	A664	Destina	ip_o	CAS2	HFSamp	pi_A664_CAS2_RDIUAd_100					32	1		UINT									100	100	
21	Decisio	决断高	IDPS	IDU1	PFD	IDPS	RDIU	FRS	A664	Destina	ip_D	IDU1	HFSamp	pi_A664_IDU1PFD_RDIU_50					16	1	16	UINT				800	5	m			50	50	
22	Decisio	决断高	IDPS	IDU1	PFD	IDPS	RDIU	FRS	A664	Destina	ip_D	IDU1	HFSamp	pi_A664_IDU1PFD_RDIU_50					16	17	32	UINT				4800	5	m			50	50	
23	Decisio	决断高	IDPS	IDU1	PFD	IDPS	RDIU	FRS	A664	Destina	ip_D	IDU1	HFSamp	pi_A664_IDU1PFD_RDIU_50					1	33	33	DIS							1=Heigh	0=Altitu	50	50	
24	Over_Sp	超速	IDPS	IDU1	PFD	IDPS	RDIU	FRS	A664	Destina	ip_O	IDU1	HFSamp	pi_A664_IDU1PFD_RDIU_50					1	34	34	DIS							1=active	0=inacti	50	50	

图 4.44　采用接口设计工具进行导入和录入的格式

捕获的功能 ICD，是针对某个驻留功能描述的，包括如下内容。

① No.：序号。

② Parameter_Name：功能 ICD 的 DD 名字。

③ Description：功能 ICD 的描述。

④ Pub_Sys：功能 ICD 的 Pub(发送)系统方。

⑤ Pub_LRU：功能 ICD 的 Pub(发送)系统中的对应设备。

⑥ Pub_HF：功能 ICD 的 Pub(发送)系统中的设备里驻留的功能。

⑦ Rev_Sys：功能 ICD 的 Sub(接收)系统方。

⑧ Rev_LRU：功能 ICD 的 Sub(接收)系统中的对应设备。

⑨ Rev_HF：功能 ICD 的 Sub(接收)系统中的设备里驻留的功能。

⑩ Bus：该功能 ICD 数据所使用的物理总线的名称。

⑪ Direction：功能 ICD 的传输方向。

⑫ RP：功能 ICD 的接收参数。

⑬ DP：功能 ICD 的发送参数。

⑭ PortType：功能 ICD 的逻辑端口类型。

⑮ Message：功能 ICD 的逻辑端口名称。

⑯ DS：如果是 ARINC 664，则是功能 ICD 的数据集名称。

⑰ A429Word：如果是 ARINC 429，则是功能 ICD 的对应的 A429 字名称。

⑱ RS422Word：如果是 RS 422，则是功能 ICD 的对应的 RS 422 字名称。

⑲ Label：如果是 ARINC 429，则是功能 ICD 的对应的 A429 字 Label 的名字。

⑳ ParameterSize：功能 ICD 的参数的大小。

㉑ Start_Bit：功能 ICD 的起始偏移。

㉒ End_Bit：功能 ICD 的终止偏移。

㉓ DataFormatType：功能 ICD 的数据类型。

㉔ CodeSet：功能 ICD 的枚举类型的枚举值。

㉕ LsbRes：功能 ICD 的数据分辨率。

㉖ Multiplier：功能 ICD 的乘积倍数。

㉗ FuncRngMax：功能 ICD 的数据功能范围的最大值。

㉘ FuncRngMin：功能 ICD 的数据功能范围的最小值。

㉙ Units：功能 ICD 的数据单位。

㉚ OneState：功能 ICD 的布尔 1 状态。

㉛ ZeroState：功能 ICD 的布尔 0 状态。

㉜ RefreshPeriod：功能 ICD 的端口传输周期。

㉝ TransmissionIntervalMinimum：功能 ICD 的参数传输周期。

㉞ Comment：功能 ICD 的备注。

例如，将驻留功能 HF_IDU_LIB、HF_IDU_RIB 和 HF_IDU_C 分别分配到 LRU IDU_LIB、IDU_RIB 和 IDU_C。

a. 根据"Provide Flight Crew Display and Control"功能的驻留功能行为图，根据交互参数，分解出接收参数（received parameter，RP）和数据参数（data parameter，DP），建立 RP 和 DP 元素模型。

b. 根据参数功能的安全性等级、数据来源、目的地等约束条件，建立数据集元素模型，并将 RP 和 DP 分配到数据集中。

c. 根据 LRU 总线接口定义，确定传输的消息类型和端口类型，将数据集合并成消息，建立消息元素模型，并分配给对应的发送或接收端口。

d. 根据驻留功能行为图中的数据流，建立消息发送和接收端口的连接关系，形成"Provide Flight Crew Display and Control"功能的消息流。

e. 在 ATA 31 显示系统三个 IDU 与 ATA 34 综合监视系统的 APP_ITP 驻留应用之间建立消息流，接收和发送的消息按照 ARINC 661 的要求构建，如 IDU_LIB 发送给 APP_ITP 的包含 APP_ITP_A661_BLOCK 数据参数的 MSG_IDU_APP_ITP_A661_BLOCK 消息，以及 APP_ITP 发送给 IDU_LIB 的包含

APP_ITP_IDU_LIB_A661_BLOCK 数据参数的 MSG_APP_ITP_IDU_LIB_A661_BLOCK 消息,分别实现了"Provide Flight Crew Display and Control"功能的逻辑架构模型图中的"ITPDisplayData"和"ITPSelection"信息。

f. 由此可定义驻留应用 APP_ITP 的包含三条发送消息和三条订阅消息的 ICD,以及每个 IDU 包含一条发送消息和一条订阅消息的 ICD,梳理到 ICD 格式表中。

(2) 建立功能 ICD 的 PubSubLink,如图 4.45 所示。在定义完成各个分系统的功能 ICD 和物理 ICD 之后,根据各个分系统的收发功能要求,需要建立功能 ICD 之间的收发链接关系,即 PubSubLink。实现 PubSubLink 的方式包括逻辑端口链接、消息端口链接、数据集链接、字链接和参数链接。该步骤完成之后形成了链接接口文件。例如,在 ATA 31 显示系统中 IDU 的主飞行显示(primary flight display,PFD)功能需要实现接收来自 ATA 27 飞行控制系统(flight control system,FCS)中飞行控制模块(flight control modular,FCM)里的 HF_FCM 中的校准空速功能,则 PFD 的 RP 为 ipADSCurrentAirspeed_Voted_ADS_FCM_1,HF_FCM1 的 DP 为 Voted_Calibrated_Airspeed。通过找到对应的收发数据,建立 PubSubLink,形成 DP 和 RP 的匹配,即可完成链接。

No.	Parameter_Name	Description	Pub_Sys	Pub_LRU	Pub_HF	Rev_Sys	Rev_LRU	Rev_HF	Bus	Direction	RP		DP		PortType	Message
1	ipAirspeed	校准空速	FCS	FCM	HF_FCM	Displays	IDU	PFD	A664	Destination	ipADSCurrentAirspeed_Voted_ADS_FCM_1		Voted_Calibrated_Airspeed		HFSamplingPort	IP_QP_FCM_1_ADA20_TO_PFD

图 4.45   建立功能 ICD 的 PubSubLink

(3) 建立逻辑总线转换关系。链接接口文件形成之后,需要根据物理总线和逻辑总线的绑定关系以及物理总线的交联关系,生成不同总线的逻辑端口转换。逻辑端口的转换包括所有涉及的逻辑总线转换规则。

4.2.3   资源配置与评估

IMA 系统资源配置与评估作为基于 SAE ARP 4754A 的 IMA 系统开发活动中的一项,要能够"承上启下",在系统需求和架构设计阶段,捕获 IMA 系统架构、IMA 组件规范和应用要求，并评估架构是否有足够的资源支持应用运行以及是否能够满足应用的安全性需求。在系统综合验证阶段，能够支持驻留应用的最差执行时间和资源需求覆盖分析，从安全性、可用性和派遣率方面分析综合化带来的收益，支持基于需求的验证。

4.2.3.1 资源配置与评估流程

根据 DO-297，IMA 系统开发角色有系统设计师、数据流架构师、应用供应商、IMA 平台供应商、IMA 系统集成商。

IMA 系统的开发工作流程如图 4.46 所示。

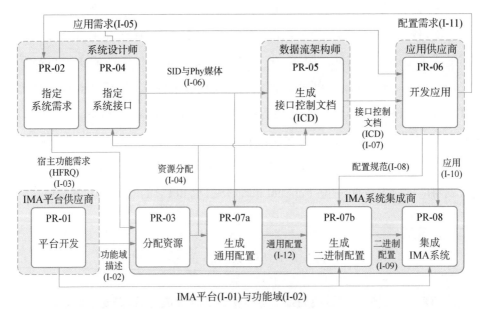

图 4.46　IMA 系统开发工作流程

根据平台供应商提供的功能域（usage domain，UD）描述和系统设计师提供的驻留功能需求（hosted function requirements，HFRQ），系统集成商利用 IMA 系统配置工具建立系统接口、数据和 IMA 物理拓扑，产生二进制配置文件。在这个过程中，随着配置的优化相应地更改相关需求，从而需要进一步进行配置验证，这是一个迭代的过程。

系统设计者首先根据飞机功能需求（A/C Req）进行系统分析（如功能分析、安全性分析），形成各个系统需求（Sys Req，如显控系统、客舱系统、飞行管理系统等）。系统设计师根据系统需求进行系统设计，系统设计的结果作为综合模块化航空电子配置工具集（integrated modular avionics configuration toolest，IMACT）的 HFRQ 输入，根据 HRFQ，IMACT 使用 IMA 平台提供的域，生成 IMA 系统设备，然后进行设备配置，并进行系统一致性和性能分析。整个配置过程如图 4.47 所示。

根据导入的 HFRQ 和功能域建立 IMA 系统各种资源，通过 Review 方式实现调整，根据 IMA 设计文档创建 IMA 拓扑结构，分配 I/O 资源、CPU 资源以及通信资源，建立参数映射关系，最后将配置信息以可扩展标记语言（extensible markup language，XML）格式的形式导出。

4.2.3.2 IMA 系统配置内容

ARINC 664 网络作为可扩展和可配置的资源，主要包括三方面的配置能力：设备级、通信级和传输级。具体到实现主要包括对网络地址、端口和虚拟链路进行配置，具体内容如下。

（1）IP 配置：根据设备在机上的位置信号识别每个设备的唯一标识，也用于对消息的识别。

（2）MAC 配置：基于以太网协议，结合航空总线标准要求，定义满足 ARINC 664 网络的 MAC 地址。

（3）端口配置：面向系统应用提供的端口配置，也包含系统应用与网络通信的对应。

（4）VL 号配置：为每个数据通信提供满足 ARINC 664 的虚拟网络的配置，确保网络能够提供确定性的传输路径、延迟和抖动等以满足网络性能的要求。

（5）SubVL 号配置：针对子虚拟链路的配置是为了满足应用之间合理、公平的调度，有效降低网络的延迟，通过采用 Round-Robin 算法进行的分配策略实现。

（6）BAG 配置：为保证虚拟链路数据传输之间的独立性，通过带宽分配间

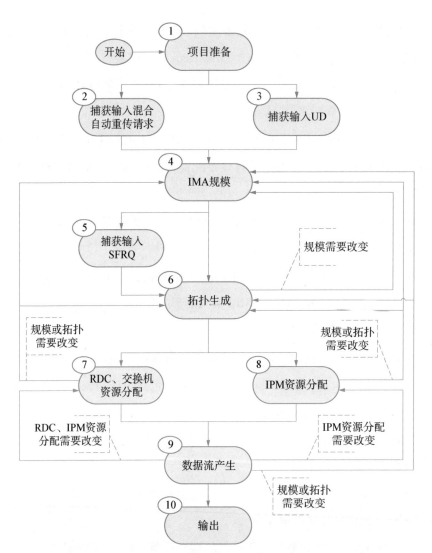

图 4.47　IMA 系统资源配置过程

隙（bandwidth allocation gap，BAG）配置满足网络资源分配的确定性，从而达到系统应用之间的独立性，支持系统的安全性分析。

计算资源由 GPM 提供，包括 CPU、内存、非易失存储器（non-volatile memory，NVM）、操作系统、文件系统等。驻留应用和计算资源的接口采用 ARINC 653 协议，可配置的内容包括驻留应用运行时间和周期；驻留应用内存配置、NVM 配置；驻留应用综合化航空电子配置；驻留应用文件系统配置；驻留应用数据库配置；驻留应用 ARINC 653 端口配置。

计算资源配置过程可以通过人工手动生成或者工具自动生成。配置方法可以分为以下几步：

（1）捕获驻留应用的需求，包括运行时间、运行周期、运行内存大小、文件系统访问权限等。

（2）分析校验需求，确保需求的合理性且符合资源使用域。

（3）基于数据传输需求和航空电子物理架构将驻留应用绑定到计算 LRM 上。

（4）完成驻留应用端口 ARINC 653 端口配置和映射。

（5）计算并优化分区调度表，满足运作时间和运行周期。

（6）分配 NVM 读取权限以及带宽。

（7）分配文件系统和数据库访问权限。

（8）优化配置并验证需求是否被满足。

面向综合化航空电子系统的通用配置技术接口资源可以根据系统设计进行动态配置。该接口资源实现飞机上多种总线类型数据的接入，同时将接入的总线数据转换为符合 ARINC 664 总线协议的数据接入 ARINC 664 网络，实现架构内的数据交互。面向综合化航空电子系统的通用配置技术提供的接口资源如下：ARINC 664 接口资源、ARINC 429 接口资源、离散量接口资源、RS 422 接口资源、ARINC 717 接口资源。

4.2.3.3　配置示例

下面以驾驶舱显示系统（cockpit display system，CDS）显示飞机姿态（倾斜和翻转）以及大气数据（速度和高度）功能为例，简单说明配置执行过程。这里仅为了说明配置过程，并不代表实际的工程项目。

1）确立飞机级功能

根据 AC 25-11A 和 JAR-25.1303 认证要求，定义 CDS 系统的飞机级功能需求如下：显示飞机角度（倾斜和翻转）、大气数据（速度和高度）。根据上述需求，进一步通过 AFHA 和初步飞机安全性评估（preliminary aircraft safety assessment，PASA）确立如下安全性需求：无法显示主要高度（大气数据）参数，其危害级别为较严重的；主要高度（大气数据）参数显示错误，其危害级别为灾难性的。

2）确立系统需求

根据 AC 25‑11A 和 JAR‑25.1303 认证要求以及系统 FHA 和 PSSA，确立系统需求如下：在显示屏上显示倾斜度（左侧和右侧）；在显示屏上显示翻转度（左侧和右侧）；在显示屏上显示速度（左侧和右侧）；在显示屏上显示高度（左侧和右侧）；在显示屏上显示两侧数据的差异（派生自安全分析）。

基于 PSSA，可以得到 CDS 的安全性需求如下：失去主要显示功能的概率为 10^{-7} 和 FDAL B 级（较严重的）；显示错误的主要参数的概率为 10^{-9} 和 FDAL A 级（灾难性的）；显示器无法显示的概率为 10^{-7} 和 FDAL B 级（较严重的）；分离需求分为两侧分别显示（认证需求）；单个惯性基准系统（inertial reference system，IRS）（ADC）接口的失效概率为 10^{-4}（危害较轻）；产生单个错误的 IRS（或 ADC）接口数据的概率为 10^{-6}（危害较重）。单点失效可能引起灾难性的故障。

3）CDS 系统设计

根据上述需求，CDS 系统结构示例如图 4.48 所示。

通过上述系统设计，产生的 CDS 系统的 HFRQ 如下。

（1）I/O 资源：4 个显示单元（display unit，DU）作为航空电子全双工交换式以太网（avionics full duplex switched ethernet，AFDX）终端系统；2 个具有 ARINC 429 接口的 IRS；2 个具有 ARINC 429 接口的大气数据计算机（air data computer，ADC）。

（2）计算资源：2 个用于 CDS 命令的应用计算机，显示高度和大气数据功能；2 个用于 CDS 监控的应用计算机，监控高度和大气数据的错误。

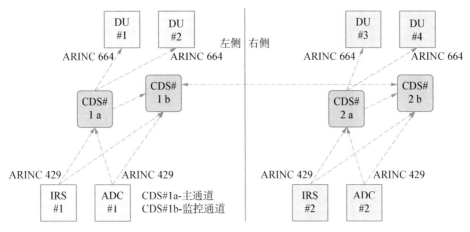

图 4.48　CDS 系统结构示例

（3）通信资源：所有设备和应用间的通信。

（4）驻留功能的安全性分析。

a. DU：单个显示单元可用性为 5×10^{-5}；完整性为 10^{-9}（通过平台完整性保护机制实现）。隔离需求：DU1（DU3）和 DU2（DU4），DU1/DU2 与 DU3/DU4 要隔离（如左侧×右侧）。

b. IRS 和 ADC：单个应用的可用性为 5×10^{-5}；完整性为 10^{-5}。隔离需求：命令应来自不同的综合处理模块（integrated processing module，IPM），并且 CDS♯1b 和 CDS♯2b 要分别位于两侧（如左侧×右侧）。

4）确定 IMA 系统尺寸

基于上述 HFRQ，初始的 IMA 系统网络拓扑结构如图 4.49 所示。

5）分配 I/O 资源

I/O 资源分配示例如图 4.50 所示。

6）分配计算资源

计算资源分配示例如图 4.51 所示。

7）分配通信资源

通信资源分配示例如图 4.52 所示。

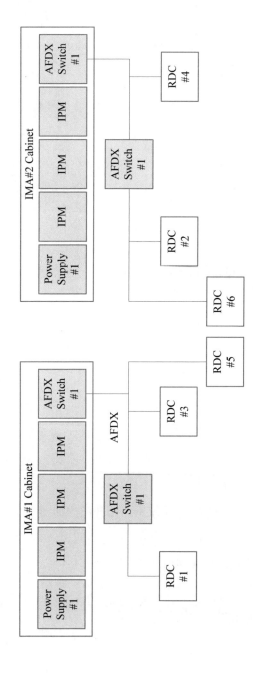

图 4.49 初始的 IMA 系统网络拓扑结构

注：为简单起见，这里仅定一个 AFDX 网络。

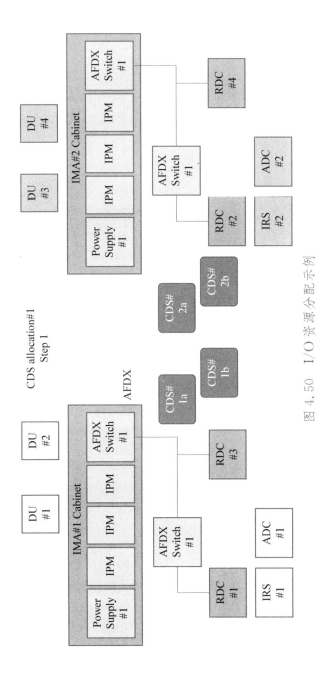

图 4.50　I/O 资源分配示例

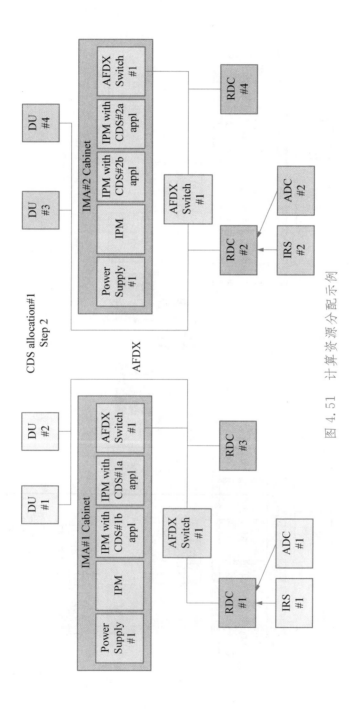

图 4.51 计算资源分配示例

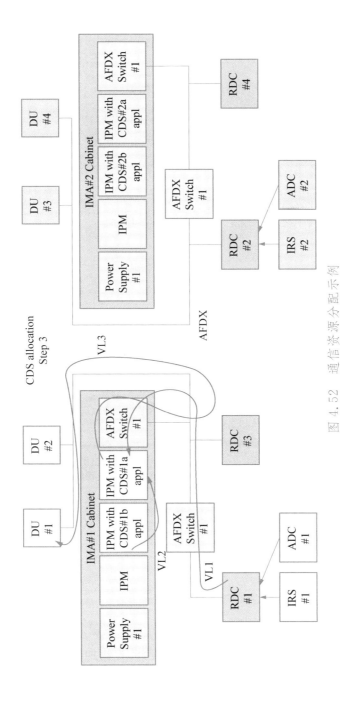

图 4.52　通信资源分配示例

4.2.3.4 资源配置与 ICD 变更

采用基于模型驱动的综合(model driven integration，MDI)过程可以实现 ICD 数据的持续变更管理,从而很快评估 ICD 变化带来的影响,其实现的关键是能够在模型层将 ICD 数据和组件属性信息相关联。

IMA 系统资源配置的结果是生成 ICD 数据,同时 ICD 数据与软件/硬件实现需求关联,在实践中往往会出现 T4/T5 需求变更的问题,这些需求的变更又会影响到 ICD 数据,系统需要在评估 ICD 变化带来的影响后,才能最终确定是否同意变更。而对 ICD 变化引起的影响分析,需要通过资源配置和评估得以实现。ICD 与需求之间的映射关系如图 4.53 所示。

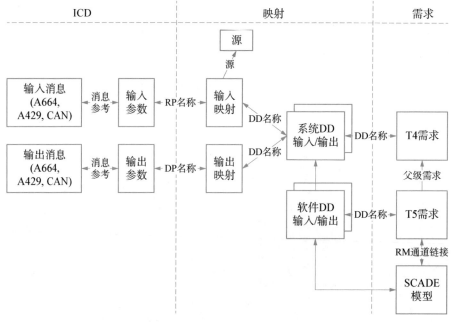

图 4.53　ICD 与需求之间的映射关系

采用 UML 结构化元素作为 ICD 和 IMA 系统资源之间关联的基础,ICD 中的数据以 DP 和 RP 的形式与系统端口相关联,在物理架构和逻辑架构层次实现 ICD 的关联,从而通过模型实现 ICD 变更影响分析(见图 4.54)。

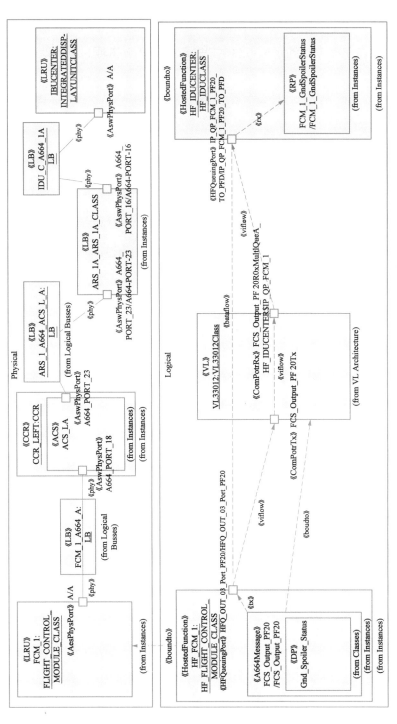

图 4.54 基于模型的 ICD 管理实现机制

上述配置过程能够应用于工程实践的关键在于 ICD 涉及的数据模式都能够从架构数据模型中找到定义，这样才能实现 ICD 与物理和逻辑架构要素的一致性分析。

4.3　系统架构安全性设计模式

民用飞机航空电子系统的功能失效状态通常是灾难性的、较严重的或较大的，这些失效状态的失效概率要求低于 10^{-5}，而航空电子系统一个设备的失效概率通常为 $10^{-5} \sim 10^{-4}$，很明显不可能将航空电子系统设计为单个设备，以满足失效状态为灾难性的、较严重的或较人的事件失效概率的安全性要求。所以需要设计多冗余系统，保证航空电子系统在发生一个失效时仍能够实现预定功能。根据民用飞机多年来的安全性设计经验，航空电子系统架构的冗余模式根据冗余度分为单通道体系架构、双余度体系架构、三余度体系架构和四余度体系架构。

4.3.1　架构余度安全性设计

1）单通道体系

单通道体系航空电子系统的功能可由几个子系统共同完成，其架构如图 4.55 所示。每个子系统都有与该功能相关的失效概率，如果任一子系统发生与之相关的失效（A 或 B 或 C 失效），则该航空电子系统功能不再可用。

图 4.55　单通道体系架构

在这种架构中,系统的失效概率是每个子系统失效概率的总和,如图 4.55 所示的架构其总失效概率 $\lambda = \lambda_A + \lambda_B + \lambda_C$($\lambda_A$、$\lambda_B$、$\lambda_C$ 分别为 A、B、C 的失效概率)。对于飞行时间超过一个小时的情况,功能失效概率需要按处于风险的时间来计算。

在如图 4.68 所示架构中,如果 $\lambda_A = 5 \times 10^{-4}/h$, $\lambda_B = 4 \times 10^{-4}/h$, $\lambda_C = 3 \times 10^{-4}/h$,则 $\lambda = (5+4+3) \times 10^{-4}/h = 1.2 \times 10^{-3}/h$,假设飞行时间为 3 h,那么该架构的失效概率为 3.6×10^{-3}。在这个例子中,如果该系统失效只会导致微小的事件,则这种单通道体系架构是可接受的;如果该系统失效会导致比微小的事件更严重的后果,则这种单通道体系架构是不可接受的。

这种单通道体系架构通常应用在民用飞机相对简单的控制系统上,这些控制系统通过单通道的传感器和控制实现,一旦发生失效,控制功能就会丧失,但不会产生严重的后果。这类失效可以通过 BIT 检测,在检测到失效后可以将控制系统配置恢复到一个已知的安全值或状态,或者限制某些控制功能,以降低失效带来的风险。

2) 双余度体系

引入冗余系统可以提高容错机制,在单通道体系架构的基础上增加一个完全相同的通道,建立双余度体系架构,如图 4.56 所示。在这种架构中,任何通道第一次失效都会导致性能降级,即失效概率为 $2\lambda_C$(λ_C 为每个通道的失效概率);如果可以隔离失效的通道,那么允许系统在降级模式下继续运行,但是安全性裕度降低,此时如果发生进一步失效,即整个系统失效,则失效概率为 λ_C^2。

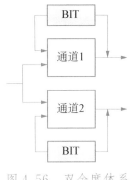

图 4.56　双余度体系架构

对于安全要求较高的系统,建议至少考虑采用双余度体系架构。在这种架构中,两个通道完全相同,具有相同的精度和性能特征,如果一个通道失效,则用另一个替代。该架构提供了接近 100% 的失效覆盖率,其优势是一个通道失效

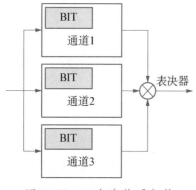

图 4.57　三余度体系架构

后,虽然安全性裕度有所降低,但是系统可以继续按照单通道体系架构的方式运行。

3) 三余度体系

三余度体系架构是在双余度体系架构的基础上增加一个完全相同的通道,如图 4.57 所示。如果每个通道都具有 BIT 能力,那么增加通道必会增加提供给表决器的输入可用性。在这种架构中,任何通道第一次失效都会导致性能降级,即失效概率为 $3\lambda_c$(λ_c 为每个通道的失效概率);然后系统在降级模式下继续运行,但是安全性裕度降低,直到所有通道失效,即整个系统失效,整个系统失效概率是每个通道的失效概率乘积,失效概率为 λ_c^3。此体系架构适用于自动驾驶仪自动着陆系统,其潜在的灾难性的失效可能会发生在最后阶段(如最后 15 min)。

为满足更高的可用性要求,需要采用如图 4.57 所示的三余度体系架构。在这类架构中,三个通道拥有同等的优先权,需要对冗余通道进行管理,以保证在发生一个故障时能继续正确工作。一种有效的方法就是将冗余要素分区到不同的故障包含区域。故障包含区域使一些组件在其中能正确工作,且不会受外部任何逻辑或电气故障的影响。故障包含区域需要硬件提供独立的电源和时钟源。各个故障包含区域之间的接口必须进行电气隔离。为防物理伤害,故障包含区域需要物理隔离,如不同航空电子舱的隔离。在飞控系统中,每一个通道都应是一个故障包含区域。表现为数据错误的故障影响不能在故障包含区域之间传播,因此系统需要提供错误包含措施,通常利用表决器实现。

4) 四余度体系

在没有明显增加某个通道可靠性的情况下,三余度体系架构可能不适合用于有可能存在灾难性的事件(A 级事件)的系统。以单通道体系的失效概率为例,三余度体系的失效概率为每次飞行$(3.6\times10^{-3})^3$/h,即 4.7×10^{-8}/h,显然不能满足安全性目标。但是，对于四余度体系架构，如图 4.58(a)所示，失效概率为每次飞行$(3.6\times10^{-3})^4$/h，即 1.7×10^{-10}/h，此时可以达到一个可以接受的程度。或者可以在三余度体系架构中加上一个可靠性较低的备份通道，构成四余度体系架构，如图 4.58(b)所示，如果备份通道的失效概率为 1×10^{-2}/h，则在 3 h 的飞行中，四余度体系架构完全失效的概率为每次飞行$[(3.6\times10^{-3})^3\times(1\times10^{-2})]$/h，即 4.7×10^{-10}/h，也可以达到一个可接受的程度。

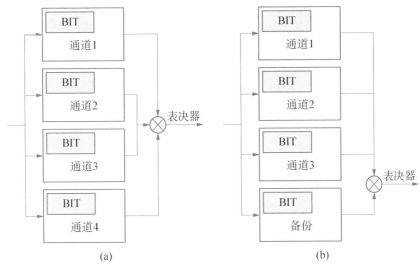

图 4.58   四余度体系架构

(a) 四通道   (b)三通道＋备份

为满足极端的可用性要求，需要采用如图 4.58(a)所示的四余度体系架构。这样的架构通常应用于飞机电传飞行控制，飞机本身是不稳定的，只有高度冗余的飞行控制系统才能保持飞机稳定飞行。这种架构采用的表决器比三余度体系架构更复杂，但是原理是一样的。

5) 冗余表决

冗余可以提高航空电子系统的可用性。在多余度冗余架构中，一个通道发生失效不会对系统或功能产生影响；而如果在各个通道数据处理和传输过程中发生错误,则不会被识别出来。这可以通过冗余通道的表决来识别。冗余表决根据处理路径上不同的点,可以是对冗余数据输入的表决、对控制或计算结果的表决以及在输入给作动器前的表决。

以三个通道的表决为例,图 4.59 描述了双备份的三通道冗余的表决方式。表决器对三个输出进行对比,如果任一通道输出偏离其他通道输出太多,那么该通道就会被表决掉,通过表决器触发隔离机制,这样就隔离了通道故障的影响。在采取这种措施之前,表决器会确定该通道故障是永久的还是瞬态的,一旦确定该通道故障是永久的,就对剩余资源进行重配置。在第一次发生通道故障时,该故障通道从表决器输入配置中移除,备份通道接入;在第二次发生通道故障时,移除该偏差输入;由于只剩下两个输入,因此第三次通道故障能被表决器检测到,但是无法正确识别,这种情况能阻止故障的输出以及持续地对比错误导致系统功能丧失。

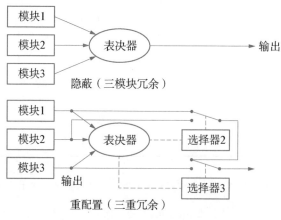

图 4.59　三通道冗余表决(备份通道切换)

此外,也可以去除备份通道的切换机制并采用一个四通道比较器,仍能够实现将故障输入从比较器移除的重配置,如图 4.60 所示,这种架构普遍应用于飞行关键系统,如电传飞行控制系统。这种冗余表决设计具有良好的故障容错能力,故障容错要素包括错误检测、危害评估、故障包含、错误恢复、服务延续、故障处理。如图 4.61 所示的比较器提供了错误检测能力,利用比较器状态的重配置逻辑完成危害评估;表决器则实现了故障包含和服务延续,这样就避免了错误恢复;故障处理则由重配置逻辑产生的故障路径切换完成。

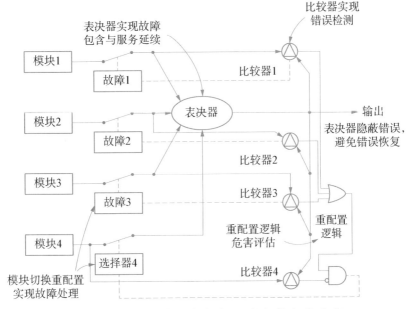

图 4.60　三通道冗余表决(无须切换备份通道)

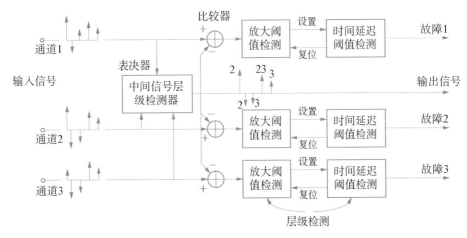

图 4.61　三通道冗余表决(比较器)

除了上述表决方式外,实际应用中最简单的一种方式是将各个通道输出平均后输出,如果一个通道输出完全不同于其他两个通道输出,那么该通道就会被隔离断开连接,此时系统在双余度体系架构下继续提供完整的功能。如果剩下的两个通道中任一通道进一步发生了故障,则该通道同样地也会被隔离,此时系统就可能退化到安全性裕度降低且工作权限受限的单通道体系架构模式工作。在这种架构中,采用平均值方式进行表决就是将三个通道的平均值分别输入三个通道的比较器中,与三个通道输出进行对比以表决每个通道的输出,图 4.62 给出了一个通道平均信号表决器示意。需要注意的是各个通道可能是异步的,所以通道之间会产生瞬时差异。此时应该对每个比较输出设置幅值门限,以防累计容差会引起比较输出检测差错,由于瞬态时延影响会产生短暂的幅值错误,因此增加一个时延门限。多次连续超容差错误应该声明该通道失效。设置正确的幅值和时延门限对保持避免扰动导致检测错误和系统响应效率低之间的平衡非常重要。

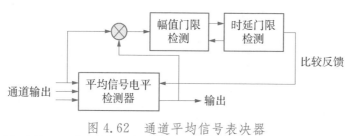

图 4.62　通道平均信号表决器

6) 状态监控设计

完整性是安全性设计需要进一步考虑的基本要素,以保证系统不仅可用,而且能正确地工作。在民用飞机的某些场景中,完整性需求可能比可用性更重要,一个系统不可用造成的失效不是灾难性的,可以用替代措施弥补;但是如果系统发生了不可检测的错误,则会为飞行员带来误导性的结果,后果可能是灾难性的。例如,以驾驶舱显示系统为例,主飞行数据(高度、姿态、速度和航向)的丧失是较严重的,但不是灾难性的,飞行员可以通过备用仪表获取相关信息;

但是,如果主显示器上显示的主飞行数据是不正确的,而飞行员认为是正确的,则存在潜在的灾难,会误导飞行员驾驶飞机进入不安全的飞行状态。这种情况极少发生,发生的概率小于 10^{-9}/h。

为了避免航空电子系统发生不可检测的错误,以满足完整性目标要求,通常借助故障检测的手段使不可检测的错误暴露出来,降低风险。故障检测的措施主要有 BIT 和功能监控两种方式。

7) BIT 设计

BIT 是系统或设备内部提供的检测和隔离故障的自动测试能力,特别适用于数字计算系统检查某个计算通道是否正确工作。根据 SAE ARP 4761 中关于暴露时间的定义,如果两次确认正常工作之间的时间间隔缩短,则失效的暴露时间也会缩短,其危害性风险就会降低,这关键在于快速地检测或修理相应的失效状态。BIT 作为一种产品自动化检测的重要方法,是缩短暴露时间、提高产品安全性的有效手段。

我们先来看一个简单的例子,CPU 会周期性地给看门狗发送“喂狗”信号,如果超过一定时间没有“喂狗”(输出冻结),那么看门狗会发出复位信号,对 CPU 进行复位。如果看门狗失效应先于 CPU 电路输出冻结发生,则会导致“不可缓解的 CPU 电路输出冻结”事件,CPU 电路输出冻结可能由 CPU 本身失效导致,也可能由 SEE 事件导致 CPU 锁住。要求“不可缓解的 CPU 电路输出冻结”事件的失效概率不高于 10^{-7}/fh,对于看门狗失效在无 BIT 检测和有 BIT 检测情况下的故障树分别如图 4.63(a)和(b)所示。当没有设计看门狗 BIT 时,其暴露时间采用单元整体的平均无故障时间间隔,即 15 000 h,由此算出“不可缓解的 CPU 电路输出冻结”事件的失效概率为 4.5×10^{-7}/飞行,即 1.5×10^{-7}/fh,不满足安全性要求。为了缩短看门狗失效的暴露时间,设计一个看门狗 BIT,且对看门狗功能进行测试的时间间隔为 100 h,100 h 可作为看门狗失效的暴露时间,由此算出“不可缓解的 CPU 电路输出冻结”事件的失效概率为 3×10^{-9}/飞行,即 10^{-9}/fh,满足安全性要求。

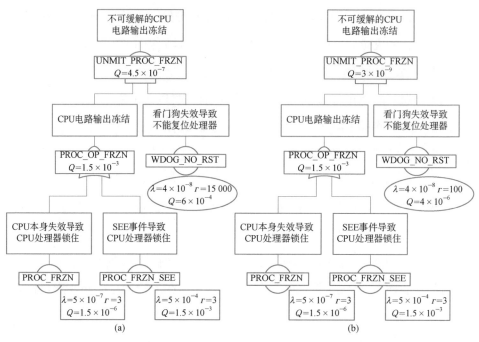

图 4.63　有无看门狗 BIT 时的故障树对比

(a) 无 BIT 检测　(b) 有 BIT 检测

　　BIT 除了通过隐蔽故障暴露时间对失效概率的影响提高安全性外,主要针对提供关键功能所需的软件/硬件资源状态进行监控,在检测到故障或异常时,可以告知系统采取补偿措施,避免非预期的风险,从而提高系统的鲁棒性。图 4.64 给出了单通道体系架构 BIT 功能的检测示意,如果计算通道的失效概率为 λ_C,BIT 的置信度为 λ_B,那么不可检测的失效概率(完整性)为 $\lambda_C(1-\lambda_B)$。

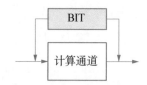

图 4.64　单通道体系架构 BIT 功能的检测

　　BIT 不是对计算结果的检查,而是通过一系列测试,检查所有功能、输入和输出是否正常。航空电子系统中的 LRU 就是一个面向任务的计算机,在实时操作系统的控制下执行应用软件,该实时操作系统进行执行任务的调度,包含用于自身测试的程序。BIT 按运行时间划分,可以分为以下四类:

(1) 飞行前 BIT。飞行前 BIT 是为了满足飞机签派要求,飞行员在飞行前触发的测试,这种测试通常是端到端的,按部就班地对必要功能进行测试,以防在飞行过程中发生故障。对于安全性措施尤其需要进行这类 BIT,以确保不存在隐蔽故障。

飞行前 BIT 典型的检查项通常有飞行舵面操作检查;告警灯、告警音频检查。

(2) PBIT。PBIT 在系统上电之后自动进行 BIT,通常对硬件进行全面的测试。在完成 PBIT,确认系统能正确执行功能后,系统才进入正常工作模式。

典型的 PBIT 检查项通常包括检查软件配置项;检查所有输入和输出是否正常;检查主要和备份的功能。

在这类 BIT 中,通常可以加入侵入式的测试,即通过注入预设的测试信号,将读回结果与预期结果进行对比,这是最有效的自动化端到端检查。隐蔽故障的检测通常是侵入式的测试,因此都在 PBIT 中进行。

(3) 周期自检测。周期自检测(continues built-in test, CBIT)是系统以后台任务的方式持续、周期性地检查自身功能。由于航空电子系统的离散时间特性,不是所有能力都要用于应用功能,因此在飞行过程中像处理器这类器件进行 CBIT 是可能的,而且处理器还可以周期性地检测其他系统器件的健康状态。这些测试能在错误状态发生或超过检测阈值时,将差异表现出来。

典型的 CBIT 检查项通常包括以下几个方面:

a. CPU 检查:针对测试数据类型的所有算法和逻辑功能。

b. 易失性 RAM 内存检查:读/写操作。

c. ROM 应用内存检查:校验、CRC。

d. I/O 检查:所有 I/O 类型(包括模拟和离散量)输出到输入的回绕

测试。

　　e. 背板检查：读/写操作。

　　f. 看门狗计时器检查：检查处理器是否卡住以及数据是否冻结。

　　（4）维护自检测。维护自检测（maintenance built-in test，MBIT）是通过维护人员触发进入维护模式后才能运行的 BIT。MBIT 的检查项通常包含 PBIT 的所有检测项，还可能包含 CBIT 的部分或所有检测项，主要用于维护时检测和隔离失效或维护后验证系统是否能重新服役。

　　这些测试并不能对系统功能进行完整测试，也并不都是即时的，例如 CBIT 可能需要多个计算周期完成，但是 BIT 置信度能超过 95%。BIT 设计的置信水平应当与状态后果相一致，较高的置信水平需要更全面的测试，需要花费更多时间，也需要涉及更多硬件以便于输入/输出电路的测试。

　　在系统检测到故障时，需要采取安全措施避免产生非预期的影响，因此需要将检测的结果提供给系统综合，用于向使用者发出告警标志，告知功能故障以及输出不可信赖；停止该功能的数据输出，使用者必须检测到该功能无数据输出；将功能输出设置为一个安全（默认）状态，如显示器黑屏。

　　8）安全性监控设计

　　BIT 对功能完整性的作用是检查一个通道是否能实现预期的功能，但是并不能用于瞬时输出正确性的检查。例如，一个 CBIT 的检查周期可能是几秒甚至几分钟，而飞行关键数据几十毫秒就刷新一次，如果利用 CBIT 检测，那么在这期间发生的不可检测错误不能被及时检测，可能导致灾难性的事件。即使 BIT 是 100% 有效的，在某种程度上对被检测的通道也存在一定的依赖，而对于高完整性要求，需要进一步的独立性。因此需要额外设计功能监控，保证飞行员观察到的数据不是错误的。

　　（1）主动/监控架构。功能监控的最简单形式是如图 4.65 所示的主动/监控架构。两个通道独立执行各自的功能，计算通道输出源数据给后续过程进行处理，监控通道监控计算通道性能并实时验证计算通道输出数据的正确性。监控通道的设计存在多种可能：

　　a. 监控通道仅检查计算通道功能是否在预期的、安全的性能包线内。

　　b. 监控通道与计算通道完全相同，通过交叉对比进行功能检查。

　　c. 监控通道与计算通道有某种程度的非相似性（硬件或软件）以改善共模故障，通过交叉对比进行功能检查。

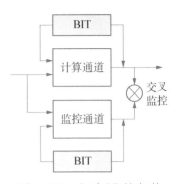

图 4.65　主动/监控架构

　　在上述第三种监控通道设计的架构中，假设交叉监控失效概率是 λ_{MON}，计算通道失效概率为 λ_C，监控通道失效概率为 λ_M，每个通道的 BIT 置信度为 λ_B，那么系统功能会在计算通道或监控通道失效或者交叉监控产生虚警时失效，即 $\lambda_C + \lambda_M + \lambda_{MON(虚警)}$；在计算通道或监控通道不能检测错误且交叉监控不能检测偏差时，认为系统产生了不可检测的错误，即 $[\lambda_C(1-\lambda_B) + \lambda_M(1-\lambda_B)] \times \lambda_{MON(丧失检测)}$。

　　上述监控设计方式的选择取决于安全性分析以及监控功能所需的精度。对于非相似设计，由于实现的偏差都可能对结果产生偏差，输入数据也可能存在偏差，因此必须考虑错误对比检测的容差。在一些设计中，为了减少这些偏差，对输入数据进行计算处理前，将计算通道和监控通道的输入数据进行综合，使两者的输入数据保持一致，可以降低错误容差范围。但是这种做法非常危险，在综合过程中可能存在隐蔽的单点故障，同时影响到计算通道和监控通道，需要采用非相似设计来避免共模故障。

　　（2）双通道主动/监控架构。双通道主动/监控架构是更复杂的架构，如图 4.66 所示，提供了更优的可用性和完整性。

　　在这种架构中，每个通道都有一个计算通道和监控通道，计算通道处理主要功能，监控通道检查计算通道功能的正确性。计算通道之间、计算通道和监控通道之间可以采用完全相同或非相似的实现方式。每个通道都有交叉监控

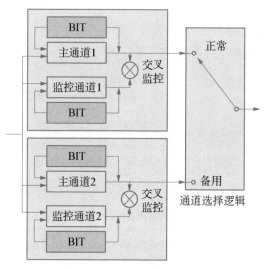

图 4.66 双通道主动/监控架构

功能,检测到偏差会使该通道断开,剩下的通道继续工作并提供完整功能。需要注意的是,当监控通道失效时,交叉监控功能自身也可能会失效,两种失效模式同时存在是可能的。交叉监控功能可能会产生一个虚警,即在计算通道和监控通道正常工作时,却判定该通道失效。然而,交叉监控功能还存在另一种失效,即不能检测到计算通道或监控通道的错误,这是一个不可检测错误,需要在系统安全性分析中充分考虑。

双通道主动/监控架构的典型应用就是全权限数字发动机控制系统。这种架构的失效分析是双余度体系架构和主动/监控架构的组合分析。假设交叉监控失效概率为 λ_{MON},每个计算通道失效概率为 λ_C,每个监控通道失效概率为 λ_M,每个通道的 BIT 置信度为 λ_B。如果一个通道失效,则此时功能未完全丧失,失效概率为 $2(\lambda_C+\lambda_M)$;如果两个通道都失效,则可能由两个通道的计算通道失效或监控通道虚警同时发生造成,此时系统功能完全丧失,即 $\lambda_{C1}\lambda_{C2}+\lambda_{C1}\lambda_{M2}+\lambda_{M1}\lambda_{C2}+\lambda_{M1}\lambda_{M2}$;如果任一计算通道或监控通道的 BIT 不能检测错误,且交叉监控不能检测到偏差,则此时系统认为发生了不能检测的错误,简化的

失效概率表达式为 $2[\lambda_C(1-\lambda_B)+\lambda_M(1-\lambda_B)]\times\lambda_{MON(丧失检测)}$。

交叉监控的设计是一个复杂和关键的任务,用于确保较低的虚假错误概率,但是检测真实错误的概率高(即不能检测真实错误的概率低)。

与 BIT 设计类似,如果功能监控检测到系统故障,那么需要将检测结果提供给系统综合者,用于向使用者发出告警标志,告知功能故障,对于飞行关键功能数据错误,至少应告知飞行员该飞行关键功能数据不再可用,需采用其他数据,并停止该功能的数据输出或设置功能输出为一个安全(默认)状态。

9) 共模缓解措施设计

在冗余体系架构中,各个通道失效对可用性的贡献是"与"的关系,这种关系建立在各个通道相互独立的基础上。但是存在一些常见的共模故障,可能导致"与"事件同时发生,从而影响并破坏"与"事件之间的独立性,导致冗余系统多重失效的失效概率等于或高于单个通道的失效概率。

一个典型的三通道自动驾驶系统每个通道的失效概率为 $9.5\times10^{-4}/h$,理论上该系统的失效概率应为 $8.6\times10^{-10}/h$,但是实际上可能会相差几个数量级,可能在 $1\times10^{-7}/h$ 左右,如图 4.67 所示。这种性能降低的原因是冗余通道失效并不总是完全独立的。

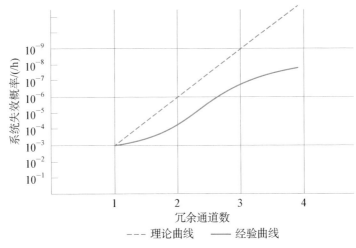

图 4.67　共模对系统总体失效率的影响

在多通道系统中,整个系统负载是各个通道共享的,当一个通道失效时,负载可以由剩余的通道共享。例如,电源系统在一个发电机失效时会重新分配负载,但是此时剩余的每个发电机的负载都会增加。飞控系统的控制面板铰链力矩由两个或更多驱动器共享控制,在发生失效时,该负载则由剩余驱动器承担,增加的载荷就像是增加系统的"应力",从而增加了剩余通道失效的概率。

对于安全关键应用,其依赖性的主要威胁不再是物理硬件故障,而是共模故障。表4.6列出了共模故障的分类,"√"表示设计中应该考虑的可能故障组合。

表 4.6 共模故障的分类

共模故障类别	现象原因		系统边界		产生阶段		持续时间	
	物理	人员	内部	外部	设计	工作	永久	暂时
瞬态(外部)故障	√			√		√		√
长久(外部)故障	√			√		√	√	
间歇(设计)故障		√	√		√			√
永久(设计)故障		√	√		√			
交互故障		√		√		√		√

物理、内部和运营类故障可以通过硬件冗余消除,其他类型故障会同时影响多个包含区域。共模故障主要有以下五个来源:

(1)瞬态(外部)故障:由其所处物理环境的暂时系统干扰产生,如闪电、高强度无线电频率、热等。

(2)永久(外部)故障:由其所处工作环境的永久系统干扰产生,如热、沙、盐水、灰尘、振动、冲击、高度、腐蚀、磨损等。

(3)间歇(设计)故障:由系统工作前的需求规范、详细设计、设计实现和其他不合格过程引入的故障,如容差设计、电缆的交叉耦合、软件/硬件错误、制造故障等。

(4)永久(设计)故障:由与间歇(设计)故障相同的设计过程引入的,但表现为永久的故障,如通道间隔离、容差设计、电源供应、软件/硬件错误、制造故障等。

(5) 交互故障: 由人员误操作引入的瞬态故障,如维修故障(不正确安装程序)。

在进行架构设计时,为了消除共模故障对系统冗余的影响,通常采用非相似设计和隔离与分区的方法,后文将对这两种方式进行介绍。

10) 非相似设计

在安全关键系统中可以采用非相似硬件和非相似软件减少共模故障影响。例如,A330 和 A340 飞机的主要和备份飞控计算机采用不同的架构以及非相似硬件和软件;波音 777 飞机的飞控计算机的三个通道则采用非相似硬件和相似软件。

开发非相似、不同或多版本软件是消除共模故障的故障容错设计的技术手段。虽然很多设计错误能在系统集成测试过程中被发现和消除,但是软件设计错误是不可能完全消除的。开发多版本软件技术可以运行两个或更多版本的软件,结果对比采用某种形式的决策算法。开发多个版本软件的目的是使一个版本中的软件错误不会同样出现在另一个版本中。

这种软件差异性能应用在各个层级。

(1) 设计: 通过不同研发小组实现。

(2) 编码: 采用多种语言。

(3) 编译: 采用多个编译器生产目标代码。

然而在引入非相似之前的过程仍存在潜在的错误来源,规范过程是最大的软件错误来源。并行组件之间的同步和对比精度可能会降低安全性裕度。非相似软件的范围应涉及顶层设计、编码、验证和编译几个方面(见图 4.68),但系统设计规范的确认过程仍存在问题。

其他软件技术包括合理性检查和逆计算或回绕检查。合理性检查基于输入数据的合理最大和最小值、变化率和权限限制的经验知识,还可能包括与其

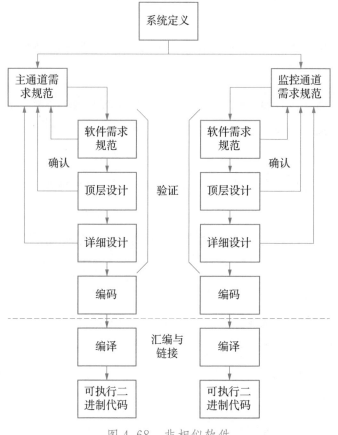

图 4.68 非相似软件

他数据的关联,如俯仰姿态、俯仰角、速度和高度变化率与飞机性能模型一致。逆计算或回绕检查基于系统输出逆向计算相应的输入,将计算的输入与实际输入进行对比以检查是否存在处理错误,图 4.69 给出了双余度显示系统的逆向处理过程。

11) 隔离与分区

采用隔离与分区的方式也可以减少共模故障影响。隔离是系统综合的一部分,其应用通常基于完整性或关键性的考虑,隔离的方式有以下几种:硬件隔离;软件分区;线缆隔离,如线路 1 从飞机右下走线,而线路 2 从飞机左下走

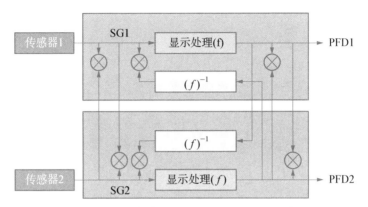

图 4.69　双余度显示系统的逆向处理过程

线;物理隔离,如通道 A、通道 B 的隔离。

高度集成的系统在集成过程中的隔离问题相对于分区具有更大的挑战。这也是 IMA 在实现过程中遇到的主要问题。

图 4.70 给出了电传操纵(flying by wire,FBW)主飞行控制、自动驾驶飞行指引系统(autopolit flight director system,AFDS)和飞行管理系统(flight management system,FMS)的飞行系统控制功能分区的例子,这种方式的功能分区可以消除整体功能丧失的结果,并满足各个子系统的冗余程度需求。

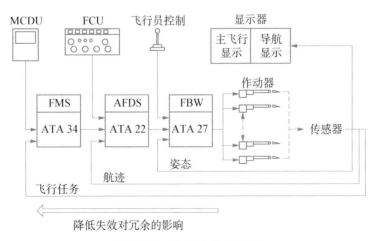

图 4.70　分区的飞控系统

4.3.2　IMA 网络系统安全性设计

4.3.2.1　开放式数据网络架构

航空数据网络(avionic data network，ADN)与 GPM 以及其他高带宽子系统(如显示系统)交联,为通过远程数据集中器(remote data concentrator，RDC)连接到 GPM 和其他系统的功能提供通信路径。IMA 的 ADN 通过确定的网络传输非必要、必要和关键的数据。本节以先进民用飞机 IMA 系统所采用的 AFDX ADN 为例进行安全性设计的介绍。图 4.71 给出了一个基于 AFDX 的 ADN 拓扑例子,该网络包括两个冗余网络通道,每一个通道都包括一组全互连的 AFDX 交换机。每组交换机包括机柜交换机模块和远程交换机 LRU,机柜交换机安装在 IMA 机柜中,通常位于飞机前端(前电子设备舱),远程交换机通常安装在接近飞机尾部处。每一个交换机都包含多个物理端口,用于连接到端系统,或在交换机之间构成网络互连链路。

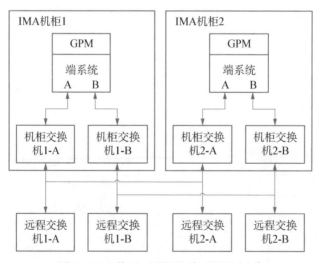

图 4.71　基于 AFDX 的 ADN 拓扑

AFDX ADN 包括 AFDX 端系统、AFDX 交换机和他们之间的虚拟链路,如图 4.72 所示。该网络是一个虚拟切换的星形拓扑结构,每个端系统都连接到一个或两个独立网络通道,为必要和关键数据的通信提供所需的可用性。端系统管理通道冗余,为网络中每个逻辑路径的接收或发送提供一个信号流。如果丧失一个冗余数据路径,则端系统将通过剩余的通道配置信号流。AFDX 端系统通过虚拟链路进行信息交换,虚拟链路定义了信号源端系统到一个或多个目的端系统的单向逻辑连接。ADN 中每一个物理接口都可以配置为支持 10 Mbps 或 100 Mbps 的发送速率,内部接口利用 100 Mbps 减少延迟和抖动,不需要 100 Mbps 发送速率相对应的带宽或降低的冗余时应采用 10 Mbps 速率。

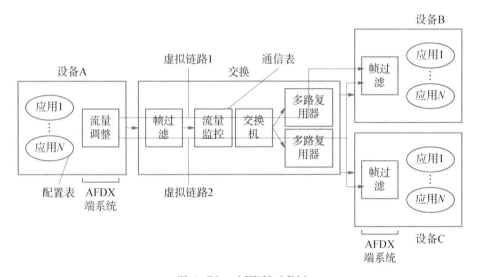

图 4.72　AFDX ADN

AFDX 飞机数据网络基本功能包括以下几个方面:

(1)鲁棒性分区。通过网络虚拟链路(virtual link,VL)建立隔离、预先定义的路径,虚拟链路能在不考虑网络使用程度的情况下,保证网络数据发送的带宽和有限延迟(包括抖动)。

(2)通信成形。源端系统接受来自主机 LRM/LRU 的多个异步数据流,并规划逐期发送虚拟链路上的数据流。

(3)通信过滤。交换机和目的端系统会丢弃完整性检查不通过的 ARINC 664 帧,也会丢弃不配置为应接收的数据。

（4）通信监控。交换机监控每一个虚拟链路的输入数据都丢弃超过分配带宽的帧。这种帧过滤是改善信号完整性的有效方法之一。

（5）冗余管理。源端系统从应用接收数据，并把接收的数据通过一个或两个独立网络通道发送出去。对于冗余数据发送，目标端系统可以配置为给接收应用提供一个简单的备份。

（6）增强端对端完整性。端系统可以在发送必要或安全关键数据时配置为提供更高的完整性。源端系统将完整性信息增加到数据中，这样目标端系统就可以进行简单的信号通道增强完整性检查。

现代新型飞机的数据网络能为包含灾难性失效状态的数据发布和接收应用提供高完整性端到端数据传输功能。这种高完整性数据传输功能能够检测针对下面四个方面完整性丧失的失效模式及影响，并消除该影响以保证不可检测错误的概率满足要求。

（1）源完整性——数据来自正确的源应用。

（2）位完整性——数据是未受破坏的。

（3）序列完整性——发出的数据序列没有发生变化。

（4）时间完整性——数据发送给接收者的延迟在预期范围内。

4.3.2.2 安全性设计考虑

针对不同的设计和功能，ADN 的安全性是不同的。实际上，网络安全性需求高度依赖于目标应用和与其他用户或系统交互的可能。针对所有应用，网络安全性设计可以从以下几个方面进行考虑：

（1）消息损坏。检测网络干扰、组件失效等引起的消息损坏。

（2）系统参数一致性。网络所有节点都应能够验证配置参数（如消息表、消息标识列表、静态调度等）的一致性。

（3）冗余。网络冗余使系统在实际工作条件下的可用性满足安全性分析的需求。

（4）安保。网络设计应包含内部和外部的潜在安保威胁、安保漏洞最坏情况和缓解措施的分析。

（5）失效检测、隔离、包含和恢复。应清晰地定义、识别故障或失效组件的程序。一旦一个失效被检测出来并隔离（识别出失效组件），就能在系统层级或网络层级建立缓解方法，至少包括故障包含以及将系统恢复到一个安全状态。

（6）重构。如果瞬态故障的组件也会导致重构，则重构策略应该能正确区分永久的和瞬态的故障组件。此外，网络重构时不能引起系统不稳定。

根据 ADN 的组成，本节主要从端系统、交换机、虚拟链路三个方面介绍飞机数据网络安全性设计方法。

1）端系统

AFDX 网络中的端系统采用商用 ASIC 技术。ASIC 包括微处理器和存储区，这种构成对寄存器和内存单元中的 SEU 比较敏感。端系统 ASIC 是一个航空电子级、高性能、高完整性、确定性以太网设备，可使应用在 AFDX 网络中进行通信，具有更低的生命周期成本、更低的重量、更大的弹性和更好的可扩展性等优点。

AFDX 端系统包括标准外部设备连接（peripheral component interconnect，PCI）总线接口，可用于 IMA 各模块连接到 ARINC 664 以太网接口。AFDX 端系统采用双接口，可以连接到两个独立的网络，可满足大部分网络可用性要求；提供介质访问控制（media access control，MAC）和链路层服务、互联网协议（internet protocol，IP）、用户数据报协议（user datagram protocol，UDP）。AFDX 端系统本地接口支持应用程序接口（application express，APEX）（ARINC 653）协议功能并提供采样和序列端口卸载接收帧的功能。此外，AFDX 端系统同样提供必要的通信量调整功能。

AFDX 端系统提供了多种机制以增强 ADN 的安全性。AFDX 端系统的双通道设计允许同时连接两个交换机，构建冗余的网络满足可用性要求。此外，AFDX 端系统还提供了下列功能以满足不同应用的完整性要求。发送端系统不能独立监控发送数据帧的延迟，需要通过系统级措施（如对比监控）满足完整性需求。

（1）BIT：AFDX 端系统的 ASIC 设备可以设计大量 BIT，能检测超过 99％的逻辑门。此外可以通过软件测试覆盖 ASIC 的 BIT 不能覆盖的故障。

（2）RAM 错误检测与校正：内部和外部 RAM 设备可以利用错误检测和校正（error detection and correction，EDC）来测试，可以检测和校正单位错误（硬错误或 SEU），检测某些双位错误。同时，EDC 需要有检测机制确认自身功能正常。

（3）回读寄存器：ASIC 设备通过软件可以提供回读寄存器访问，确认安装设备的版本，同时可以在指定寄存器位置读写以验证端系统的工作。

（4）输入包的 CRC：AFDX 端系统包含 MAC，可用于验证每个端口接收的输入包 CRC。CRC 可认为是以太网帧的帧检查顺序。CRC 校验无效的包应丢弃，从而阻止错误包的传播。

（5）配置表 CRC：每个配置表在加载到内存时都应进行 CRC 校验，确保配置表的完整性。

（6）虚拟链路完整性检查：完整性检查是在每个虚拟链路上进行的，以检测异常网络操作。同时将序列号增加到帧数据中，在接收时进行序列混乱的检测。

（7）全线速接收：AFDX 端系统接收逻辑同时通过两个网络接口全线速接收数据，防止一个数据流导致来自一个单独数据流的数据丧失，这需要基于虚拟链路冗余管理和完整性检查算法的正确工作。

（8）统计监控和报告：AFDX 端系统能保持各种参数的统计数据，包括从每个网络接口接收的包数目以及每个网络接口失效的数目和类型。基于这个统计数据，可以通过软件的形式检测失效的端口。

（9）虚拟链路源/目标确认：AFDX 端系统能验证从每个网络接口接收的数据是否为发送给该主机的，还可以配置成检查数据产生者是否有效。

（10）虚拟链路分区：AFDX 端系统能保证每个虚拟链路资源的逻辑

隔离。

（11）发送调度：AFDX 端系统能调整每个虚拟链路利用的带宽数量，从而阻止单个虚拟链路独占总线，引起数据输出的大量延迟。

（12）回绕能力：AFDX 端系统支持多个回绕路径，用于验证一直到物理层的所有设备的正确工作。

（13）本地时间戳：AFDX 端系统能给输入数据流增加一个本地时间戳。当主机取用该帧时，可以对比该时间戳和当前时间，从而确定该帧在内存中驻留了多长时间。

（14）错误检测编码（error detected encoding，EDE）：EDE 是一种用于保护数据的协议，可保护高完整性数据不受下列四种失效模式破坏：

a. 伪冒——EDE 认证数据发送端。

b. 序列完整性——EDE 基于消息提供检测序列完整性的能力。

c. 故障延迟——EDE 提供检测在故障环境下延迟的能力。

d. 数据损坏——EDE 提供消息级 CRC 保护交换失效。

（15）虚拟链路范围安保约束：AFDX 端系统约束于板卡设计，以使能或禁用 ID 大于等于某个值的虚拟链路上的发送功能。这可以消除不重要设备伪冒为重要或更关键数据的可能性。

2）交换机

以太网是基于竞争的协议，其基本形式不适用于航空电子系统网络。而航空电子系统数据传输必须进行实时操作且具有高度确定性，确保消息的高完整性和较小的传输延迟。为了实现这些目标，AFDX 交换机提供了可信附加层，首先就是调整以太网帧格式，如图 4.73 所示。

图 4.73　AFDX 虚拟链路包路径

AFDX 通过虚拟链路标识符(即虚拟链路 ID)的编码替换了源地址、目的地址和数据长度,AFDX 交换机保持所有允许的虚拟链路 ID 的记录(配置表),因此能确认数据包来自有效的源且包含必要的消息格式。AFDX 交换机可配置成一个输入帧对应于多个输出链路。具体虚拟链路 ID 的帧只来源于一个端系统,交换机根据配置表定义将该虚拟链路 ID 数据包发送到一组指定的端系统。

除了调整帧格式就是移除竞争,ARINC 664 网络是全双工网络,每个端系统通过两对双绞屏蔽线连接到交换机,一对用于发送(Tx),一对用于接收(Rx),如图 4.74 所示。输入和输出的数据包按先入先出的原则存储在 Rx 和 Tx 缓冲区,交换机处理器根据配置表检查 Rx 缓冲区输入数据包虚拟链路 ID,确认数据包是否与期望一致,并转移到对应 Tx 缓冲区。这样不会产生冲突和数据丢失,但可能会产生延迟。进行网络设计时要保证数据传输避免 Rx 和 Tx 缓冲溢出,通过网络带宽(数据包大小和速率)和最大网络发送延迟的约定来保证。AFDX 端系统控制每个消息的输入流量。AFDX 交换机可检测包的大小和发送速率不应超过约定分配的带宽,只有在约定带宽内的消息帧才被发送。这种技术称为带宽分配间隙,是调节数据流和防止网络瘫痪的主要方法。

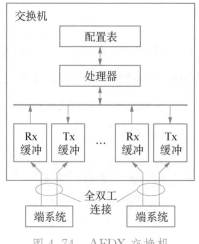

图 4.74　AFDX 交换机

AFDX 是双余度网络,消息帧通过两个独立的通道(通道 A 和通道 B)在网络上同时传输。AFDX 交换机采用帧校验 CRC 序列检测传输错误,丢弃无效的帧,将有效帧发送给 AFDX 端系统。AFDX 端系统再将到达的第一有效冗余帧发送至端系统主处理器,过程如图 4.75 所示。AFDX 双余度网络保证了可用性,CRC 校验保证了完整性。

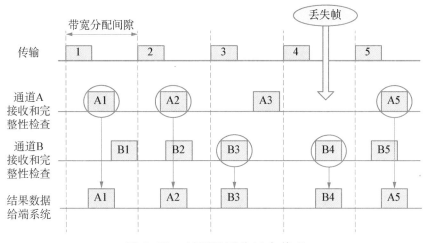

图 4.75   AFDX 网络冗余管理

3) 虚拟链路

航空电子网络数据使用虚拟链路进行分割,如图 4.76 所示,虚拟链路有确定的网络带宽分配(数据大小和信息速率)和最大网络传输延迟及抖动,通过交换机根据配置表进行配置和检查。冗余交换机和双通道保证高度可用性,同一个航空电子功能可以配置多个虚拟链路,通过重构或降级运行保证功能的可用性,此时重构设计需要确保时间是否合适且满足要求以及是否会错误调用这个重构逻辑,降级模式设计需要评估性能(如位错误率)以确保满足性能要求。此外,交换机、端系统的 CRC 机制保证了功能传输数据的完整性。

除了 CRC 对单个数据完整性的检测外,应用层可以采用架构冗余表决方法,如三冗余数据通道表决,在各通道完全独立时可以检测虚拟链路上的错误,

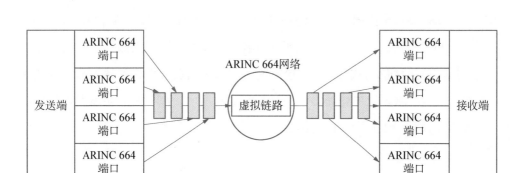

图 4.76　AFDX 虚拟链路

并通过表决消除影响,如图 4.77 所示。主处理器端系统可以对比从冗余通道接收的两个值,如果一致则数据是完整的;如果不一致则应告知应用,以辅助应用进行表决或选择正确的值,这种表决算法可与 CRC 机制结合,避免不安全操作。

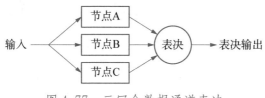

图 4.77　三冗余数据通道表决

虽然鲁棒性分区是架构设计的一个特征,并不在网络的控制范围内,但是有许多方面需要网络支持。因此 ADN 安全性设计需要保护自身不受任何一个用户的影响导致错误行为。此外,如果需要,则应该保护其用户不受其他用户的影响,这就要求保护其用户的鲁棒性分区不受其他用户或其他分区的影响。

4.3.3　远程数据接入安全性设计

4.3.3.1　概述

IMA 通过 RDC 提供数据转换(输入/输出)功能,RDC 是一个 LRU,能提供可扩展的远程接口和处理能力。RDC 作为一个输入设备,可将模拟量、离散量或其他数据总线(如 ARINC 825 和 ARINC 429)格式转化为 ADN 总线(如 ARINC 664)格式;作为一个输出设备,又可将 ADN 总线格式转化为模拟量、离散量或其他数据总线格式,从而实现将各种子系统传感器、作动器和其他数据总线(如 ARINC 825 和 ARINC 429)LRU 连接到 ADN 总线(如 ARINC 664)的 LRU 或 LRM(包括 IMA 机柜 GPM 中的主要计算资源),如图 4.78 所示。RDC 设计包括数据集中、信号接口、算法控制、电源监控、数据解析和控制的能力。RDC 设计在远离主要飞机处理资源的远端位置,但是接近连接子系统设备,如图 4.79 中编号 7 所示,将多个系统设备连接到航空电子网络,能减少飞机布线,从而减轻飞机重量。

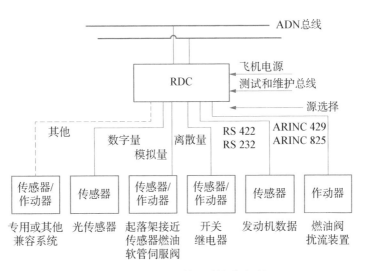

图 4.78　RDC 输入/输出架构

一种典型的 RDC 内部配置是模块化的,如图 4.80 所示。RDC 接口的配置通过基于飞机管脚编程的软件进行。配置输入管脚根据 RDC 安装位置通过硬件连接。这样允许相同 RDC 在飞机的不同安装位置上使用,具有不同的配置。这种配置能为驻留功能按照其所需的方式剪裁使用接口。这种设计有利于更加方便地更换模块,且不影响硬连线单元,从而减少 RDC 及类型的备货。

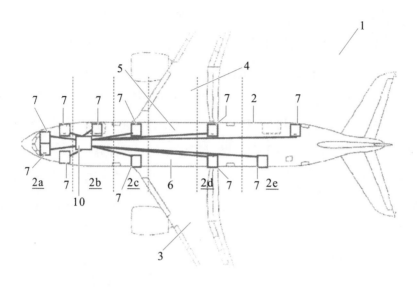

1—飞机；2—机身；3、4—机翼；5、6—布线路径；7—RDC

图 4.79　RDC 布局示例

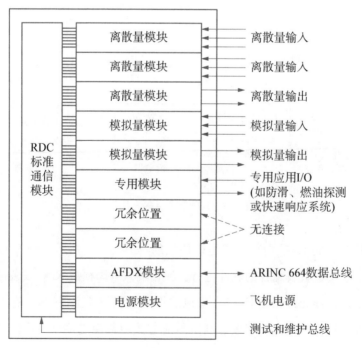

图 4.80　典型的 RDC 内部配置

RDC 提供航空电子系统的输入/输出功能,具有一定的灵活性。RDC 包括下列关键功能:

(1) 输入模拟接口和离散量采样和调节。

(2) 输出模拟接口和离散量控制。

(3) 在 ADN 总线与其他数据总线节点之间的数据传输数字网关。

(4) 内部非 ADN 总线网关服务,如 ARINC 429 到 ARINC 825、ARINC 825 到模拟量的转换。

(5) 数据解析操作。

(6) 有限的本地闭环控制,根据需要以规定的速率更新。

(7) 健康监控及 BIT。

为满足航空电子系统不同应用的需求,RDC 功能可以进行以下方面的配置(通过配置文件):飞机级传感器/作动器接口功能范围;数据转换功能;解析功能算法;发送和接收总线消息;配置其他数据总线的状态和线路速度;配置端系统的端口、虚拟链路和子虚拟链路。

驻留功能可以通过接口需求指定其所需的 IMA 资源。RDC 上的大多数接口类型可以配置为驻留功能所需的接口类型。

RDC 除了提供输入/输出功能外,还提供简单的数据解析功能。驻留功能可以利用 RDC 的解析功能建立需要的嵌入式功能,用于各种飞机系统数据的简单逻辑处理。一个嵌入式功能可以利用一个解析功能或组合多个不同的解析功能。RDC 提供一组数据解析功能,在 RDC 内部数据通过消息发送出去或闭环回路之前,对这些数据进行各种算术和逻辑操作。这种嵌入式功能高度依赖于他们所应用的飞机架构和系统。

RDC 的解析功能只提供简单的远程处理,而不能将多个解析功能捆绑建立一个复杂的嵌入式功能。利用 RDC 解析功能建立的功能复杂度和深度应是受限的。对于驻留功能的复杂数据处理过程,可以在其应用软件上或者通过 GPM 提供的复杂处理能力实现。

4.3.3.2　RDC 安全性设计考虑

航空电子系统设计中的冗余可能需要使用多个 RDC，从而为多个不同关键等级的功能子系统提供独立的接口。航空电子系统架构设计确定航空电子设备与外部传感器或作动器之间使用几个 RDC，如果 RDC 发送飞行关键和重要数据，则需要通过 SAE ARP 4761 描述的安全性评估过程来评估安全性。

本节主要从冗余设计、分区管理、BIT 与监控、重构几个方面介绍 RDC 输入/输出的安全性设计方法。

1）冗余设计

在进行系统层级的输入/输出安全性设计时，通常采用冗余 RDC 设备增加安全性，同时采取物理隔离措施。

在设计 RDC 内部安全性时，采用多个通道控制的方式，这样可以避免对设备冗余的需求。RDC 中的冗余要素，如供电、总线接口、处理器或 I/O 取决于系统关键等级。例如，RDC 在丧失来自航空电子网络远程处理器的命令时，基于本地生成和存储的命令，自动驱动输出设备（如默认设置）或指示输出设备按上次的有效命令执行动作；此外，通过次级控制系统将输出设备连接到远程处理器，从而减少复杂程度，节约大量成本和重量。

2）分区管理

RDC 数据解析功能可以为外部系统提供需要的嵌入式功能，用于简单逻辑处理。对于不同等级的嵌入式功能驻留应用，RDC 需要具有一个分区管理机制来保证各个驻留应用的独立性，即其中一个应用不会破坏另一个应用的代码区、内存或对共享平台资源的访问不能被 RDC 检测出来。

3）BIT 与监控

由于 RDC 数据被许多飞机系统使用，因此 RDC 的设计应检查所有与其相关的飞机子系统的信号接口和内存，同时对输入数据进行监控（如数据范围检查），并在输出给其他子系统使用前指示有效性，保证数据输入/输出的完整性。

RDC 的输入设备和输出设备可以构成一个闭环回路。通常输入设备位于输出设备附近,如一个压力传感器(输入设备)位于阀(输出设备)附近。由于输入设备和输出设备很接近,因此可能会连接到相同 RDC 的 I/O 接口。RDC 可以利用这些输入信号进行对比,在对比一致的情况下发送给输出设备,以保证输出设备执行正确的动作。这种方式能够解决 RDC 接收的输入数据有效性以及确定性不充分的问题。

由于一些传感器和作动器自身不具有 BIT 和监控功能,因此 RDC 通过与这类外部设备的接口提供间接的 BIT 和监控功能,并将状态发送到飞机网络,以供飞机功能的综合。RDC 的嵌入式功能可以为传感器和作动器提供一定的简单算法,将多个传感器数据进行融合获得功能所需数据,例如将大气数据探头接收的数据转化为数字形式真空速,数据融合过程同时还能为冗余传感器提供额外完整性检查或提供不工作传感器的状态参数,以此保证一定程度的安全性。

4) 重构

为了保证系统的高完整性,RDC 需要提供一定程度的重构,主要通过软件控制实现。RDC 重构之前要求具有一定程度的冗余(如 I/O 接口)和大量的 BIT 能力(如协议冲突检测、数据有效性检测),一旦检测到错误,便执行错误处理过程,RDC 采取一定的动作进行剩余资源的重构,可能包括隔离信号、隔离数据总线、隔离内部 RDC 电路、隔离 RDC。

4.3.4　典型航空电子系统架构安全性设计

1) A380 飞机航空电子系统架构

空客公司在 A380 飞机上推出了完全不同的航空电子系统综合概念,这种架构的基础是采用双余度数据总线的全双工交换式网络。架构的中心是一个双余度 AFDX 交换机网络,包括数据传输速率为 100 Mbps 的交换机。在图4.81 中,交换机网络包括九个交换机,根据其在航空电子系统中的用途进行部署。双余度交换机网络沿着飞机纵向分布,左右两边都有。

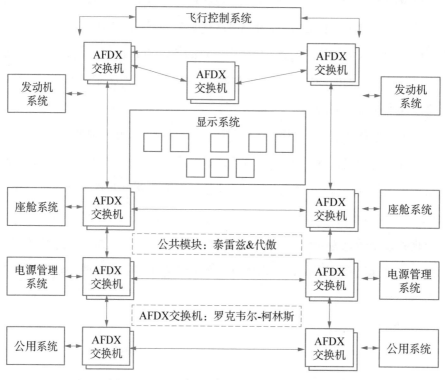

图 4.81　A380 飞机航空电子系统架构

　　每一个区域的航空电子系统功能都由一组核心处理 I/O 模块（core processing input/output module，CPI/OM）实现,该 CPI/OM 的基本架构与通用的航空电子计算机架构类似,由通用处理功能和一组 I/O 接口功能组成,如图 4.82 所示。该架构采用 PowerPC 处理器架构和内存技术,操作系统和应用软件加载到非易失 Flash 内存,接着再装载到 S‑RAM 中,采用分区保证运行时应用软件的环境切换,配置和维护数据存储在非易失 RAM（nonvolatile RAM，NVRAM）中,PCI 总线将 I/O 设备连接到 CPU 主系统内部总线,数据网络接口由 CPU 板第二个插槽上的 ARINC 664 端系统 PCI 夹层卡（PMC）提供。

　　在 A380 飞机架构中,系统 RDC 由对应的子系统供应商提供。例如,燃油

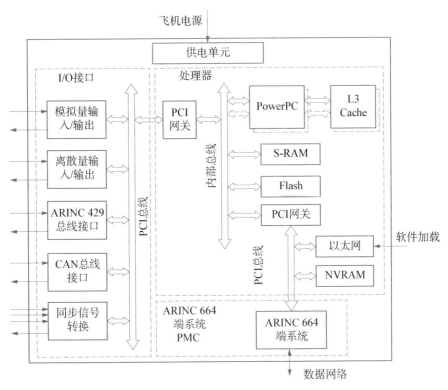

图 4.82　A380 飞机 CPI/OM 架构

系统接口由两个燃油量管理系统 RDC 提供，起落架和刹车系统接口由三个起落架 RDC 提供。A400M 飞机中央航空电子核也采用相似的概念。在后续的 A350 机型中，交换机网络没有变化，但是专用 RDC 被多用途通用 RDC 取代，CPI/OM 的数量也减少了。

　　A380 飞机起落架功能架构如图 4.83 所示，逻辑上来说这种布局是一个双重"主通道-监控通道"架构，由 4 个相同的 CPI/OM 实现。

　　如前文所述，A380 飞机的 CPI/OM 架构由一个 3MCU LRU 实现通用的核心处理功能，具有 ARINC 664 端系统夹层卡和一套 I/O 板卡。I/O 模块的不同区域优化可以产生 7 种 CPI/OM 类型，每一种类型都有一个通用处理器和 ARINC 664 夹层卡。A380 飞机 CPI/OM 的 I/O 板卡与专用功能（区域）的

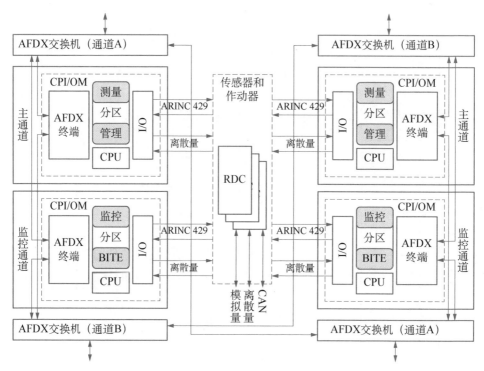

图 4.83　A380 飞机起落架功能架构

传感器和作动器直接连接。在某些区域(包括起落架区域),I/O 功能通过本地专用功能 RDC 实现,将接近源端的传感器和作动器信号集中起来,以减少飞机连线、改善信号质量以及降低电磁干扰。一些功能专用的 RDC(如燃油系统RDC)包括本地处理以减少网络带宽需求和 IMA 核心处理器负载。

　　A380 飞机 IMA 架构没有实现 IMA 机柜的概念,但是该架构可以看作是两个开放的机柜。图 4.83 左侧和右侧的两个 CPI/OM 分别实现了"主通道-监控通道"功能。4 个 CPI/OM 完全相同,每个 CPI/OM 实现的架构功能都取决于加载到其中的应用软件。两个主通道 CPI/OM 执行主通道的测量和管理应用,两个监控通道 CPI/OM 执行监控通道的监控和 BIT 应用,主通道和监控通道的综合由 CPI/OM 中的 I/O 部分实现。

　　A380 飞机 IMA 实现了通用模块化航空电子平台资源架构(硬件、I/O、网络和实时操作系统)，但其 IMA 平台资源仍被认为是基于系统-系统分区的传统联合式架构。在各个功能实现之间存在明显的物理隔离，图 4.84 给出了起落架系统和燃油系统使用的区域，它们分别具有自己专用的一组 CPI/OM 和 RDC。4 个燃油系统 CPI/OM 完全相同，但是与起落架的 CPI/OM 不同，通过不同的接口板卡设置集合与作动器信号需求实现。

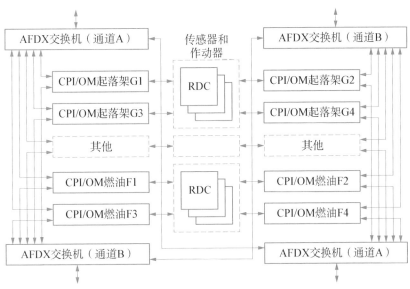

图 4.84 A380 飞机起落架系统和燃油系统使用的区域

2) 波音 787 飞机航空电子系统架构

波音 787 飞机也采用 ARINC 664 定义的 AFDX 100 Mbps 技术，其架构与空客飞机差别非常大，采用两个紧密耦合的公共计算资源(common computing resource，CCR)和 RDC 提供的分布 I/O 接口，如图 4.85 所示。CCR 表示系统的公共计算核，这与空客 16 个 AFDX 交换机网络的分布系统理念相反。

从整体来说，波音 787 飞机 GPM+RDC 的 IMA 架构与空客飞机的 CPI/OM 具有相同的组成单元，即 CCR 处理功能和 RDC 的 I/O 功能通过 ARINC 664 网络进行通信，如图 4.86 所示。

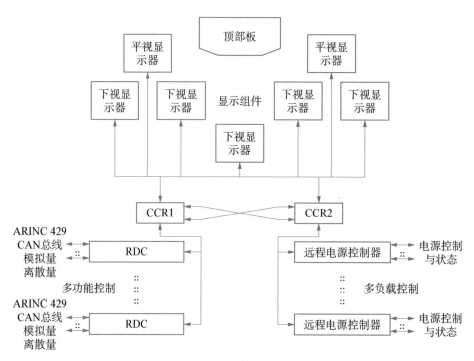

图 4.85　波音 787 飞机航空电子系统架构

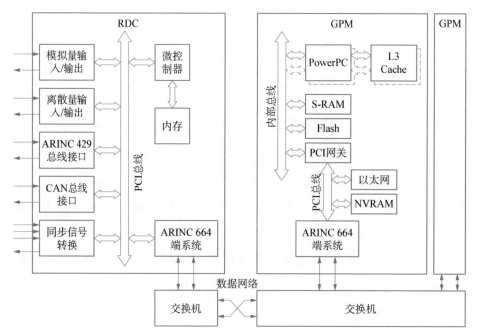

图 4.86　波音 787 飞机 GPM 和 RDC 体系架构

每个 CCR 包含几个 GPM 和两个 ARINC 664 交换机(包含 A、B 两个通道)。GPM 是一个独立的计算平台,能为驻留应用提供鲁棒性分区环境和基础设施以及基于 ARINC 653 的服务,包括 I/O、健康监控和非易失文件存储与检索。时间窗口、周期时间、内存分配和 I/O 需求的计算资源通过配置文件传递给核软件。所有分配都通过分区机制实现。

CCR 机柜采用 100 Mbps 星型光纤网络,实现与高速数据总线成员互连,CCR 之间通过互连实现数据交换,它们同样与飞机上的 RDC 和远程电源控制器(remote power control,RPC)进行通信,在飞机 25 到 30 分区各有一个(取决于飞机配置)。

(1) RDC 具有本地接口,包括与航空电子和飞机系统接口的 ARINC 429 总线、CAN 总线、模拟量和离散量。

(2) RPC 将电源输送给各种飞机负载并监控状态,RPC 有效地提供了一个分配电源管理系统。

CCR 和 RDC 硬件都由航空电子系统集成商 GE 公司供应。RPC 由 Hamilton Sundstrand 公司供应,该公司也是发电设备和主配电板的供应商。

多电飞机也是波音 787 飞机的关键特征,除了发动机进气整流罩防冰外的引气功能都去掉了。原先由引气实现的许多功能,如飞机增压、座舱温度控制和机翼防冰都通过电完成。这就为飞机带来了巨大的电力需求,飞机每个通道都有两台 250kVA、230VAC 的发电机,或者总计 1MVA 的主发电设备。

波音 787 飞机的 IMA 架构采用两个通用核心处理机架,每一个机架都具有一组 GPM,但是没有 I/O 资源。与各个 I/O 传感器和作动器的通信通过 ARINC 664 网络和分布在飞机上的 RDC 实现。波音 787 飞机起落架功能的双重"主通道-监控通道"架构如图 4.87 所示。

与 A380 飞机相似,其每个机架中的两个处理器板卡用于实现起落架功能,每个机架中的主通道 GPM 实现主通道的测量和管理功能,每个机架中的监控通道 GPM 执行监控功能,与起落架传感器和作动器的通信通过网络共享

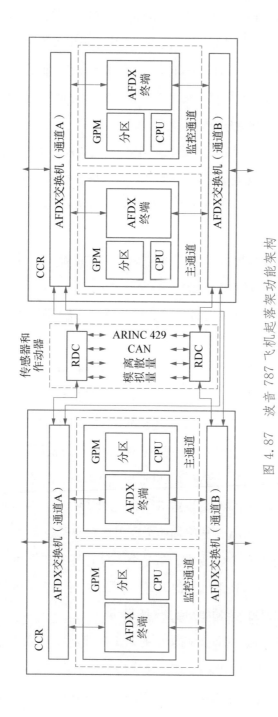

图 4.87　波音 787 飞机起落架功能架构

资源,而不像 A380 飞机那样通过专用 I/O 接口实现。

很明显,波音 787 与 A380 飞机的两种起落架功能架构的关键不同在于与 I/O 的通信,这两种架构可以看作 IMA 架构发展变革过程中的逐渐改进。无论哪一种架构,都应该通过以下几个方面评估其优点和弱点:资源的有效利用、故障包含(隔离与分区)、适航(与持续适航)、维修性、变更的适应性、断档管理、风险。

两种架构的目的都是在飞机生命周期中提供灵活的、安全的、经济高效的航空电子系统架构。

联合式航空电子架构和 IMA 架构的基本区别是联合式架构中的目标计算机和应用软件打包在一起,作为一个单独的物理系统进行认证;而 IMA 架构中的应用软件与平台一起构成一个虚拟的系统,平台硬件包含给应用分配的平台资源共享关系的配置表以及实时操作系统等效于符合 DO - 178 的目标计算机。

许多系统通过实时操作系统分区隔离的方式驻留在一个处理模块上,所能容纳的系统数量仅受模块容量和系统所需的计算资源影响。上文给出了相关应用驻留在一个处理器上的例子。如果不相关的系统共享一个公共资源,那么系统架构必须考虑这个资源的共模故障。

4.4　小结

本章介绍了航空电子系统架构的安全性设计方法,首先介绍了航空电子系统核心功能以及航空电子系统架构的发展和特征,并着重说明了现代飞机航空电子系统的架构及特点,包括安全性设计考虑。

其次基于安全性设计目标,介绍了架构安全性设计模式,从冗余设计、状态监控设计、共模缓解措施设计三个方面解决安全性设计中可用性、完整性、单点故障和共模故障的要求。冗余设计包括架构单通道、双余度、三余度、四余度体系以及冗余表决的设计，状态监控设计包括 BIT 和安全性监控的设计，共模缓解措施设计包括非相似设计、隔离与分区。

然后针对 IMA 系统，介绍了 IMA 系统功能、架构及其特点。根据 IMA 系统组成，分别对通用处理平台、ADN、航空电子输入/输出三个方面的架构及特征进行介绍，并说明其安全性设计考虑和典型设计方法。

最后以 A380 和波音 787 两款现代民用飞机为例，介绍了它们的架构及特征，并以起落架功能为例，介绍了安全性设计方法的应用。

参考文献

［1］SAE ARP 4761 Guidelines and Methods for Conducting the Safety Assessment Process on Civil Airborne Systems and Equipment［S］. SAE，1996.

［2］COLLINSON R P G. Introduction to Avionics Systems［M］. 3rd edition. Berlin：Springer Netherlands，2013.

［3］MOIR I，SEABRIDGE A，JUKES M. Civil Avionics Systems［M］. 2nd edition. Chichester：John Wiley & Sons Ltd，2013.

［4］CARY R，SPITZER C R. Avionics：Development and Implementation［M］. Boca Raton：CRC Press，2006.

［5］00－78 Part 1 Issue 1 INTERIM Proposed Standards for Architecture［S］. Glasgow：UK Defence Standardization，2004.

［6］ARINC REPORT 651－1 Design Guidance For Integrated Modular Avionics［S］. MARYLAND：Aeronautical Radio Inc. ，1997.

［7］CONMY P，MCDERMID J. High level failure analysis for Integrated Modular Avionics［C］. Brisbane：6th Australian Workshop on Safety Critical Systems and Software，2001.

[8] DOT/FAA/AR-09/27 Data Network Evaluation Criteria Report [R]. Springfield: National Technical Information Service. 2009.

[9] GUNNARSSON D. Safety-Critical Communication in Avionics [D]. Lund: Lund Institute of Technology, 2006.

[10] ARINC REPORT 655 Remote Data Concentrator(RDC) Generic Description [S]. MARYLAND: Aeronautical Radio Inc. , 1999.

[11] 谢里阳,何雪宏,李佳. 机电系统可靠性与安全性设计[M].哈尔滨：哈尔滨工业大学出版社,2006.

5

航空电子系统安全性评估技术

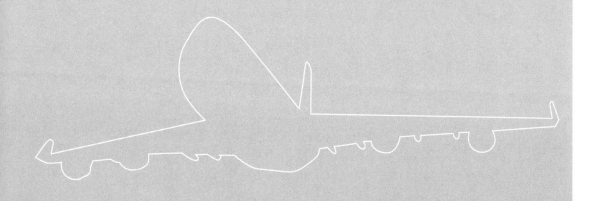

根据 AC 25.1309 的建议,安全评估(MC3)是验证 AC 25.1309(b)条款的基本必须方法,如 FHA、PASA/PSSA、ASA/SSA 等,并辅以说明性文件。为确认和验证安全性评估中失效状态影响等级等的需要,AC 25.1309(d)条款所指出的试验形式对于部分系统的符合性验证工作也是必要的,如 IMA 失效模拟器试验等。在综合复杂系统对 AC 25.1309(b)条款的符合性验证过程中,采用综合应用研制过程保证技术与安全性评估技术,如 IDAL 的分配和验证,从而提供相应的设备鉴定材料。

5.1　基本技术

5.1.1　系统功能危害性评估

FHA 是对功能进行系统而全面的检查,以确定这些功能的失效状态并按其严重程度进行分类的过程。本节首先阐述 FHA 的相关概念,其次介绍 SFHA 的输入、实施 SFHA 的方法以及 SFHA 的输出,最后给出系统功能危害性评估(system functional hazard assessment,SFHA)的分析示例。

5.1.1.1　FHA 相关概念

FHA 是 MC3 的第一步。FHA 分析结果是下一步 MC3 的必要输入,也为后续系统、子系统设计架构提出安全性设计需求,帮助确认系统架构的可接受性,发现潜在问题和所需的设计更改,确定所需的进一步分析要求及范围。

FHA 通常在两个层级上进行,分别为飞机功能危害性评估(aircraft functional hazard assessment,AFHA)和系统功能危害评估(SFHA)。SFHA 以系统的功能为研究对象,识别影响飞机持续、安全飞行的系统功能失效,并根据该功能失效对飞机、机组或乘员影响的严重程度进行分类。FHA 主要从系统功能角度出发,识别各种功能失效和影响,与系统的具体构型或组成无关。本书重点介绍 SFHA 的相关评估技术。

5.1.1.2　SFHA 输入

SFHA 的输入如下：

（1）所分析系统的主要功能清单。

（2）外部接口的功能图。

（3）在 AFHA 中建立的功能清单。

（4）在 AFHA 中建立的失效状态清单。

（5）在系统设计要求和目标文件中定义的要求。

（6）上层的设计方案选择及其原理。

5.1.1.3　实施 SFHA 的方法

SFHA 的目的是识别系统层级下的功能，并考虑当功能失效和功能异常时，建立系统的失效状态清单并对失效影响进行分类。当失效影响和分类从一个飞行阶段变化到另一个飞行阶段时，FHA 应识别每个飞行阶段的失效状态的影响。SFHA 过程是一种自上而下识别功能失效状态和评估其影响的方法，应按照如下过程进行评估工作。

1）识别系统功能和失效状态

进行 SFHA 首先需要确定所分析系统相关的所有功能，包括内部功能和交互功能。

（1）内部功能：在系统级，内部功能指的是所分析系统的功能以及该系统内部设备之间的接口功能。

（2）外部功能：在系统级，外部功能指的是其他系统提供给所分析系统的功能，或所分析系统提供给其他系统的功能。

如果所分析系统不独自提供飞机级功能，而是作为其他飞机系统的支持功能，则 SFHA 应该评估所在系统的平台级功能，平台级功能失效状态等级的确定基于其支持的飞机系统功能的安全性评估结果。

SFHA 应考虑功能单一失效引起的失效状态和功能组合失效引起的失效状态。典型的单一失效引起的失效状态包括功能丧失和功能失常；当失效影响依赖另一个系统的可用性时，应特别考虑功能组合失效引起的失效状态，如未通告的功能丧失。SFHA 也应评估整个功能的失效和部分功能的失效（如功能完全丧失和功能部分丧失），以保证功能失效评估的完备性。

在识别功能失效状态的过程中应至少考虑但不限于以下因素：

（1）系统功能所有可能的工作状态与工作模式。

（2）功能所有可能的故障模式，如失控（全部或部分）；不能工作、待续工作、部分工作或工作性能退化；特性改变（载荷、速率、刚性、延迟、振荡等）；意外工作或非指令工作；错误的失效指示或告警；丧失失效指示或告警；错误的数据输出；不正确的数据显示。

（3）所有不利的外部因素或条件（包括特定风险项目）；内部和外部的环境条件（包括正常和非正常工作时所处的环境）；飞行机组的工作负荷；告警信号和纠正措施等（既要考虑机组人员的反应能力，也要考虑机组人员查明功能失效的能力）；人为因素（操作和维修中的人为差错等）。

2）识别失效状态影响和失效状态影响分类

针对确定的每个功能失效状态，识别对飞机或人员（飞行机组、乘客、维修人员等）的影响。在 AFHA 中可以直接评估功能失效对飞机、机组和乘员的影响；但是在 SFHA 中，由于系统功能之间的相互作用使得某系统功能失效或故障可能对其他系统造成一定影响，因此进行 SFHA 还要确定该功能故障对所分析系统以及其他系统的影响。

参照 AC 25.1309-1B（草案），失效状态影响分类应根据失效对飞机、飞行机组和乘员的影响程度进行分类，失效状态的影响分为灾难性的、较严重的、较大的、较小的和无安全影响。具体描述如下：

（1）无安全影响：对安全无影响的失效状态，如不影响飞机运行能力或者不增加机组工作负担的失效状态。

（2）较小的：安全性没有显著降低，增加的机组工作负荷也在其能力范围内的失效状态，如安全裕度或功能能力轻微下降；稍微增加机组工作量（如改变常规飞行计划,对乘客或舱内机组造成一些身体不适等)。

（3）较大的：失效状态会显著降低飞机的性能或机组人员处理飞机不利运行状态的能力,如安全裕度和功能能力显著降低;显著地增加机组工作负荷或降低其工作效率;使飞行机组感到不适或使机上乘员感到痛苦,甚至受伤。

（4）较严重的：失效状态极大地降低了飞机的性能或机组人员处理飞机不利运行状态的能力,达到飞机安全裕度或功能能力大幅度下降;机组人员身体痛苦或工作负荷过度增加,不能准确或完整地完成工作;除飞行机组人员外,相对较少的旅客受到严重或致命的伤害的程度。

（5）灾难性的：失效状态将导致多人死亡,通常会使飞机坠毁。

判断失效状态的影响分类时可根据事故和事件数据分析,查阅指导性的规章材料,参考以往的设计经验,还可咨询机组人员。在确定影响等级时可参考以下原则：

（1）指示系统的错误指示一般比指示系统故障或失效的影响更严重。

（2）应了解并明确飞机设计对飞行员的操作与控制要求,包括在各飞行阶段对飞行员的工作要求,以便分析失效状态对飞行员操作的要求和影响。

（3）如果同一功能故障在不同阶段对飞机或人员产生的影响不同,则在分析中要分别列出。

3）所需提供的支撑材料

应列出支持失效状态分类的必要的支撑材料,以支持判断失效状态影响、类别、机组措施等。评估失效状态时做出的任何假设(如设计约束条件、失效状态指示、推荐的机组操作程序或维护工作等)应该与相应的失效状态一同记录,作为失效状态影响和分类的依据。

4）符合性验证方法

对于每个失效状态,都应提出相应的符合性验证方法,以表明系统满足安全性目标。由 FHA 确定的安全性目标能否满足还须通过进一步的安全性评估方法进行验证。

对于无安全影响和较小的失效状态,只需通过设计及安装评估进行验证。对于较大的、较严重的和灾难性的失效状态,如果设计属性与现有系统相似,则只需通过相似性证明就能够证明其满足要求。对于简单的系统,要运用 FMEA、FTA 等方法进行验证;对于复杂的系统,要通过 FMEA、定量 FTA 等方法进行验证。

5)SFHA 表

将 SFHA 工作的结果填入分析表格,SFHA 表如表 5.1 所示。

表 5.1 SFHA 表

功能	失效状态	飞行阶段	危害对飞机、飞行机组和乘员的影响	影响等级	评估影响等级的支撑材料	验证方法	附注
(1)	(2)	(3)	(4)	(5)	(6)	(7)	(8)

(1)功能:要进行分析的功能。

(2)失效状态:对每个假设的失效状态做简要说明。对于每个功能,从功能全部丧失、功能部分丧失、功能失常等危险源进行考虑。

(3)飞行阶段:功能故障时所处的飞行阶段。如果失效状态在不同阶段对飞机或人员产生的影响不同,则需按飞行阶段分别列出。

(4)危害对飞机、飞行机组和乘员的影响:危害可能使飞机、飞行机组和乘员遭受的有害结果。

(5)影响等级:灾难性的、较严重的、较大的、较小的和无安全影响。

(6)评估影响等级的支撑材料:规章标准、工程评估、飞行试验、地面试验、仿真模拟等。

(7)验证方法:为满足安全性目标而规定的设计验证方法。

(8)附注:与该失效状态相关,但没有在其他各栏涉及的相关信息。

5.1.1.4 SFHA 输出

SFHA 输出应包含表 5.1 中(1)~(7)的内容。

5.1.1.5 SFHA 分析示例

SFHA 分析的顶层要求来自 AFHA 衍生的安全性需求及系统适用的规章。下面给出 SFHA 工程示例。

1）确定系统功能

表 5.2 给出了显示控制系统的典型功能示例。

表 5.2 显示控制系统的典型功能示例

系统级功能	对应的飞机级功能
显示发动机参数	为机组提供信息显示
显示姿态	
显示空速	
显示高度	
显示垂直速度	
字母和数字输入	提供操作控制
光标控制	

2）确定失效状态

从表 5.2 中所列的系统级功能中选择部分功能进行失效状态分析,表 5.3 给出了系统级功能及可能考虑的相关失效状态示例。

表 5.3 系统级功能及可能考虑的相关失效状态示例

系统级功能	失 效 状 态
显示垂直速度	丧失垂直速度信息显示
	丧失一侧机组的垂直速度显示
	飞行员两侧垂直速度信息误显示
	一侧飞行员的垂直速度误显示
字母和数字输入	丧失字母和数字输入功能
	丧失一侧机组字母和数字输入功能
	错误的字母和数字输入
	一侧机组字母和数字输入错误
光标控制	……

3）识别失效状态影响

表5.4给出了一些系统级失效状态影响分析示例。

表5.4 系统级失效状态影响分析示例

失效状态	飞行阶段	失效状态影响
丧失垂直速度信息显示	T F1～F4 L	飞机：可能以过快的速率爬升或下降 机组：增加机组工作负荷 乘员：可能感到不适
丧失一侧机组的垂直速度显示	T F1～F4 L	飞机：轻微地降低安全裕度 机组：增加机组工作负荷 乘员：可能感到不适
飞行员两侧垂直速度信息误显示	T F1～F4 L	飞机：可能以过快的速率爬升或下降 机组：增加机组工作负荷 乘员：可能感到不适
一侧飞行员的垂直速度误显示	T F1～F4 L	飞机：轻微地降低安全裕度 机组：增加机组工作负荷 乘员：可能感到不适
丧失字母和数字输入功能	T F1～F4 L	飞机：无法输入字母和数字信息 机组：较大地增加机组工作负荷 乘员：无
丧失一侧机组字母和数字输入功能	T F1～F4 L	飞机：轻微地降低安全裕度 机组：一侧机组无法输入字母和数字，需另一侧机组输入，轻微地增加机组工作负荷 乘员：无
错误的字母和数字输入	T F1～F4 L	飞机：可能导致错误的字母和数字信息输入 机组：可能无法探测到错误的数据输入而导致系统出现异常，机组需处理，较大地增加机组工作负荷 乘员：无
一侧机组字母和数字输入错误	T F1～F4 L	飞机：轻微地降低安全裕度 机组：轻微地增加机组工作负荷 乘员：无

注：T—起飞；F—飞行中；F1—爬升；F2—巡航；F3—下降；F4—进近；L—着陆。

4）确定失效状态影响分类

根据分析后的失效状态影响，对失效状态影响进行分类，并提供所需的支撑材料和验证方法。

5）SFHA表示例

在完成以上四步后，就完成了SFHA。表5.5给出了SFHA表示例。

表 5.5 SFHA 表示例

功能	失效状态	飞行阶段	危害对飞机、飞行机组和乘员的影响	影响等级	评估影响等级的支撑材料	验证方法	附注
显示垂直速度	丧失垂直速度信息显示	T F1～F4 L	飞机：可能以过快的速率爬升或下降 机组：增加机组工作负荷 乘员：可能感到不适	较大的	AC 25 - 11A 表 8	FMEA FTA	
	丧失一侧机组的垂直速度显示	T F1～F4 L	飞机：轻微地降低安全裕度 机组：增加机组工作负荷 乘员：可能感到不适	轻微的	AC 25 - 11A 表 8	设计及安装评估	
	飞行员两侧垂速度信息误显示	T F1～F4 L	飞机：可能以过快的速率爬升或下降 机组：增加机组工作负荷 乘员：可能感到不适	较大的	AC 25 - 11A 表 8	FMEA FTA	
	一侧飞行员的垂直速度误显示	T F1～F4 L	飞机：轻微地降低安全裕度 机组：增加机组工作负荷 乘员：可能感到不适	轻微的	AC 25 - 11A 表 8	设计及安装评估	

（续表）

功能	失效状态	飞行阶段	危害对飞机、飞行机组和乘务员的影响	影响等级	评估影响等级的支撑材料	验证方法	附注
字母和数字输入	丧失字母和数字输入功能	T F1~F4 L	飞机：无法输入字母和数字信息 机组：较大地增加机组工作负荷 乘员：无	较大的	工程评估	FMEA FTA	
	丧失一侧机组字母和数字输入功能	T F1~F4 L	飞机：轻微地降低安全裕度 机组：一侧机组无法输入字母和数字，需另一侧机组输入、轻微地增加机组工作负荷 乘员：无	轻微的	工程评估	设计及安装评估	
	错误的字母和数字输入	T F1~F4 L	飞机：可能导致错误信息输入 机组：可能无法探测到错误的数据输入而导致系统出现异常、机组需处理，较大地增加机组工作负荷 乘员：无	较大的	工程评估	FMEA FTA	
	一侧机组字母和数字输入错误	T F1~F4 L	飞机：轻微地降低安全裕度 机组：轻微地增加机组工作负荷 乘员：无	轻微的	工程评估	设计及安装评估	

5.1.2 故障树分析

FTA 用于安全性概率计算与分析,是一种自上而下的分析技术,通过依次展开更详细(低一级)的设计层次向下进行。本节将具体介绍 FTA 分析过程及示例。

5.1.2.1 FTA 概述

FTA 自上而下,严格按故障的层次进行因果逻辑分析,逐层找出故障事件必要而充分的直接原因,画出逻辑关系图(故障树),最终找出导致顶事件(即系统特定的非期望发生的事件)发生的所有原因和原因组合。这种方法生成导致顶层失效状态的各个事件之间逻辑关系的布尔模型。FTA 过程在多层关系中应用因果直接性,直到确定所有的原因事件。该布尔模型能够生成定量结果,并且能够作为定性分析的一部分。定量结果是导致顶事件的事件组合,顶事件的定量值(发生概率)由基本事件的失效概率和构建的布尔模型推导得来。

5.1.2.2 故障树基本符号和定义

构建故障树需要一些表示逻辑关系的门符号和事件符号,用来表示事件之间的逻辑因果关系。逻辑门符号不能直接相连,其输入和输出必须为事件。

1) 门和门的符号

逻辑门描述了输入事件与输出事件间的因果关系。一个门可以有一个或几个输入事件,但只能有一个输出事件。

(1) 与门:所有输入事件同时发生才使输出事件发生,输入事件可以为任意数量。

(2) 或门:所有输入事件中只要有一个输入事件发生,输出事件就发生,输入事件可以为任意数量。

(3) 禁止门:仅当输入事件和条件事件都发生时,输出事件才发生,有时为了方便起见,禁止门可用与门代替。

(4) 顺序与门(优先与门):逻辑上等效于一个与门,各个输入事件以一个特定的先后顺序(从左至右)依次发生时才有输出。顺序与门有两种表示方法:

一种是使用顺序与门,将输入事件按先后顺序从左至右排列;另一种是使用与门,原输入事件不分顺序排列,但是加入一个表示原输入事件发生顺序的事件。

(5)异或门:当且仅当一个输入事件发生时,输出事件才发生。

(6)组合门:也称为 m/n 表决门,即 n 个输入事件中至少有 m 个输入事件发生时,输出事件才发生。

(7)转移符号:对于大型复杂系统,其故障树画在一张图上可能会显得很繁杂。转移符号包括转入符号和转出符号。为简化起见,在故障树中使用转入符号将其分成若干子故障树,对应在子故障树中为转出符号,利用转移符号把子故障树与主故障树联结起来,其符号表示为三角形。

2)事件和事件的符号

事件是故障树的主体。事件分为两类:初始事件和中间事件,相应地有初始事件符号和中间事件符号。

初始事件指不需要再分解或由于种种原因不能再做进一步分解的事件。要计算顶事件的发生概率,就必须给出这些初始事件的发生概率。初始事件又分为以下四类:

(1)基本事件:不需要再做进一步分析的事件,即有能力引发故障的事件。它位于故障树的底端,总是某个逻辑门的输入事件,其符号表示为圆形。

(2)未进一步分解的事件:由于事件本身不明或缺乏相关信息,因此不能再做进一步的分解,其符号表示为菱形。

(3)条件事件:常用作逻辑门(如禁止门或顺序与门)的特定条件或限制,其符号表示为椭圆形。

(4)外部事件(房形事件):表示期望事件的发生,并不表示系统本身的故障,其符号表示为房形。

中间事件是位于基本事件和顶事件之间的结果事件。它既是某个逻辑门的输出事件,又是别的逻辑门的输入事件,其符号表示为矩形。

以上各逻辑门和事件符号如图 5.1 所示。

符号	名称	定义
	与门	所有输入事件同时发生时，输出事件才发生
	或门	只要有一个输入事件发生，输出事件就发生
	禁止门	反当输入事件和条件事件都发生时，输出事件才发生
	顺序与门	当输入事件从左至右依次发生时，输出事件才发生
	异或门	当且仅当一个输入事件发生时，输出事件才发生
	中间事件、说明框	既是某个逻辑门的输出事件，也是别的逻辑门的输入事件
	基本事件	不需要再做进一步分析的事件
	未进一步分解的事件	由于事件本身不明或缺乏相关信息，因此不能再做进一步分解的事件
	条件事件	发生某个故障所必须的条件
	外部事件（触发事件）	表示期望事件发生，并不表示系统本身的故障
	转入符号	故障树信息的转入
	转出符号	故障树信息的转出

图 5.1　故障树的逻辑门和事件符号

5.1.2.3　FTA 的实施过程

FTA 的图形表示是分层级的，并且按其分支命名，这种方式可读性强，易于理解，使得 FTA 成为工业部门和审定当局进行安全性设计与评估的有力工具。FTA 包括六个基本步骤。

1) 定义范围和 FTA 目标

FTA 可应用于以下一个或多个方面：确定失效事件预算；验证系统设计

符合性；针对 DAL 的分配，对系统错误进行建模；确定单点失效；说明无单点失效引起顶事件的需求符合性；确定由共模失效引起的设计缺陷；对于存在隐蔽故障和需要冗余来满足安全性需求的系统架构，评估可替代的系统架构；当需要强制检查以确保满足安全性目标时，确定审定维修需求（certification maintenance requirement，CMR）。

FTA 主要用于完成下列两大目标：

（1）在 PSSA 过程中，当以失效概率 P_f 为工作对象时，分配失效概率 P_f（也称为 P_f 预计值）。分配的 P_f 应小于安全性分析所要求的概率目标值。当以定性的失效安全目标为工作对象时，建立系统架构设计要求。

（2）在 SSA 过程中，验证对 PSSA 过程中 FTA 确定的安全性目标的符合性，即确定 PSSA 中的安全性设计需求是否满足。

2）定义要求的分析层级

分析人员实施安全性分析应确定进入系统的哪个层级。系统可以被分解以执行多层级的 FTA。应根据输入和输出以及应该包括什么等级的支持系统细节，确定分析的边界。人为错误和软件错误可包含在定性 FTA 中，但是不能提供这些错误定量的 FTA 概率（可以采取其他措施缓解这些错误，包括 CMA）。

3）定义非期望顶事件

非期望事件通常来自 FHA 中的失效状态。如果确定上层的事件需要进一步分解，则该顶事件也可能来自上层的故障树。例如，飞机 FTA 可以将系统 FTA 作为输入。

分析人员应建立一份非期望事件清单，每个非期望事件都可能成为故障树中的顶事件。根据分析约定层级，顶事件的来源如表 5.6 所示。

表 5.6　顶事件来源

FTA 约定层级	顶事件来源
系统	SFHA、AFHA、飞机 FTA
组件	系统 FTA
组件功能模块	组件 FTA

4）确定导致上一层事件的下层原因

利用最新可用的系统数据,确定可能导致上一层事件的失效事件和事件组合。FTA 可以看作关于顶层失效状态的系统模型。在安全性评估过程中,当有新的或更新的系统数据时,更新 FTA。完成 FTA 建模后,用已知会引起或不会引起顶事件的割集检查 FTA。在 FTA 一开始就利用已知的割集可能遗漏不太显著的割集,因此已知割集只能作为一种检查工具。FTA 的系统数据主要来自系统功能框图、设计描述和系统需求。

5）构建故障树

故障树通过以下四个步骤构建:

（1）描述非期望的顶事件。在说明框中输入顶事件,清晰简明地描述非期望事件。对于大多数故障树,若顶事件的描述来自 FHA 中失效状态的描述或一个更高层级故障树中的初始事件,则只需要复制原描述即可。对于其他情况,分析人员应做到使顶事件的描述尽量简明清晰。

（2）展开故障树的上层和中间层节点。确定导致顶事件发生的直接事件和事件组合,并且使用合适的故障树逻辑符号（见图 5.1）连接这些事件。顶事件是一个顶层门的输出,这个顶层门的输入是每个可能的事件或事件组合。如图 5.2 所示,基本事件 A 和 B 是能导致顶事件的单点失效,与门（C 与 F）表示能够引起顶事件的失效组合。如果基本事件 D 和 E 同时发生,则系统将失效。如果基本事件 G 与或门 H 下的任何事件同时发生,则系统将失效。

（3）将每一个故障树事件都向下展开到更详细的系统设计层次,直到根本原因已确定或者没有进一步展开的必要。通过系统功能框图、设计说明文件和设计需求文件,继续向下层展开故障树,直到故障树底层为初始事件为止,如基本事件、外部事件和未展开事件等。

故障树事件采用一致的和描述性的命名、标记约定是非常重要的,这样其他的 FTA 人员就能继续进行故障树建模。中间事件的通用命名约定之一是"主体-状态-行为-目标",例如在"显示器在飞行的所有阶段不能提供主飞行数

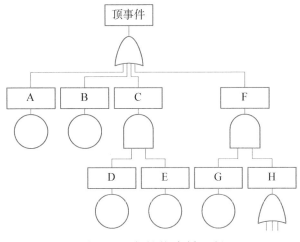

图 5.2   上层故障树示例

据给机组"的事件中，"显示器"是主体，"在飞行的所有阶段"是状态，"不能提供主飞行数据"是行为，"机组"是目标。基本事件的标记应一致，这样故障树中的重复事件都能被检测出来。为保证计算正确，故障树中的重复事件必须有相同的名字。也可以利用注释门或设置为"假"的外部事件来添加注释，以说明故障树的逻辑和所做的假设。

（4）评价故障树。故障树本身是一个定性模型，基于分析的目标，FTA 有定性方式或定性与定量相结合的方式。当故障树包含硬件失效以及研制错误（硬件和软件）时，分析人员的定量评价实际上是两种方式的结合。

FTA 定性评估生成最小割集，最小割集可用于确定定性重要性，并用于评价共因可能性。最小割集是能导致顶事件发生的根本原因的最小集合，割集可以通过布尔运算手动确定，一些软件包可以直接生成最小割集并进行定量的概率计算。如图 5.3 中的最小割集有 AC、AD、BC 和 BD。5.1.2.4 节将对故障树定性分析做进一步阐述。

FTA 定量评估计算系统的失效概率并生成最小割集（含割集失效概率），用于确定顶事件的失效概率，并确定哪些事件最容易引发失效。5.1.2.5 节将对故障树定量分析做进一步阐述。

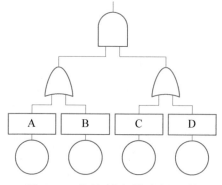

图 5.3　故障树定性分析示例

当进行 FTA 定量评估时,应为每个事件都设定计算模型、失效概率、暴露时间或者处于危险的时间。当故障服从指数分布时,计算模型也服从指数分布。在合理的前提下,也可以使用其他计算模型。失效概率一般从 FMEA 中获得,但要说明失效概率引用的是哪个数据,即便 FMEA 数据更新也方便修改。选择暴露时间还是处于危险的时间取决于基本事件模型的类型。

(1) 暴露时间。

a. 设备两次确定为正常工作之间的时间间隔。

b. 用于检测后能更正或缓解的失效。

(2) 处于危险的时间。

a. 失效发生且无法缓解的时间段。

b. 可能是平均飞行时间,或者上次确定为正常工作到所考虑的阶段结束之间的时间间隔。

c. 用于检测后不能维修的失效(如丧失显示器)。

(3) 隐蔽失效。

a. 失效发生时,检测不到,也不通告。

b. 使用暴露时间,可能等于飞机的寿命时间。

c. 用于使保护机制丧失或降低安全裕度的失效。

6）分析并综述 FTA 结果

建立并分析故障树之后，应对故障树的数据进行规范化和总结，并专门在文件中注明当前架构设计满足顶事件的安全性目标。

适航审定部门以术语"每飞行小时失效概率"表述其安全性要求，分析人员必须将非期望顶事件的发生概率数值以"每飞行小时失效概率"为单位规范化，以确定安全性要求得到满足。当以每次飞行为基础计算顶事件失效概率 P_f（top）时，分析人员应将顶事件发生概率除以飞行时间或其他相应时间，以使 P_f（top）规范化，从而报告每飞行小时的失效概率。

FTA 数据的定性结果应总结在 PSSA 中，说明每个故障树的最小割集；除了 FTA 定性结果外，FTA 数据的定量结果也应总结在 PSSA 和 SSA 中，说明每个非期望顶事件的数值目标是否满足，如果分析结果不符合安全性要求，则需要提供纠正措施。建议以图表形式将 FTA 数据表达出来，提供给工程人员或适航审定当局评审人员。

5.1.2.4 故障树定性分析

定性 FTA 利用无概率和失效概率数据的故障树，可以用于以失效-安全为定性目标建立系统架构设计需求。定性 FTA 确定可能会导致非期望事件的故障或事件，也可以用于在为软件分配 DAL 时确定具体的安全关键功能。

1）最小割集

最小割集是故障树定性分析的结果之一，可用于定性重要度的确定以及共因可能性的评价，还可以用于定量分析。

（1）最小割集的概念和定义。割集是故障树一些初始事件的集合，当这些初始事件同时发生时，顶事件必然发生。若将割集中所含的初始事件随机去掉一个便不再成为割集，则这样的割集就是最小割集。换句话说，故障树最小割集是为使顶事件发生而必须全部发生的那些初始事件的最小集合。

对故障树进行定性和定量分析，其中的一个假设就是初始事件之间相互独立。当相同的初始事件出现在故障树中的一个以上位置或某些单一失效导致一个以上的失效事件时,事件没有独立性。大多数民用机载系统和设备都属于这种情况。当确定事件没有独立性时,可运用布尔代数法对其进行简化,产生最小割集。可见,通过布尔代数法得到故障树最小割集的过程能够确保初始事件之间相互独立,保证故障树定性和定量分析的准确性。

此外,最小割集对降低顶事件发生即系统的失效概率具有重大意义。如果能使每个最小割集中都至少有一个初始事件不发生或发生概率极低,则顶事件恒不发生或发生概率极低,从而降低了系统潜在事故风险。一阶最小割集是单点故障的来源,民用机载系统和设备不允许有单点故障,方法之一就是在设计时进行 FTA,找出一阶最小割集,在其所在的层次或更高的层次增加与门,并使与门尽可能接近顶事件。系统中某一故障模式发生一定是由于该系统中与其对应的某一个最小割集中的底事件全部发生了,因此,使用最小割集可以指导系统的故障诊断和维修。

(2) 最小割集的确定。

a. 概率运算和布尔代数法简化的基本法则。事件 A 发生的概率用 $P(A)$ 表示,事件 B 发生的概率用 $P(B)$ 表示,其他事件依次类推。

若事件 A 和 B 作为与门的输入,则与门的输出表示为 AB,其输出概率表示为 $P(AB)$;若事件 A 和 B 相互独立,则有

$$P(AB) = P(A)P(B)$$

对于三个或三个以上的独立事件,采用相同的逻辑。

若独立事件 A 和 B 作为或门的输入,则或门的输出表示为 $(A+B)$,其输出概率表示为 $P(A+B)$,则有

$$P(A+B) = P(A) + P(B) - P(A)P(B)$$

若或门的输入是 A、B 和 C 三个独立事件,则有

$$P(A+B+C) = P(A) + P(B) + P(C) - P(A)P(B) -$$
$$P(A)P(C) - P(B)P(C) + P(A)P(B)P(C)$$

对于四个或四个以上的独立事件,采用相同的逻辑。

若两个事件为互斥事件,即当一个事件发生时,另一个不发生,则 $P(AB)=0$,有两个互斥事件输入的或门的输出概率表达式简化为

$$P(A+B)=P(A)+P(B)$$

此方程也适用于两个低概率的非互斥事件的近似算法,概率值偏保守。

对于展开的表达式,有以下布尔逻辑规则:

$$A+A=A; \quad AA=A; \quad A+AK=A$$

通过这些逻辑,可以减少表达式中总的项数,确定故障树的最小割集。

b. 直接分析技术示例。直接分析技术适用于故障树中没有相同初始事件的情况,如图 5.4 所示。

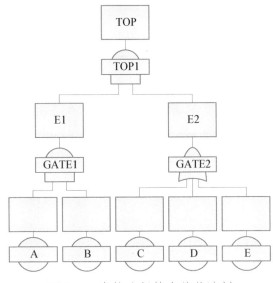

图 5.4 直接分析技术的故障树

由图 5.4 的故障树得

$$TOP = E1E2 = AB(C+D+E)$$

对上式展开得

$$TOP = ABC + ABD + ABE$$

从该式可以看出，ABC、ABD 和 ABE 是该故障树的三个最小割集。

c. 布尔代数法简化技术示例。对于如图 5.5 所示的故障树结构，初始事件在故障树中出现不止一次。对于这种故障树结构不能采用直接分析技术，必须通过布尔代数法简化分析，否则将造成计算出来的顶事件发生的概率大于或者小于其真实值。

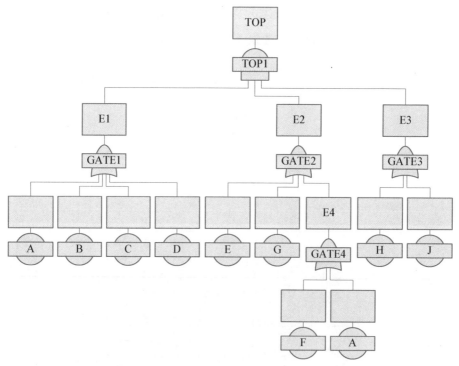

图 5.5　布尔代数法简化技术的故障树

（a）使用直接分析法，确定外显的顶事件表达式。在这里使用"外显"一词是因为初始事件 A 在故障树中出现了两次，其顶事件表达式并不直接用于确定最小割集。

$$TOP = E1E2E3 = (A+B+C+D)(E+F+G+A)(H+J)$$

（b）将上式按照事件的运算展开。

$$TOP = AEH + AEJ + AFH + AFJ + AGH + AGJ + AAH + AAJ + BEH +$$

BEH + BFH + BFJ + BGH + BGJ + BAH + BAJ + CEH + CEJ + CFH + CFJ +

CGH + CGJ + CAH + CAJ + DEH + DEJ + DFH + DFJ + DGH + DGJ + DAH +

DAJ

（c）使用布尔代数逻辑规则，有 AAH ＝ AH，AAJ ＝ AJ，AH ＋ AEH ＝ AH，AH ＋ AH ＝ AH，AJ ＋ AEJ ＝ AJ，AJ ＋ AJ ＝ AJ，可将步骤（b）中的式子简化为

$$TOP = AH + AJ + BEH + BEJ + BFH + BFJ + BGH + BGJ + CEH + CEJ +$$

CFH + CFJ + CGH + CGJ + DEH + DEJ + DFH + DFJ + DGH + DGJ

可以发现，TOP 的表达式减少了 12 项，并且有两项的项目数由三个减少至两个。上式说明该故障树有 18 个最小割集。

（d）将步骤（c）中的各最小割集合并，以画出简化后的故障树。本步骤是可选的，若仅为求最小割集，则该步骤多余；若需要定量分析，则该步骤非常有必要。

$$TOP = (J+H)[A + (E+F+G)(B+C+D)]$$

简化后的故障树如图 5.6 所示。

2）定性重要度的确定

一方面，定性重要度给出了每个初始事件或割集对顶事件发生的贡献大小的定性等级。对割集中初始事件的个数进行排序，割集中初始事件的个数越少，如单点故障，割集越重要；反之，则相对不那么重要。另一方面，定性重要度的方法也可以确定某一初始事件对顶事件发生的相对重要度，这取决于该初始事件在所有割集中出现的次数以及它与其他初始事件的组合方式。

对故障树进行定性重要度分析之后，分析者可以得到割集重要度的排序，判断高层次事件中是否有相关的单点故障，并且能够知道任何一个初始事件引

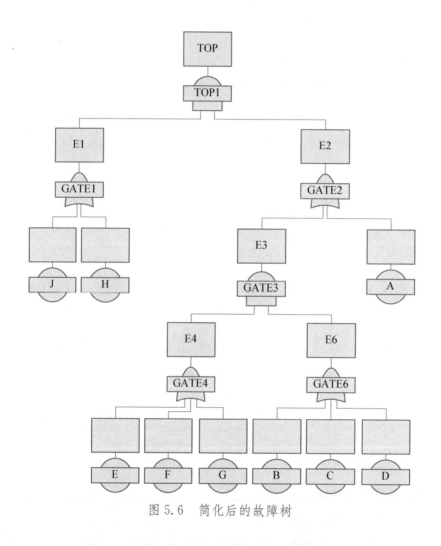

图 5.6　简化后的故障树

起顶事件发生的频率。故障树定性重要度的分析方法对同一故障树中硬件失效和研制错误、软件研制错误以及这两者的结合非常有用。

此外，通过对所有基本事件相关的硬件部件假设一个标准的失效概率值（如 10^{-6}）和一个标准的暴露时间（如 100 h），分析者可以得到任何一个割集相对重要度的粗略值，如包含两个基本事件的割集的失效概率 P_f 约为 10^{-8}，包含三个基本事件的割集的失效概率 P_f 约为 10^{-12}。通过类似上述的粗略分析，分析者可以快速地得出结论：包含五个或五个以上基本事件的割集对顶事件失效概率的相对影响非常小。

该评价方法存在下列缺陷：

（1）如果在高于部件级以上的约定层级中存在与基本事件有关的硬件，则为得到可信的失效概率估计值，必须执行一个附加的可靠性分析。

（2）由于监测周期、监测的暴露时间、维修间隔等因素，不同基本事件之间的暴露时间可能有非常大的区别，因此，用衡量一个割集对另一个割集的相对重要度的失效概率估计方法并不优于粗略估计。暴露时间的变化可能导致估计的失效概率与定量计算得出的失效概率存在两个或三个数量级的差异。

3）共因失效敏感性分析

故障树的另外一种定性评价方法是共因失效敏感性分析。共因敏感性分析基于提供导致顶事件发生的一系列初始事件的组合的最小割集，分析者通过检查每个割集得出顶事件对共因失效的敏感性。单一失效引起割集中一个以上的初始事件发生时，称为一个共因失效。一般来说，那些导致整个割集中初始事件发生，也即导致顶事件发生的共因失效更受关注。

显然，割集中包含相似初始事件比不含相似初始事件更有可能对共因失效敏感。例如，假设 1♯割集中包含三个初始事件，这三个初始事件对应的实体具有相同的 CPU 号，它们构成一个三重相似余度架构系统。假设 2♯割集中也包含三个初始事件，但这三个初始事件对应的实体具有不同的 CPU 号，它们构成一个三重非相似余度架构系统。通过检查这两个割集，分析者可以很快得到，对类似一般微码错误的共因故障，1♯割集比 2♯割集具有更高的共因失效的可能性。

应对每个导致共因失效的可能都进行检查，以确定是否存在将会引起这些失效组合并引发所列出事件的单个原因。只有当不能排除在系统设计之外时，才应分析这些共因故障发生的概率并且将他们放在故障树中。

5.1.2.5　故障树定量分析

定量 FTA 利用有概率和失效概率数据的故障树,可以在初始分析中分配失效概率目标,或在后续分析中验证是否符合 FTA 确定的目标。通过计算每个非期望顶事件发生的概率,即将定量 FTA 结合到定性 FTA 中,将顶事件的概率转换为失效概率。

故障树定量分析技术产生三种类型的结果:数值概率计算、定量重要度分析和敏感度评价。这三种定量分析的结果均基于故障树最小割集。

1) 数值概率计算

故障树定量计算基于最小割集。例如在如图 5.4 所示的直接分析技术示例中,顶事件为 TOP=ABC+ABD+ABE, ABC、ABD 和 ABE 是该故障树的三个最小割集。顶事件发生概率为

$$P(\mathrm{TOP}) = P(\mathrm{ABC+ABD+ABE}) = P(\mathrm{ABC}) + P(\mathrm{ABD}) + P(\mathrm{ABE}) -$$
$$P(\mathrm{ABCD}) - P(\mathrm{ABCE}) - P(\mathrm{ABDE}) + P(\mathrm{ABCDE})$$
$$= P(\mathrm{A})P(\mathrm{B})P(\mathrm{C}) + P(\mathrm{A})P(\mathrm{B})P(\mathrm{D}) + P(\mathrm{A})P(\mathrm{B})P(\mathrm{E}) -$$
$$P(\mathrm{A})P(\mathrm{B})P(\mathrm{C})P(\mathrm{D}) - P(\mathrm{A})P(\mathrm{B})P(\mathrm{C})P(\mathrm{E}) -$$
$$P(\mathrm{A})P(\mathrm{B})P(\mathrm{D})P(\mathrm{E}) + P(\mathrm{A})P(\mathrm{B})P(\mathrm{C})P(\mathrm{D})P(\mathrm{E})$$

对于布尔代数法简化技术示例中的故障树,最小割集已得出,但由于最小割集数目过多,直接计算较麻烦,因此,另外一个方法是通过最小割集得出简化后的故障树,故障树的定量运算可直接根据简化后的故障树进行。

简化后的故障树的顶事件为 TOP = (J+H)[A+(E+F+G)(B+C+D)]。

这样,就可根据布尔运算法则: $P(\mathrm{A+B}) = P(\mathrm{A}) + P(\mathrm{B}) - P(\mathrm{A})P(\mathrm{B})$, $P(\mathrm{AB}) = P(\mathrm{A})P(\mathrm{B})$ 直接计算 $P(\mathrm{TOP})$。

2) 定量重要度分析

定量重要度分析与定性重要度分析相似,都是通过对最小割集进行简单排序以确定它们对顶事件发生的相对重要度。

定量重要度有多种形式,每种方法都能得出不同类型的信息。

（1）Birnbaum 重要度。Birnbaum 重要度即概率重要度。事件 A 的 Birnbaum 重要度是假设事件 A 发生时顶事件发生概率与事件 A 不发生时顶事件发生概率之差，表示为

$$\Delta = P_f(\text{top}/A = 1) - P_f(\text{top}/A = 0)$$

Birnbaum 重要度度量了事件 A 所导致的顶事件发生概率的变化，它并没有直接考虑事件 A 实际发生的概率。

（2）关键重要度。为考虑那些不仅对顶事件的发生起关键作用，自身发生概率也很高或者能够改进的事件，就需要采用一种修正 Birnbaum 重要度的关键重要度分析法。

事件 A 的关键重要度定义为

$$关键重要度 = [P_f(\text{top}/A = 1) - P_f(\text{top}/A = 0)] \frac{p(A)}{p(\text{top})}$$

事件 A 的关键重要度是以一定概率发生的关键事件 A 的发生对顶事件发生概率的影响。相对于 Birnbaum 重要度，关键重要度还考虑了事件 A 自身的发生概率。

（3）Fussell-Vesely（FV）重要度。计算 Fussell-Vesely 重要度与 Birnbaum 重要度或关键重要度很不相同，它由最小割集构成，用包含事件 A 的所有最小割集的联合概率除以顶事件发生概率度量事件 A 的重要度。它表示为

$$FV = \frac{P_f(\text{top}) - P_f(\text{top}/A = 0)}{P_f(\text{top})}$$

如果分析的目的是使初始事件对顶事件发生的贡献最小化，则可以使用这种重要度分析方法选择需要改进的初始事件。

（4）第 i 个割集的重要度。提供与顶事件发生概率相关的割集失效概率的百分比，表示为

$$i\% = \frac{P_f(i)}{P_f(\text{top})}$$

这是一种对每一个割集的实际失效概率都进行降序排列的简单割集排序方法,这种方法与定性重要度密切相关。定性重要度的分析方法仅能得到粗略的割集排序,而定量重要度的分析方法可精确地确定割集排序。

3）敏感度评价

敏感度评价可分为两类,一类是模型或数据的变化,另一类是形式化误差分析。

分析者可以利用数据或故障树模型的变化确定一个系统设计对单个初始事件特定方面的敏感度。通过一个特定的初始事件插入不同的失效概率,分析者可以考察为一个可靠度更高的组件和部件投入额外的费用是否值得。通过插入不同的暴露时间,分析者提供输入以协助确定设备的维修间隔。

形式化误差分析是基于概率统计的技术,分析者可以利用形式化误差分析确定 FTA 结果对初始事件变化,如部件失效概率和维修间隔的敏感度。蒙特卡罗方法就是这样一种适合 FTA 的技术。

5.1.2.6　FTA 示例

下面给出 FTA 工程示例,以显示数据为分析对象。为简单起见,将显示器的数据源排除在分析之外。

1）描述非期望顶事件

飞机驾驶舱显示器由外部系统提供数据输入,然后通过三个相同的显示器向飞行机组显示数据。故障树顶事件是系统非期望发生的事件,对安全有影响的就是对单侧机组丧失显示数据,这可能导致安全裕度显著降低。因此,选择"单侧机组丧失显示数据"作为故障树的顶事件。

2）建故障树

经过逐级向下展开故障树,直到展开到初始事件,得到如图 5.7 所示的故障树。图中各初始事件字母所代表的故障事件如表 5.7 所示。

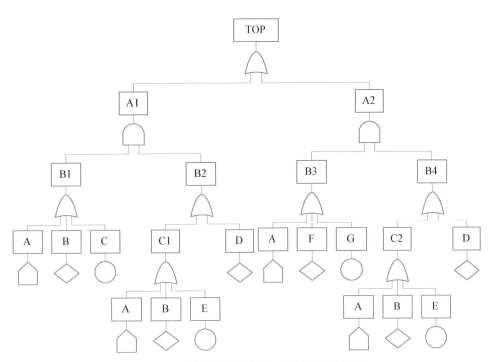

图 5.7　单侧机组丧失显示数据的故障树

表 5.7　图 5.7 中故障事件的含义

事件字母	事件名称
TOP	单侧机组丧失显示数据
A1	主驾驶丧失数据显示
A2	副驾驶丧失数据显示
B1	1♯显示器丧失数据显示
B2	不能切换显示数据到 3♯显示器
B3	2♯显示器丧失数据显示
B4	不能切换显示数据到 3♯显示器
C1	3♯显示器丧失数据显示
C2	3♯显示器丧失数据显示
A	丧失外部数据源提供的数据

事件字母	事 件 名 称
B	丧失左路供电
C	1♯显示器丧失数据显示
D	切换显示功能故障
E	3♯显示器丧失数据显示
F	丧失右路供电
G	2♯显示器丧失数据显示

3）定性分析

由图 5.7 的故障树得

$$TOP = A1 + A2 = (A+B+C)(A+B+E+D) + (A+F+G)(A+B+E+D)$$

运用布尔代数法简化技术，对重复出现的初始事件通过布尔逻辑规则进行简化，得

$$TOP = A + B + CE + CD + FE + FD + GE + GD$$

故障树的最小割集为

$$\{A\}, \{B\}, \{C, E\}, \{C, D\}, \{F, E\}, \{F, D\}, \{G, E\}, \{G, D\}$$

分析这些最小割集可以发现，事件 D、E 在二阶最小割集中出现的次数最多，事件 A、B 组成单阶最小割集。因此，可以定性认为事件 A、B、D、E 是重要事件，在分析中应着重考虑，如下所示。

（1）事件 A：丧失外部数据源提供的数据。

（2）事件 B：丧失左路供电。

（3）事件 D：切换显示功能故障。

（4）事件 E：3♯显示器丧失数据显示。

4）定量分析

在 PSSA 过程中，以顶事件失效概率目标值为对象，分配失效概率目标值，如表 5.8 所示，本例中假定飞机平均飞行持续时间为 5 h。此外，本例将显示器的数据源排除在分析之外，事件 A 表示外部事件，逻辑为假，概率值为 0。

表 5.8　故障事件失效概率的定量分析

事件字母	事件名称	失效概率
A	丧失外部数据源提供的数据	0
B	丧失左路供电	10^{-6}
C	1♯显示器丧失数据显示	10^{-4}
D	切换显示功能故障	10^{-8}
E	3♯显示器丧失数据显示	10^{-4}
F	丧失右路供电	10^{-6}
G	2♯显示器丧失数据显示	10^{-4}

对上文中各最小割集合并后，得到 $\mathrm{TOP} = \mathrm{A} + \mathrm{B} + (\mathrm{E} + \mathrm{D})(\mathrm{C} + \mathrm{F} + \mathrm{G})$，根据 5.1.2.4 节中的概率运算公式，计算顶事件发生概率的精确值为

$$P(\mathrm{TOP}) = 5.5024 \times 10^{-6}$$

上述计算为系统工作 5 h 时，顶事件发生的概率，其值为 5.5024×10^{-6}，还可计算出每飞行小时顶事件发生的概率为 1.1005×10^{-6}。

根据 5.1.2.5 节中的定量重要度运算公式，求得各初始事件的概率重要度为

$$\Delta_{\mathrm{B}} = 5, \Delta_{\mathrm{C}} = 0.0025, \Delta_{\mathrm{D}} = 0.005, \Delta_{\mathrm{E}} = 0.005, \Delta_{\mathrm{F}} = 0.0025, \Delta_{\mathrm{G}} = 0.0025$$

初始事件概率重要度的顺序为

$$\Delta_{\mathrm{B}} > \Delta_{\mathrm{D}} = \Delta_{\mathrm{E}} > \Delta_{\mathrm{C}} = \Delta_{\mathrm{F}} = \Delta_{\mathrm{G}}$$

可见，较重要的初始事件为 B、D、E，如下所示。

（1）事件 B：丧失左路供电。

（2）事件 D：切换显示功能故障。

（3）事件 E：3♯显示器丧失数据显示。

5）对分析结论的讨论

（1）对于失效状态影响较大的非期望事件，每飞行小时的发生概率应小于 10^{-5}，本例得出单侧机组丧失显示数据的发生概率为 $1.100\ 5\times10^{-6}$/飞行小时，因此可以接受。

（2）由定性分析最小割集的结果来看，外部数据源及左路供电是否失效在设计中应着重考虑。

（3）由定量分析即概率重要度计算结果来看，如果"单侧机组丧失显示数据"失效状态的发生概率不满足适航要求（事实上能够满足适航要求），则应首先考虑改进左路供电的可靠性，其次可考虑改进切换显示功能和 3♯显示器的可靠性。

5.1.3　失效模式及影响分析

FMEA 是确定系统功能或设备的失效模式及其对高一层次设计的影响的一种系统方法，还可以确定每种失效模式的检测方法。实施定量 FMEA 可以确定每种失效模式的失效概率。FMEA 的结果可以用于编制 FMES，或者为 SSA 过程的其他分析技术（如 FTA）提供支持。FMES 是对 FMEA 中具有相同影响的较低层次的失效模式的摘要。FMEA 中的失效影响是 FMES 中的失效模式。较高层次的影响列在 FMES 的影响栏。在 FMEA 中，相同的失效影响在 FMES 中归为一个模式。本节将具体阐述 FMEA 和 FMES 过程，并给出分析示例。

5.1.3.1　FMEA 过程

FMEA 是分析系统中每一功能、组件或设备所有可能产生的失效模式及其对系统造成的所有可能影响，并按每一个失效模式的严重程度及其发生概率予以分类的一种归纳分析方法。在民用飞机机载系统和设备安全性评估过程

中,FMEA 的目的如下:

(1) 推导和评估系统中每个设备假定失效的影响。

(2) 寻找具有重要影响的单点失效。

(3) 寻找隐蔽失效。

(4) 为故障树提供更详细的信息。

与 FTA 不同的是,FMEA 中不考虑组合失效的情况,它只考虑单一失效的影响。

FMEA 应在给定的层级上执行,通过假定所选层级上所有可能的失效的方式进行,并确定每种失效模式对本层级和更高层级的影响。当考虑一个自顶而下的 FTA 的具体要求时,可以只关注特定工作模式下的 FMEA。

无论在哪个层级执行,FMEA 主要的步骤都包括准备、执行和存档。

1) 准备 FMEA

FMEA 的准备包括以下工作:确定系统需求、获取最新版文件以及理解系统如何执行功能。

在开始 FMEA 之前,供应商必须了解系统的期望和需求,否则可能导致 FMEA 不能满足系统的需求,需要返工重做。FMEA 的需求通常源自 PSSA 中的 FTA。分析人员需要知道分析的层级、安全性相关的影响、其他需关注的失效影响和工作模式。

在执行分析前,应尽可能获取如下信息,这些信息对完成 FMEA 很有必要,并有助于简化分析活动:

(1) FMEA 的需求,包括与安全性相关的失效影响以及需关注的工作模式。

(2) 规范。

(3) 当前有效的图纸或者原理图。

(4) 每个系统、设备及零组件清单。

(5) 功能方框图。

（6）冗余设计。

（7）包括系统工作原理的说明性材料及详细描述。

（8）有效的失效概率清单。

（9）相似功能产品的 FMEA。

（10）尚未包括原理图中的任何设计变更和修改（设计可能经常变化，依据最新版本将减少 FMEA 的更新）。

（11）先前 FMEA 的部件失效模式的初步清单（如果可能）。

2）执行 FMEA

在执行 FMEA 之前，分析者需要回顾并理解在准备阶段收集的信息。理解所分析目标在更高层级上的功能原理，对 FMEA 工作有帮助。执行 FMEA 的主要步骤如下：

（1）确定失效模式。在分析者收集到足够的信息后，逐步明确各类基本部件失效模式，可以开始推断所分析目标部件可能的失效模式。尤其要关注与给定层（如已定的 FTA 基本事件层级）相关的功能或部件失效模式。

（2）确定失效模式的影响。分析每种已确定的失效模式，确定其对给定层级和更高一级层级上的影响，并将这些失效模式及其影响在 FMEA 工作表中记录下来。一般而言，失效模式的影响与飞行阶段有关，因此 FMEA 工作表中应给出飞行阶段一栏。

每一类失效模式对更高一级层级的影响都必须是唯一的，否则应对该影响进行更加详细的定义。例如，如果失效影响最初被定义为"导致某信号不符合规格"，且高于规格的情况与低于规格的情况导致不同的影响，则该失效影响就应该继续分解为"导致信号高于规格"和"导致信号低于规格"。同样地，如果失效模式导致两种更高一级的失效影响，如"信号 A 的丧失"和"信号 B 的丧失"，那么这两种失效影响应该合并形成一个新的影响类型"信号 A 和 B 同时丧失"。

如果确定失效模式影响的分析方法非常困难，那么应该尽可能进行实验室验证。但最严重的失效模式有时很难通过试验来证实。例如，对于大部分数字集成电路,将所有失效进行嵌入验证是不可能的。此外,也可通过计算机辅助设计软件进行失效仿真,它允许等价的失效嵌入仿真电路并且确定其失效影响。

对每个更高一级层次的影响都按照其严重程度进行分类,严重程度等级的划分与 FHA 保持一致。

(3) 失效检测方法与纠正措施。失效检测的方法通常在 FMEA 工作表中确定并存档,包括硬件监测器或软件监测器的检测、机组人员识别、上电测试和维护检查等。对于监测器,分析者必须验证监控器确实能够检测出失效模式。为了正确执行分析,分析者必须了解详细的系统要求规范及软件设计知识,包括适用的软件内部故障管理技术。纠正措施包括维护人员的维修要求和维修措施。

(4) 带故障签派要求。分析失效模式的影响后,评估飞机是否可以继续签派或带故障部件的系统是否可以继续运行。如果可以带故障签派,则应给出明确的飞行限制。

(5) 确定部件失效概率和模式失效概率。对于定量的 FMEA,应给出部件或功能模块的失效概率及其失效模式的失效概率。每个部件或功能模块的失效概率都是其所有失效模式的失效概率的总和。应对 FMEA 表中的失效模式按照频数比分配相应的失效概率。

执行定量的硬件型 FMEA,部件失效概率数据源获取可按照下列方法进行:航线统计数据、试验数据、罗姆航空数据中心手册、非电子元件可靠性数据(RIAC NPRD-95)、失效模式/机制分布(RIAC FMD-97)。

执行定量的功能 FMEA,必须先得出每个模块的失效概率。模块失效概率一般通过公司数据库(如适用)获取,若不能则通过对模块进行失效概率预计获取。模块失效概率的预计方法参考 IEEE 1413、SAE ARP 5890A、MIL-HDBK-217 及 217Plus 等标准。

模式失效概率按照各种失效模式的频数比进行划分,将部件失效概率或功能模块失效概率与失效模式对应的频数比相乘，即可得到相应的模式失效概率。失效模式的分布及其频数比一般通过公司数据库（如适用）获取，若不能则应借鉴相似部件或功能模块的现场使用经验。若上述方法均不可行，则可参考工业文件 RIAC 的失效模式/机制分布、MIL - HDBK - 978、罗姆实验室的可靠性工程师工具包等。每种失效影响类型的总失效概率应当详细地记录，或者在 FMES 中进行总结。

FMEA 的类型有两种，功能型 FMEA 和硬件型 FMEA。功能型 FMEA 通常用来支持安全性分析，而硬件型 FMEA 则提供更为精确的失效概率。当功能型 FMEA 中较保守的失效概率无法令系统或组件满足 FTA 中失效概率预算时，执行硬件型 FMEA。硬件型 FMEA 也可用于分析冗余系统，因为功能型 FMEA 可能无法表示影响多个冗余组件的单部件失效。硬件型 FMEA 也可用于机械组件和装置的安全性分析。功能型 FMEA 和硬件型 FMEA 执行起来的差异主要集中在失效模式的确定上，下面将对这两种类型的 FMEA 分别进行说明。

功能型 FMEA 应在约定层级上执行。分析层级的划分由系统的复杂性和分析目标决定。如果分析目标是电路或者机械设备的一部分，并且具有一项以上功能，那么应该将它们分解为功能模块。从飞机或者系统层级来看，这就意味着将每一个 LRU 或设备定义为功能模块。从系统或者更低层级来看，它可能意味着将一个设备分解成若干小模块。每个功能模块的输出越少，FMEA 的任务越简化。功能模块一旦确定，就应该制作功能框图，每一个模块用其功能名称标注。对于每一个功能模块，其与系统操作有关的内部功能与接口功能都应该分析。

功能框图至少应包括以下内容：按功能关系将系统分为各重要子系统；标出每个组件的所有输入和输出；标出提供"失效安全"的所有冗余及备用的信号路径和其他工程特点。

下一步是假定每个功能模块的失效模式。失效模式通过考虑功能模块的用途来确定功能是如何失效的,不考虑具体元器件的情况。分析者必须足够了解功能模块的运行,才能保证不忽略重大的失效模式,包括影响多个冗余功能模块的单部件失效。通常在给定一个模块功能的清晰描述以后,许多失效模式都会变得明显。

以下是功能失效模式确定的一个简单示例:产生 5 V 电压的供电电路可以称为一个功能模块。一些功能失效模式的确定如下:5 V 电压丧失;电压低于 5 V;电压高于 5 V;5 V 电压上有噪声;对地短路或者对其他电压短路。

在电路运行的基础上,也可能存在其他失效模式。分析考虑功能与总体设计的关系,就可以确定该功能模块中每种失效模式对本层级和更高层级的影响。在实际使用时,分析者可根据分析层级和组件的实际情况进行一定的修正,不同的分析要求可能导致表中信息的增加或者删除。在分析开始之前,分析者应该保证 FMEA 的格式和内容都能够满足申请人的具体要求。

在分析的过程中,应记录下列内容:每种失效模式存在的理由;失效概率分配的理由或依据;将失效划入某一失效影响类别的理由或依据;所做的假设的文件。

这些内容通常不包括在 FMEA 报告中,但作为参考被保留下来,以备 FMEA 将来的修正和帮助解决 FMEA 中出现的问题。

硬件型 FMEA 与功能型 FMEA 十分相似,唯一的区别就是功能型 FMEA 在功能模块层级上进行失效模式分析,而硬件型 FMEA 则对组件或功能中每个部件进行失效模式分析。硬件型 FMEA 用来确定潜在的电气、电子或者机械失效的影响,如电阻或者电动机轴的失效影响。电子设备的硬件型 FMEA 通常只在必要时才进行。例如,当保守的功能型 FMEA 的结果不能满足该组件的 FTA 失效概率预算时,就应当执行硬件型 FMEA。这样做的部分原因是确定复杂电子部件的失效模式非常困难。

硬件型 FMEA 的第一步是创建一个 FMEA 分析所覆盖的所有部件清单。第二步是确定每个部件的失效模式,失效模式的确定可参考 RIAC 的故障模式/机制分布、MIL - HDBK - 978、罗姆实验室的可靠性工程师工具包等工业文件。

通常在确定部件的失效模式包括但不限于开路、短路、参数漂移、超出调整范围、介质击穿、间歇性运转、不运转、错误运转、磨损、机械失效、黏着、松动、断裂。

通常在确定部件的失效模式时，必须考虑部件的功能和不能正确执行对应功能的所有潜在方式，以及部件的非预期功能。

上述工业文件为分析者确定部件的潜在失效模式提供了良好的基础。此外，工程经验判断对失效模式的确定也很有必要。目前尚有很多类型的设备不包括在这些工业参考文件当中，尤其是复杂数字集成电路。数字设备失效模式的确定通常需要工程判断，想要确定复杂数字集成电路的所有失效模式是不可能的。当无法确定失效模式时，必须对元器件的失效模式做出最坏情况的假设。

确定复杂数字设备失效模式的方法之一就是在考虑组件功能模块的情况下对其进行建模。功能模块的概念有益于优化故障模式的定义。如果可能，则应尽量将功能模块失效的管脚级影响确定为设备失效模式。一些失效可能会影响到多个管脚和多种组合的管脚。对那些能引起 FTA 基本事件发生的潜在部件失效模式，应特别予以注意。

并不推荐通过失效物理的方法确定实际集成电路的失效机理及影响。因为通过失效物理的方法将使得分析者对每个数字集成电路所做的工作都比当前需要完成的 FMEA 工作复杂得多，甚至是不可能实现的。此外，芯片制造商尚未公开的设计改进可能会使所有努力前功尽弃。

其他部件类型失效模式的确定要比数字集成电路容易。然而，对于同一种部件，参考不同的工业文件可能产生不同的失效模式分布甚至是不同的失效模式。这说明即使对于简单的部件，也很难决定哪些潜在的失效模式会发生，哪些根本不会发生。

部件的失效模式一旦确定，就输入到如表 5.9 所示的 FMEA 工作表中。

表 5.9 FMEA 工作表

FMEA								部件编号：		
系统：		部件（具有相同功能的该部件的个数）：								
子系统：		部件功能：						图纸编号及版本：		
FMEA 编号	失效模式及原因	飞行阶段	失效影响 a. 局部影响 b. 高一层影响 c. 最终影响（对飞机）	失效检测方法与纠正措施 a. 给飞行机组指示 b. 具有相同指示的其他失效 c. 飞行机组对失效的识别、隔离以及纠正措施 d. 可能的不当措施的影响 e. 失效隔离-维护人员 f. 纠正措施-维护人员	带故障签派要求： a. "能"，飞机可以签派 b. 如果"能"，则采取何种运行限制 级联的、并发的有害失效的影响	单个部件的失效概率（1×10^{-6}/h）	失效模式的失效概率（1×10^{-6}/h）	暴露时间/h	失效模式式的发生概率/h	危害等级	备注

同样地,在实际使用时,分析者可根据分析层级和组件的实际情况进行一定的修正,不同的分析要求可能导致表中信息的增加或者删除。在分析开始之前,分析者应该保证 FMEA 的格式和内容能够满足申请人的具体要求。

与功能型 FMEA 相同,硬件型 FMEA 在分析的过程中应记录下列内容:每种失效模式存在的理由;失效概率分配的理由或依据;将失效划入某一失效影响类别的理由或依据;所做的假设的文件。

这些内容通常不包括在 FMEA 报告中,但作为参考被保留下来,以备 FMEA 将来的修正和帮助解决 FMEA 中出现的问题。

(6) FMEA 检查表。

FMEA 检查表将保证采取正确的步骤以便执行成本有效且准确的 FMEA,它包括以下内容:

a. 如果可能,则获得申请人关于 FMEA 的书面要求与规范,包括需关注的失效影响、需要考虑的输出、允许使用的失效检测方法、最终的报告格式、工作进度表。

b. 分析准备工作:获得相关文件,理解其内容;生成元器件清单;分解设备到子级并且存档记录;如果需要则进行硬件型 FMEA,收集部件的失效模式。

c. 执行详细分析:确定失效模式;失效模式应准确定义,避免从本层级向更高层级转换时出现混淆;如果需要,则为每种失效影响类型确定检测方法;存档文件,详细说明失效影响确定的方法。

d. 对所有有疑问的结果进行验证分析(如果可能,则应利用实验室或飞行数据)。

e. 书写最终报告。

5.1.3.2　FMES 过程

FMEA 工作非常具体,其表格包含的信息量太大,因此需要对 FMEA 的结果进行汇总,这就是 FMES。

FMES 是对低层级 FMEA 中具有相同失效影响的失效模式的一个总结。FMES 通常用来为安全性评估过程中 FTA 或者相似分析提供基本事件的失效概率。FMES 中每种失效影响的失效概率都来自对应 FMEA 中失效影响相同的各项失效概率的总和。此外,通过对 FMES 中的失效影响与 FTA 中的基本事件进行比较,还可用于对 FTA 的验证提供支持。例如,FMES 可用来简化 FTA,它将具有相同影响的失效和安装错误合并为一个事件,从而减少故障树底层事件中或门的事件数。

FMES 不需要单独分析,它可以直接作为 FMEA 的一部分完成。因此一般而言,建议在执行 FMEA 的同时也完成 FMES 工作,两者写在同一份报告中。FMEA 和 FMES 之间的关系如图 5.8 所示。

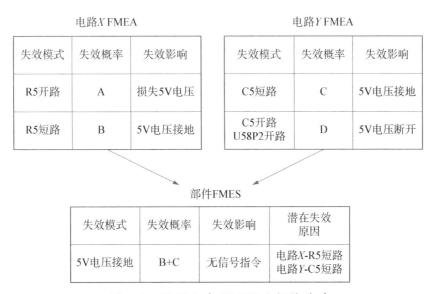

图 5.8　FMEA 和 FMES 之间的关系

FMES 主要的步骤也包括准备、执行和存档。

1) 准备 FMES

在执行 FMES 前,使用者应至少获取如下信息:

(1) 理解所分析系统和设备的工作原理及相关材料,如制图、部件清单等。

（2）来自对应的 FTA 底事件信息。

（3）所有可用的 FMEA 工作表。

2）执行 FMES

基于已经完成的 FMEA 工作表，检查所有失效影响的一致性，即确保相同的失效影响用相同的文字描述，不同文字描述的失效影响表示不同失效。当执行系统级 FMES 时，由于同时涉及安装失效模式的影响和部件失效模式的影响，因此这种一致性检查应格外小心。

找出 FMEA 工作表中具有相同失效影响的失效模式，输入 FMES 表中的"失效模式"一栏。FMES 中的"失效模式"与故障树的底事件一一对应。将具有相同失效影响的对应的各项失效模式对应的失效概率相加，并将相加得出的失效概率总和输入 FMES 的"失效概率"一栏中。

表 5.10 为 FMES 工作表，使用者可根据需要自行裁剪。

表 5.10　FMES 工作表

FMES				
系统：	部件：			部件编号：
子系统：	部件功能：			图纸编号及版本：
FMES 编号	失效模式	失效概率	危害等级	失效原因

3）存档

每个 FMES 报告都应该包括如下信息：

（1）系统或设备的简明描述、设计原理和设计特点，包括监控设备（必须通过适当的图表、原理图和方框图辅助说明）。

（2）包含关键的和次要的系统或组件功能清单。

（3）相关参考资料、件号和软件/硬件版本修订的确认。

（4）对分析结果的简明描述。

（5）失效概率源文件的清单。

(6)用来生成 FMES 的相关 FMEA 部分。

分析结果应一并填入 FMES 工作表中，该表格提供了对 FMEA 结果的摘要。由于 FMES 可以直接作为 FMEA 的一部分来完成，因此两者的存档工作可以相结合。

5.1.3.3　工程案例

以某设备为例进行 FMEA，并得出 FMES，具体如表 5.11、表 5.12 和表 5.13 所示。

5.2　专题技术

5.2.1　商用货架处理器评估

商用货架产品(commercial off the shelf，COTS)，如图形处理器(computing graphic processing，CGP)已应用于机载显示系统。最新的 CGP 能够提供更强大的功能，同时它的复杂性也增加了。因此，以前由主系统处理器中软件提供的越来越多的功能转变为在这些高速硬件器件上执行。这些器件现在能够实现密集图形的要求，如主飞行显示、波状地形显示、增强或合成视景显示。

一般不依据 DO‐254/ED‐80 或者国际审定局方认可的其他设计保证标准开发这些器件。典型的 CGP 使用了多个异步运行的微处理器，并且可能包含 3 000 万～1 亿个晶体管。因此，CGP 不能被考虑为简单器件。为使这些器件符合 DO‐254/ED‐80 标准，利用验证活动或逆向工程技术是比较困难的，可能是不切实际的。由于这些器件的生命周期短暂，因此利用使用经验说明这些器件不包含任何设计错误也是非常困难的。

5.2.1.1　CGP 的问题、关注点及解决措施

当安全关键的机载显示系统使用 CGP 时，可能出现的问题、关注点及解决措施分别列举在下面。

表 5.11 数字量输入信号通道导号线 FMEA 表

FMEA												
系统: 航空电子				部件(具有相同功能的该部件的个数): 1				部件编号: XX				
子系统: XXXX				部件功能: 提供数字量输入信号通道				图纸编号及版本: XXXX				
FMEA编号	失效模式及原因	飞行阶段	失效影响 a. 局部影响 b. 高一层影响 c. 最终影响(对飞机)	失效检测方法与纠正措施 a. 给飞行机组指示 b. 具有相同指示的其他失效 c. 飞行机组相对失效的识别,隔离以及纠正措施 d. 可能的不当措施的影响 e. 失效隔离-维护人员 f. 纠正措施-维护人员	带故障签派要求: a. "能","飞机"可以签派 b. 如果"能",则应采取何种运行限制	级联的,并发的,有害失效的影响	单个部件的失效概率/(1×10⁻⁶/h)	失效模式的失效概率/(1×10⁻⁶/h)	暴露时间/h	失效模式的发生概率	危害等级	备注
31-XX-01-01	开路或短路接地	ALL	受影响的数字输入量变低	XXX	XXX	XXX	A	A	XXX	XXX	XXX	
31-XX-01-02	数字输入点之间短路	ALL	受影响的数字输入量变高	XXX	XXX	XXX	B	B	XXX	XXX	XXX	
31-XX-01-03	热量短路	ALL	受影响的数字输入量可能变低,失效电压足够高导致烧坏受影响的数字输入点	XXX	XXX	XXX	C	C	XXX	XXX	XXX	

表 5.12　数字量输入信号通道端子板 FMEA 表

FMEA												
系统：航空电子		部件（具有相同功能的该部件的个数）：1						部件编号：XX					
子系统：XXXX		部件功能：提供数字量输入信号通道						图纸编号及版本：XXXX					
FMEA 编号	失效模式及原因	飞行阶段	失效影响 a. 局部影响 b. 高一层影响 c. 最终影响（对飞机）	失效检测方法与纠正措施 a. 给飞行机组指示 b. 具有相同指示所示的其他失效 c. 飞行机组对失效的识别，隔离以及纠正措施 d. 可能的不当措施的影响 e. 失效隔离-维护人员 f. 纠正措施-维护人员	带故障签派要求 a. "能"，飞机可以签派 b. 如果"能"，则应采取何种运行限制	级联的、并发的有害失效的影响	单个部件的失效概率/（1×10^{-6}/h）	失效模式的失效概率/（1×10^{-6}/h）	暴露时间/h	失效模式的发生概率/h	危害等级	备注
31-XX-02-01	开路或短路接地	ALL	受影响的数字输入量变低	XXX	XXX	XXX	D	D	XXX	XXX	XXX	
31-XX-02-02	数字输入点之间短路	ALL	受影响的数字输入量变高	XXX	XXX	XXX	E	E	XXX	XXX	XXX	
31-XX-02-03	热量短路	ALL	受影响的数字输入量可能变低，失效电压过高导致烧坏受影响的数字输入点	XXX	XXX	XXX	F	F	XXX	XXX	XXX	

表 5.13　数字量输入信号通道 FMES 表

FMES				
系统：航空电子	部件：XXXX			部件编号：XX
子系统：	部件功能：提供数字量输入信号通道			图纸编号及版本：
FMES 编号	失效模式	失效概率	危害等级	故障原因
31 - XX - 01	受影响的数字输入量变低	A+D	XXX	31 - XX - 01 - 01 31 - XX - 02 - 01
31 - XX - 02	受影响的数字输入量变高	B+E	XXX	31 - XX - 01 - 02 31 - XX - 02 - 02
31 - XX - 03	受影响的数字输入量可能变低，失效电压足够高导致烧坏受影响的数字输入点	C+F	XXX	31 - XX - 01 - 03 31 - XX - 02 - 03

1) DO - 254/ED - 80 标准的使用

DO - 254/ED - 80 的 11.2 节（COTS 器件的使用）说明了通过整个设计过程（包括文中定义的支持过程）验证 COTS 器件的使用。虽然 DO - 254/ED - 80 的 11.2 节提供了一些有价值的信息，可以帮助申请人、系统开发商或航空电子供应商将 CGP 用于机载显示应用，但是将标准应用在系统层时，参与项目的审定局方可能不会认可 DO - 254/ED - 80 作为可接受的符合性方法。同时，如果仅在系统层使用 DO - 254/ED - 80 标准，则申请人、系统开发商可能没有充分处理复杂 COTS 器件的设计保证问题。

COTS CGP 主要用于非航空、非安全关键市场。因此，CGP 可能存在适航问题，如果可能，则申请人、系统开发商应获得必要文档以表明符合设计保证过程，如 DO - 254/ED - 80 中的文档。实际上，依靠设计保证过程作为 CGP 可接受的符合性方法将非常难以被适航当局接受。DO - 254/ED - 80 的 11.2 节和 11.3 节包含一些信息，帮助选择具体的 CGP 器件用于机载系统，说明能用于增加审定置信度的器件使用经验文件类型。这些信息包括以下方面：

（1）适用于 COTS 器件的电子组件管理规则。也就是说，当选择 CGP 时，应该考虑供应商跟踪记录、质量控制、器件可靠性、器件适用于目标用途等。

（2）申请人、系统开发商应该安排计划处理可能出现的问题，如缺少 CGP 器件的设计保证数据；从一个批次到下一个批次器件参数可能变更；最后的重新设计或 CGP 器件不再生产。

（3）产品使用经验可用于证实 COTS 器件的部分设计保证。如果 COTS 器件用于相似的非机载领域或运行环境中，那么该器件的使用经验也可以使用。为了提升审定置信度，应该获得正式的文档（如规范、数据单、应用注解、勘误表等）、一份正式的问题报告及解决方案、器件在使用现场实际失效概率的确定方法等。如果申请人、系统开发商想要通过使用经验获得审定置信度，那么他们应该意识到审定需要证据。为了减少项目风险，如果想要利用 DO‒254/ED‒80 中 11.2 节和 11.3 节，则申请人、系统开发商应该在系统开发早期与审定局方协调。

2）机载显示系统中 CGP 对危险误导信息的可能贡献

在机载显示系统开发过程中，主要关注点之一是向飞行员显示危险误导信息（hazardously misleading information，HMI）的可能性。HMI 的可能形式是错误或丧失驾驶舱告警、错误的导航和系统状态信息或者数据冻结。如果这些错误信息没有标记为无效数据，那么依据错误的数据将导致飞行员做出不恰当和潜在的危险动作，或者在需要时没有采取恰当的动作。CGP 出现 HMI 的可能原因包括以下方面：CGP 内部硬件失效；CGP 内部设计错误；失效或对外部事件不恰当响应，如电磁干扰、闪电、高运行温度或者输入电源超出规范。以上最后两项原因中可以含有一个共同原因，该项共因可能导致多个冗余显示器同时显示 HMI。

申请人、系统开发商应该申明显示系统使用的 CGP 不能显示 HMI，保证等级要与 HMI 危害类别（如灾难性的、较严重的）相当。依据前文说明，依靠设计保证过程（如 DO‒254/ED‒80 中 2～9 节给出的内容）作为 CGP 可接受的符合性方法可能是不切实际的。此外，虽然申请人、系统开发商能够表明 CGP 符合 DO‒254/ED‒80，但是单独依赖设计保证可能不足以避免未检测的 HMI,该未检测的 HMI 已被系统安全性评估识别为灾难性的或较严重的。

对于含有 CGP 的显示系统,为了避免显示 HMI,最可能的和明显的方法是架构缓解,以便规避措施是充分的并且与事件危害类别相当。架构缓解可以采取多种形式,如对于部分显示信息采取 CRC 信号模式监控;对于具体数字字段(数值显示或者静态刻度盘的指针)比较选定显示像素和指定像素。

任何规避措施的最满意响应都是能够检测 CGP 输出的 HMI,并且不允许其显示在显示器上;或者 HMI 数据被显示出来,同时被标记为无效。规避措施的实现也应该独立于引起异常行为的机制。

大多数显示系统使用了多个冗余显示器。冗余显示器确保在系统、输入电源或输入数据失效后,驾驶舱内至少一个显示器依然可用。冗余显示器也提供了使得飞行机组交义检查主驾驶和副驾驶的显示器(即比较两个显示器上的数据)的方式,以保证冗余系统提供的显示数据是彼此一致的。然而,如果单个显示器上的 HMI 不被标记为无效,并且该 HMI 足够令人信服,那么受影响显示器本侧的飞行员没有理由与冗余显示器交叉检查信息。基于这些原因,对于多冗余显示系统中单个显示器上的 HMI,申请人、系统开发商不能声明 HMI 被冗余显示器自动规避,除非该声明得到驾驶团体证实。对于任何依赖飞行员交叉检查冗余显示数据以识别异常行为的提议方案,申请人、系统开发商应该描述飞行员识别错误数据依赖的线索(如视觉的、听觉的、触觉的)。申请人、系统开发商也应该描述测试,如飞行测试或飞行模拟器,该项测试用于评估飞行员识别可能的失效状态,这些失效状态不能被显示系统健康监控可靠地检测出来。

3) 显示系统可用性

机载显示系统的多个冗余显示器使用了相同的 CGP,同时 CGP 内可能存在一般设计错误或共因造成多个 CGP 失效,将影响显示系统的可用性。此外,显示系统为避免显示 HMI 设计了架构规避措施,如果措施设计不当,并且出现虚警(即故障实际上不存在,但触发告警而关闭显示),则可能降低显示系统的可用性。

同时丧失冗余显示器的可能原因与造成 HMI 显示的可能原因是相似的，除了 CGP 内部硬件失效外。单个显示器内单个 CGP 的硬件失效不会导致丧失多个显示器。显示系统架构应该使得关键数据显示的可用性满足 SSA 要求的数值概率。申请人、系统开发商应该声明含有 CGP 的驾驶舱显示系统提供的显示功能保证等级与危害类别（如灾难性的、较严重的）是相当的。如果显示系统故障树对 CGP 使用了具体的失效概率，则申请人、系统开发商应该为这些失效概率提供证据或其他恰当的理由。申请人、系统开发商应该与审定局方协调确定可接受的方法，用于计算预估失效概率或者确定恰当经验数据。

上文列出的任何架构规避措施都不应该影响整个显示系统的可用性，如单个共因或级联失效导致显示系统的可用性目标无法满足。这不仅包括 CGP 内故障和设计错误，而且也包括支持 CGP 运行的硬件。丧失制冷空气、极端振动或机械振动等事件不应该导致丧失多个显示器，除非事件发生概率与丧失多个显示器的危害是相当的。

飞机上备用飞行仪表不应该使用与主显示器相同的 CGP。例如，由于某个共同原因或刺激，CGP 共同失效模式可能同时影响主显示器和备用飞行仪表。

4）CGP 可配置的元素

许多 CGP 包含可配置的元素，通过加载具体微码指令的方式选择某些可配置的元素。这项能力导致了显示系统内 CGP 的配置控制问题。

申请人、系统开发商应该声明 CGP 可配置的元素（如可加载的微码）是受控的，并且通过提议的系统运行和监控、终端产品验收测试或其他适用检查来检测显示系统可配置项涉及的所有生成和制造错误。申请人、系统开发商负责显示系统及其组件的配置管理。

5）CGP 未使用功能

CGP 设计可能包含特定机载显示系统未用到的功能，在异常或失效情况下如果未用功能被激活,则导致器件非预期地运行。

系统或组件审定计划应该说明 CGP 提供功能和未用功能的详细信息。申请人、系统开发商应该提供证据(如鲁棒性测试、分析)以说明,在 CGP 未用功能被无意使用或激活的情况下,CGP 未用功能不会影响被显示数据的完整性和可用性,保证等级应该与失效危害类别是相当的。

6) OpenGL 软件驱动对 DO - 178C/ED - 12B 的符合性

为允许功能应用在显示器上画出可视化组件,CGP 可能需要图形软件,如执行 OpenGL(图形库)图形驱动和应用的一个软件包。显示系统开发商可能与图形软件开发商不是同一个公司。此外,可能没有依据 DO - 178C/ED - 12B 指南(或其他可接受的软件符合性方式)开发 CGP 软件图形包。

CGP 需要许多执行于主系统处理器内的复杂软件驱动。从第三方供应商外可以获得一些软件包,用于执行 OpenGL 图形应用。不考虑供应源(供应商或第三方),申请人、系统开发商应该说明该软件符合 DO - 178C/ED - 12B(或其他一些可接受的符合性方法)标准,符合等级应该与系统安全性评估确定的恰当软件等级一致。当评价图形生成器和驱动的选择并开展研制时,申请人、系统开发商应该处理软件设计保证问题。

5.2.2 缓存评估

高速缓存是一个相对小的、快速的存储器,现代存储器的 CPU 使用高速缓存临时存储数据和指令。存储管理器被典型地用于优化高速缓存内容,以提高处理能力。现代处理器越来越依赖高速缓存。某些处理器甚至有两级高速缓存:一级高速缓存 L1(小的和快速的、没有等待状态)和二级高速缓存 L2(L2 有一些等待状态,比一级高速缓存慢,但是比主存储器快)。

许多申请人使用微处理器内的高速缓存来加快存储访问速度,从而提高处理器的处理能力。然而,使用高速缓存增加了最差执行时间(worst case execution time,WCET)分析的复杂性和精确性,并带来了一致性、确定性执行,正确存储管理和分区保护的问题。对于机载系统和设备中使用的高速缓存,本节介绍其带来的问题、关注点及处理方法。

5.2.2.1 高速缓存的问题和关注点

许多机载系统包含不同软件层级的多个软件功能,在微处理器上执行的所有软件功能都使用高速缓存作为共同资源。所以,提供保护机制和功能间的分区是非常困难的,需要对高速缓存管理及方法进行彻底分析和完整鲁棒性测试。此外,许多缓存管理方法非常依赖 COTS 硬件组件,如存储管理单元(memory management unit,MMU)和看门狗计时器,如果这些 COTS 器件相对新且未被测试,那么可能没有可靠的和完整的历史数据。在许多安全关键的实时系统中,必须按照特定频率(或者当某些事件发生时)执行某些关键的代码功能。安全相关的时序关键代码必须被可靠地、及时地执行,并且独立于其他功能(共享的处理器资源)的需要。当使用高速缓存时,其他关注点围绕着 WCET 分析的复杂性和精确性。一些具体的审定关注点列举在下面。

1)建立精确的 WCET

目前对于全缓存系统,主要关注点之一是不能建立一个可预计的时间评估。不仅关注数据缓存,而且关注指令缓存(包括流水线和分支预计算法)。如果程序不中断,则缓存的影响可能是微不足道的。然而,当允许异步中断时,程序执行路径没有缓存状态的踪迹。所以,程序中在任何给定时间点从存储器提取下一项目(数据或指令)的时间是未知的。如图 5.9 所示的典型处理架构说明了流水线、缓存、寄存器和主存储器整合到典型现代处理器的方式。

主要关注点是预计下次提取或某个指令系列及相关数据执行路径的时间行为的能力。

2)执行时间的变化

使用高速缓存导致了软件执行时间出现较大的变化,再次使得精确预计成为一个关注点。

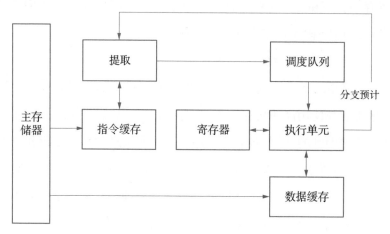

图 5.9　典型处理架构

3）缓存建模的精确性

处理器越复杂,确认预计缓存性能的模型就越困难。当启用高速缓存时,推断软件的实际 WCET 是较困难的,因为分析将需要包括缓存机制模型。由于缓存管理机制是典型的 COTS 硬件,因此得到精确模型是困难的或是不可能的。在许多情况下,可能假设所有存储访问都将导致缓存缺失;然而,这将导致浪费资源。

4）实时操作系统使用缓存

当实时操作系统（real-time operating system，RTOS）和运行系统被使用时,它们利用处理器的高速缓存。FAA 近来赞助了对 COTS RTOS 的研究,报告中的一段节选声明:高速缓存的确是一个硬件问题,包含和使用高速缓存的复杂微处理器对 RTOS 的性能存在影响,需要考虑如何处理分区间共享的非确定缓存。

由于缓存是分区功能间典型的共享资源,因此可能导致时域内分区功能间交叉干扰,并且妨碍分区保护。依赖于一个分区内一个功能留给高速缓存的状态,下个被调度执行的功能的执行时间可能发生变化。虽然缓存一个功能的执行时间是不确定的,但是所有直接访问主存储器的最差情况依然能够限定该执行时间。因为最差分析在安全关键、实时系统中是至关重要的，在考虑高速缓存存在和使用高速缓存的情况下，时间分析和调度任务应该处理分区功能的保护。使用存储保护机制(如 SFI)能够控制空间域内的缓存干扰。然而，使用缓存带来了保持缓存一致性的额外关注，以便缓存交换一直是有效的。在缓存或主存储器内，一个数据变化没有反映在数据复制版本上可能导致不一致或错误的行为。保持缓存一致性的技术应该被验证，并且开销应该在最差情况下被精确地分析和处理。

5）缓存一致性

当使用缓存时，维持数据缓存与 RAM 之间、指令和数据缓存之间的一致性是一个关注点。不同架构倾向于用不同方式使用缓存，导致使用一个解决方案来处理是困难的。例如，PowerPC 使用了两个分开的缓存，一个用于指令，另一个用于数据。每个缓存都有自己的编码以控制缓存的一致性。图 5.10 说明了 PowerPC(PPC)潜在的缓存一致性问题。

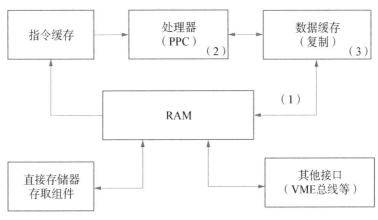

图 5.10　PowerPC 潜在的缓存一致性问题

缓存一致性的丧失可能出现在以下三个位置：

（1）数据缓存与 RAM 之间，起因是处理器和其他命令异步访问（读与写）RAM。向驱动器增加代码以处理其他命令通常能解决这个问题。

（2）指令缓存与数据缓存之间。当使用加载器、编译器或中断连接程序时，将导致缓存跳出同步。指令可能加载到数据缓存，而不是指令缓存，将导致缓存一致性问题。通过刷新加载到 RAM 的数据缓存条目和无效指令缓存条目的方式处理该问题。

（3）共享缓存线路。当超过一项任务共享缓存线路时，可能带来缓存一致性问题。通过在缓存线路上分配存储，然后集中多倍缓存线路规模的方式来处理该问题。

6）缓存抖动和分区

FAA 赞助了对 COTS RTOS 的研究，对于缓存分区的关注点，报告声明：高速缓存是一个硬件架构机制，其主要目的是改善运行在目标处理器上某个应用的性能。通过将信息保持到局部高速缓存，并且根据需要将该信息与主存储器内容实行同步以实现改善应用性能的目标。一个分区系统内的高速缓存应该进行实时检查，因为缓存机制不清楚地址分区架构。当一个应用在一个分区内运行时，它促使 CPU 加载信息，这些信息尽可能完整地被保存在缓存内。随后的分区可能受到缓存内已有数据的影响。由于高速缓存对所有分区都是共同的，因此该资源的使用需要仔细分析，可能需要连续写入和/或缓存刷新技术等。

报告具体处理了缓存抖动，因为它涉及分区：高速缓存是一个全局资源，其被各分区共享。缓存内信息可能包含页面地址值、数据值和代码。当遇到一个特定值被引用时，在高速缓存内执行自动搜查。如果该值被找到，则直接使用（缓存命中）；如果该值未被找到，则必须被加载（缓存未命中）。该加载会慢很多，因为加载需要一个芯片外存储器访问循环。所以一旦被加载，该值可被重复使用的时间就与其保存在高速缓存内的时间一样长。缓存是非常快速和昂贵的（按照比特），所以它比典型的芯片外存储器小得多。

想象四个分区：P1、P2、P3、P4。假定一个简单场景，在该场景下，这些分区的持续时间是 25 ms、间隔时间是 100 ms。依据对分区的规则，任何分区影响其他分区或者仅以明确的和可控的方式影响其他分区都必须是不可能的。在集成测试期间,确定所有分区在分配的时段内完成它们的处理。这是可能实现的,因为分区 P1、P2 和 P3 执行一些非常密集的计算,在计算期间使用了少量数据和非常少量的代码。代码可以由小的、高计算量的循环组成。在上述条件下,三个分区可能使用非常少量缓存。分区 P4 将有许多可用缓存,在每个迭代期内它将有非常少量的缓存未命中。在正常的条件下,在 P4 分配的时段内它将完成工作。

想象一种情况,在该情况下,P3 突然改变了它的运行模式,一次性引用了大量数据并执行了许多代码,而不是重复地引用少量代码。P3 将导致 P4 对代码和数据有许多缓存未命中。P4 足够大而造成错过它的截止时间可能导致 P4 增长。明显地,这违背了分区原则,因为一个分区造成另一个分区失效,这是不可接受的。

设计保证关注点必须包括缓存诱发的分区开始和持续期内的抖动,而且也包括对内部定时事件的影响。

7) 缓存失效

当一个系统依赖缓存时,在 SSA 中应该考虑缓存失效(如电力中断导致缓存数据丧失或者毁坏)。

5.2.2.2　高速缓存的处理方法

对于高速缓存的使用,许多方法都被提出或正在被提出,下面列举一些方法。

1) 非缓存方法

对于 WCET,方法之一是关闭缓存或者使用非缓存作为数据点。非缓存方法通常严重地抑制了处理器性能,对于大多数系统来说是不可接受的。非缓存方法可能有助于确认安全性评估。

2) 使用处理器工具

使用各种处理器工具以智能的方式管理缓存也是一种方法,目的是保证大多数功能(如使用安全关键或时间关键的功能)的性能。这里关注的是工具的精确性、可靠性、完整性和确定性。

3) 统计评价

使用时间分析的统计评价是一种潜在方法,并将其关联到安全性分析。这非常接近遵守随机性通常规则的统计问题,并且能够得到一些与给定时间预算一起的概率估计,将可能用于安全性分析。有几个问题可以处理输入的资格化,以确保对时间进行真实的统计描述,这可能是一个可行的方法。

4) 移除信号

在危害的严重程度上,当错误输出与丧失输出之间存在差异时,可以考虑另一个潜在方法。例如,丧失仪表着陆系统(instrument landing system,ILS)信号可能被考虑为较小的,然而误导的 ILS 可能被考虑为较严重的。在这些情况下,时序问题的检测能够在造成潜在的误导指引之前移除信号。

5) 系统架构

对于一些系统,从安全性角度看,系统架构应该使系统不会受到时序变化的影响。这不是一个通用的解决方案,明显地依赖于系统。

6) 插入代码

将窥探代码插入微处理器,以确定它的行为,有助于进行精确的 WCET 分析,这个方法可能是可行的。

7) 处理缓存一致性

在多个架构中处理缓存一致性需要许多前提,即假设哈佛架构(指令和数据缓存分开)、回拷贝模式、直接存储器存取组件、多总线控制和非硬件一致性支持进行设计。硬件是保持缓存一致性的最优方式。

8) 处理缓存抖动和分区

正如前文描述的,缓存抖动能够影响分区的假定条件。当考虑设计保证时,申请者应该处理以下问题:

(1) 缓存行为是否影响分配给一个分区的时间和性能?

（2）通过刷新先前分区窗口中的缓存，是否能够测试最差分区执行时间？

（3）是否提供机制以控制分区交换上的缓存行为？

（4）系统集成工具是否通过系统配置表控制缓存行为？

为了使缓存行为更加可预测，下面列举了几个解决方案：

（1）关闭缓存能够使每个分区都是确定的，虽然理论上是可行的，但在实际工程中往往会导致性能极大地下降，使用缓存的目的就是为了提高性能。

（2）指定一个巨大的抖动裕量。当设计分区的系统时，指定每个分区转换将包含一个裕量，该裕量等价于未命中缓冲的每个值。从每个分区的持续时间中减去该值。在这些时序条件下，一个分区内的每个进程都必须独立验证。该解决方案的缺点是每个分区被指定同样确定的裕量。当一个分区的持续时间非常短时，将降低其大多数处理能力，特别是当缓存较大的时候。

（3）选择性刷新。对于需要确定性能的系统应用，缓存在分区转换期间被刷新，以便新分区在持续时间开始时有一个空的高速缓存。刷新意味着将仅在缓存内的缓存值拷贝回主存储器（即它们被更新）。选择性刷新虽然在分区开始增加了开销，但确保了本分区不会超时，从而影响其他分区。执行该操作的时间不是固定的，因为刷新取决于写进存储器的数值量。

（4）选择性失效。对于使用连续写入指令的系统应用，在一个分区转换期间缓存可能失效。缓存失效的过程是非常快速的，一条单指令使得缓存清空，后续数据存储到缓存中，并且正常重复使用。

9）缓存刷新

为了保持缓存一致性和处理分区关注点，缓存系统经常使用的方法是缓存刷新。它阻止分区过多地依赖历史（即通过刷新缓存，当前分区不依赖以前分区执行）；在执行时间上有较少的变化性，因为高速缓存状态启动点总是与分区执行的开始点一样。

10）其他方法

对于软件执行速度的度量，报告提出了下面四个最经常用到的技术：逻辑分析器、内部电路仿真器、硬件辅助的软件性能监控器、软件辅助的软件性能配置文件。

依据报告，以上技术使用一个或多个下列典型的基本度量方法：

（1）确定系统功能执行消耗时间最长的地方（如配置文件）。

（2）监控关键部分代码的能力以满足它们的截止时间。

（3）度量系统对外部事件的响应。

所有度量技术对系统性能都有一些影响，必须考虑性能度量技术对被开发软件的影响。

5.2.3　SEU/MBU 分析

5.2.3.1　概述

SEE 评估的目标是证明 SEE 对系统的影响已得到充分缓解。可通过系统架构考虑、设备设计、部件选择、部件测试等方法获得缓解。

（1）SEE 定义。EASA 对 SEE 的定义如下：大气辐射是一个通用术语，指的是能够穿透地球大气层的所有类型的电磁辐射。大气辐射主要来自太阳系和银河系的辐射，太阳系的辐射来自太阳，银河系的辐射来自太阳系之外的其他地方，两种类型的辐射都会受到地球磁场影响（被扭曲或弯曲）。包含飞机系统中特定位置的半导体设备与高能粒子碰撞产生的大气辐射导致了 SEE。存储设备、微处理器、FPGA 大多都对 SEE 敏感。SEE 影响的类型大致有 SEU、MBU、单粒子栅穿（single event gate rupture，SEGR）、单粒子烧毁（single event burnout，SEB）等。SEU 和 MBU 对飞机系统潜在威胁最大。受大气吸收和太阳系及银河系辐射的磁偏转的影响，飞机飞行的高度和纬度越高，SEE 发生的概率就越大。虽然大气辐射的强度随着高度和纬度的变化而变化，但高能粒子在任何地方都是随机分布的。因此，可根据飞机设备（易损元件数量）和运行环境（高度、纬度）得到预计的 SEE 发生概率。

大气辐射的影响是导致设备丧失或故障的原因之一。从系统安全性角度考虑,可使用现存的覆盖随机失效的方法(FMEA、FMES、FTA)对大气辐射影响的概率和结果进行评估。

SEE 评估是在典型飞行的正常大气辐射水平下,而不是在太阳耀斑等特殊情况下进行的。太阳耀斑会为大气带来大量的高能粒子,在短时间内成百上千倍地增加大气辐射,从而导致飞行路径上运行的限制。

表 5.14 和表 5.15 对 SEE 类型和结果进行了描述。

表 5.14　SEE 类型

SEE 类型	描　　述
SEU	通常发生在半导体设备中,当设备吸收的辐射足够改变一个位的逻辑状态时,SEU 发生
多粒子翻转（MEU）	当单个电离粒子导致电子元件的硅中沉积足够能量引起相同逻辑字中多于一位的翻转时,MEU 发生
多单元翻转	当单个电离粒子导致电子元件的硅中沉积足够能量诱发 IC 中多个位在同一时间故障时,多单元翻转发生
SEL	通常发生在四层半导体设备中,当设备吸收辐射足以使上电的半导体设备内的一个节点始终保持在一个固定的状态时,SEL 发生
SEGR	通常发生在上电绝缘栅组件的栅极中,当设备吸收的辐射电荷足以引起具有破坏性的栅极破裂时,SEGR 发生
SEB	当单个辐射事件触发的能量吸收使得在上电的电子元件全部或部分烧坏时,SEB 发生

表 5.15　SEE 结果

SEE 发生	结　　果
SET	单个粒子在一个时钟周期内通过电路通道传播导致电荷沉积诱发假信号或电压
单粒子功能中断	翻转经常发生在复杂器件中(如微处理器),使得控制路径受干扰,引起部分器件停止正常工作

(2) SEE 分析方法。图 5.11 描述了推荐的 SEE 分析方法,图 5.12 描述了项目交付所覆盖的 SEE 安全性分析关键步骤,图 5.13 重点关注系统级安全性分析步骤,图 5.14 重点关注设备级安全性分析步骤。

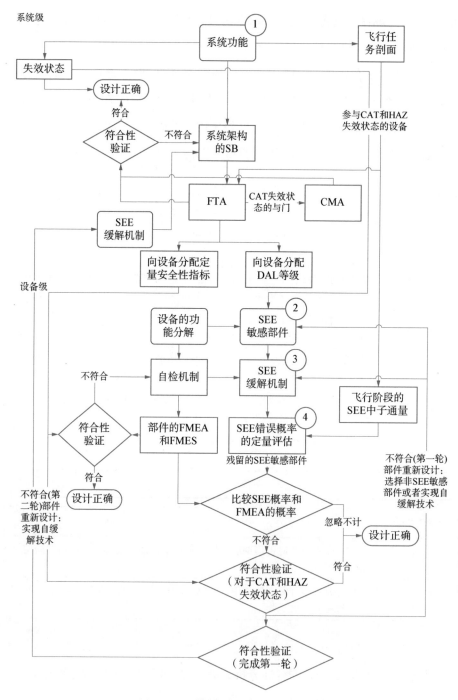

图 5.11   推荐的 SEE 分析方法

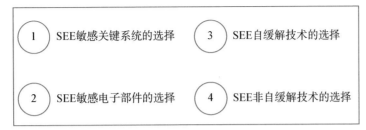

图 5.12　SEE 安全性分析关键步骤

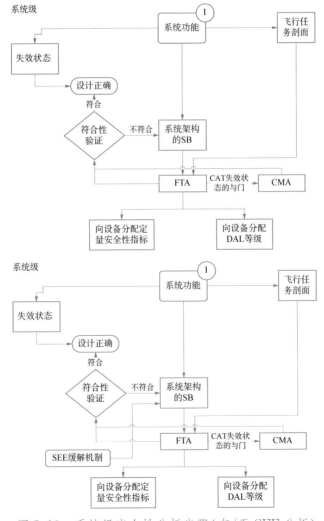

图 5.13　系统级安全性分析步骤(有/无 SEE 分析)

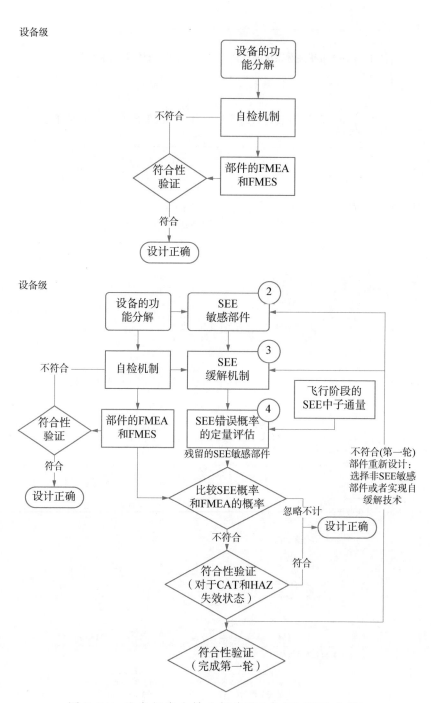

图 5.14　设备级安全性分析步骤(有/无 SEE 分析)

在系统级,准备阶段包括系统描述和系统运行功能的描述。系统运行的环境会在飞机任务剖面中进行定义。依据 SAE ARP 4761,可根据系统及其功能对系统级 FHA 派生的失效状态进行检索。第一个内循环包含验证安全性目标的符合性,这些安全性目标与系统架构里实施的安全性机制(safety barriers,SB)相关。验证方法可使用系统 FTA 和 SEE 缓解技术。

系统 FTA 是 CMA 的输入,CMA 通过分析灾难性的失效状态的与门确认定量安全性指标的计算以及系统部件 DAL 的分配结果。然后,分析可从系统级转移到设备级。

在系统级,基于安全性评估过程,自上而下地分析识别部件的安全性目标:FHA 需求的评估;飞机任务剖面和特定路径的确定;需要满足 FHA 安全性需求的 SB 评估;基于系统 FTA,对系统部件的 DAL 目标和安全性定量指标进行评估;可能引起灾难性的和较严重的失效状态的系统设备的评估。

在设备级,实施自下而上的分析,确定所有可能引起灾难性的和较严重的失效状态的设备中对 SEE 敏感的部件(存储器、寄存器等)。对这些部件进行定性分析,评估缓解 SEE 影响的 SB,识别残留的 SEE 敏感部件。

对残留的 SEE 敏感部件进行定量分析,面对设备潜在功能的影响,通过 SEE 数据表或辐射测试对 SEU 和 MBU 发生的概率进行评估。在设备级 FMEA 和 FMES 中对 SEU 和 MBU 分析的影响进行总结:如果 SEE 对设备级 FMEA 和 FMES 分析的定量影响不可忽略,则需要在故障树中增加 SEE 的定量数据证明对系统故障树指标的符合性。

系统级和设备级的迭代评估向系统故障树指标中加入 SEE 影响的定量结果;如果 SEE 错误率太高而不能表明对系统安全性目标的符合性,则需要在设备级或系统级定义和完成针对性的设计保护。

建议选择导致灾难性的或较严重的失效状态的系统或设备,而不是根据 DAL 进行 SEE 安全性分析。主要有以下两点原因:

(a) DAL 旨在覆盖软件和硬件产生的系统性错误,而 SEE 只会导致随机事件的发生,随机事件是在系统 FTA 中分析的。

（b）依据 SAE ARP 4754A,从 DAL A 级到 DAL C 级的元件均可能成为导致灾难性的失效状态的功能失效集中的元素,贡献灾难性的失效状态的 DAL C 级的系统也需要进行 SEE 分析。

SEE 评估并不影响 CMA,实际上,在正常的大气辐射水平下,SEE 能够影响到的也仅仅是单个设备的随机失效,不可能同时影响一些独立的硬件设备。仅在强烈的太阳耀斑事件发生时,大量的中子进入大气,在较短时间内增加了整个大气里的中子通量,从而可能严重影响系统架构特征,如冗余或监控,由于 CMA 关注的是与影响系统内部独立机制的共同故障有关的系统缓解措施,因此 CMA 需要做的是缓解太阳耀斑的影响。总之,如 EASA SEE CM 中所推荐的,对抗太阳耀斑的缓解措施应该在飞机级完成。

正常的大气辐射水平的影响限制在一个部件的范围内。由于安全性机制已经覆盖了功能内在随机失效或错误的影响,因此 SEE 影响不会从一个部件传播到另一个部件,不需要对 SEE 影响传播进行定性评估。

为了验证设计的符合性,应将 SEE 定量评估的概率与 FMEA 派生的失效概率进行比较,如果 SEE 概率可以忽略,则表明设计是符合的;如果 SEE 概率不可忽略,则需要通过灾难性的和较严重的失效状态的系统级顶层定量安全性目标以验证符合性。以下推荐的判据可以确定 SEE 概率是否是不可忽略的,是否在一个数量级里:

$$错误概率(SEE) < 失效概率(FMEA)/10$$

使用的部件技术类型和以往的服役历史可用于证明已认证飞机上使用过的设备的 SEE 认证目标的符合性。

SEE 分析方法按照以下步骤执行:如果符合,则认为设计是合适的;如果不符合,则需要对系统(没有建立缓解技术的系统级的实现)或设备(选择对 SEE 不敏感或不受 SEE 影响的部件,已建立缓解技术的实现)进行重新设计。

5.2.3.2　SEE 影响分析的假设

为了进行有效的 SEE 影响分析,参考 IEC/TS 62396(航空电子设备电子仪器内的 SEE 效应调节大气辐射效应),对分析过程中的数据源进行如下假设:

(1) 设备的 SEE 影响的敏感度计算公式如下:设备敏感度＝设备存储单元容量(MB)×220×8 位/字节。

(2) 该分析假设飞机在海拔 40 000 ft,纬度 45°的飞行过程中的 SEE 影响的翻转率(每位每小时)。

(3) SEE 的翻转率在表 5.16 中描述。

表 5.16　SEE 的翻转率

单粒子翻转率	多位翻转率
6.00×10^{-10} 翻转/(位・小时)	1.20×10^{-11} 翻转/(位・小时)

注 1:除非制造商提供设备翻转率的数据,否则应该使用上表中的翻转率。
注 2:当设备中含有硼-10 时(通常硼磷硅玻璃中含有硼-10),计算单粒子翻转率和多位翻转率时应该增加缩放因子 7.6。

其中 SEE 影响的预防设计通常在系统层级上开展,从而消除 SEE 的影响。例如,当设备有能够校正单位错误的功能时(错误检查和纠正电路),认为设备对 SEU 不敏感,但它依然对 MBU 敏感。

5.2.3.3　SEE 影响分析过程

1) 确定对 SEE 影响的敏感零部件

通过筛查硬件图纸和材料清单(bill of material,BOM),确定系统和单元内对 SEU、MBU 敏感的零部件。通常以下类型零部件对 SEU 和 MBU 敏感:

(1) 所有 RAM。

(2) 使用 RAM 的现场可编程门阵列(field programmable gate array,FPGA)。

(3) RAM 寄存器和指定区域内基于 Flash 的 FPGA 和 ASIC。

(4) 寄存器,缓存内存和有内部 RAM 的处理器、微控制器和图形处理器。

(5) 内部有 RAM 和寄存器的任何其他集成电路零部件。

通常认为 NVRAM 设备，如 Flash 和带电可擦可编程只读存储器（electrically erasable programmable read only memory，EEPROM）不对 SEE 影响存在敏感度。

2）敏感零部件 SEE 翻转率计算

在 IEC/TS 62396-1 标准中，指出设备的单粒子翻转率通常由以下两个因素决定：

（1）设备中对 SEE 敏感的装置横截面积的大小。

（2）对 SEE 敏感的装置在大气中遇到中子的数量（大气中子数量取决于飞机飞行的高度和纬度）。

当飞机在海拔 40 000 ft，纬度 45°的条件下飞行时，单粒子翻转率、多位翻转率（单位：每位每小时的翻转数）如表 5.16 所示。

设备的 SEE 翻转率公式变为

$$\lambda_{SEE} = \lambda_{SEU} + \lambda_{MBU}$$

其中，

$$\lambda_{SEU} = 单粒子翻转率（SEU）\times 敏感位的数量$$
$$\lambda_{MBU} = 多位翻转率（MBU）\times 敏感位的数量$$

3）飞机飞行剖面的 SEE 翻转率

SEE 翻转率通常由飞行的高度和系统或者单元的供电状态所决定（如供电或者未供电）。当系统或单元处在未供电状态时，认为 SEE 翻转率为 0 翻转/小时。

在较低高度下，SEE 的中子通量较微弱，所以此时设备的 SEE 翻转率较低。IEC/TS 62396-1 标准中给出了不同高度对应的中子量强度。如果将 40 000 ft 高度下中子通量强度定为 1，则会产生一系列在不同飞行高度下飞行包线内的调节因子，如表 5.17 所示。

表 5.17　SEE 翻转率调节因子

高度/ft	中子通量/[(n/cm²)·s]	调节因子
5 000	0.01	0.011 36
10 000	0.04	0.045 45
15 000	0.08	0.090 91
20 000	0.13	0.147 73
25 000	0.24	0.272 73
30 000	0.38	0.431 82
35 000	0.6	0.681 82
40 000	0.88	1.000 00
45 000	1.02	1.159 09

注：IEC/TS 62396-1 中并没有给出 0 ft 时中子的通量。因此，5 000 ft 对应的调节因子对应 0 ft 高度的调节因子。

　　根据典型的飞机飞行剖面，使用表 5.17 中的调节因子可以更准确地计算系统或者单元的 SEE 翻转率。例如，对于运行了一年(如 8 760 h)的飞机，给出如表 5.18 所示的飞行剖面。

表 5.18　长服役飞机飞行剖面

序号	阶段	阶段描述	高度/ft	时间/h
1	地面——op 1	随着 APU 启动,电源车连接或者发动机起动,系统地面开机	0	680
2	地面——op 2	系统地面开机	0	680
3	滑行和起飞	航空站—跑道—跑道入口滑行和最终起飞	0	45.33
4	爬升	爬升至 FL 300	15 000	192.67
5	巡航	在操作高度 FL 300 处巡航	35 000	4 998
6	下降	从操作高度 FL 300 处下降到 2 000 ft 的下滑指向标距离航站楼 5 mi①	15 000	158.67

——————

① mi:英里,长度单位,1 mi=1 609 m。

序号	阶段	阶段描述	高度/ft	时间/h
7	进近	系统开机从下滑指向标进入 2 000 ft，距离航站楼 5 mi，以 400 ft/min 的速度着陆到跑道	5 000	34
8	滑行	着陆至停机，乘客下机	0	34
9	地面——op 3	飞机停机后断电	0	1 337.33
10	地面——op 4	地面维护	0	600

4）确定设计薄弱环节及 SEE 防护措施

通过可靠性预计的计算，系统或者单元功能中断之间的平均时间（mean time between function interuption，MTBFI）应大于或等于该系统或者单元的 MTBF。当 MTBFI 小于 MTBF 时，可靠性和安全性工程师应根据 SEE 的分析结果确定哪些零部件对总体 MTBFI 影响最大（如 SEE 翻转率最高的零部件），并和设计师一起确定对 SEE 翻转率最高的零部件采取的 SEE 防护措施，从而达到减小或者消除这些装置 SEE 敏感性的目的。可以减小零部件 SEE 敏感性影响的方法已在 5.2.3.2 节阐明。

5.2.3.4 进行 SEE 影响分析的案例

本节以飞机驾驶舱备份仪表为例，给出了对该设备进行 SEE 影响分析的案例。

1）SEE 发生率

参见 5.2.3.3 节，静态 RAM（static RAM，SRAM）、动态 RAM（dynamic RAM，DRAM）设备的 SEU 和 MBU 的发生率如表 5.19 所示。

表 5.19 SRAM 和 DRAM 设备的 SEU 和 MBU 发生率

设备类型	SEU 发生率/[翻转/（位·小时）]	MBU 发生率/[翻转/（位·小时）]
SRAM	6×10^{-10}	1.2×10^{-11}
DRAM	6×10^{-13}	1.2×10^{-14}

注 1：当飞机在海拔 40 000 ft，纬度 45°的条件下飞行时，计算单粒子翻转率、多位翻转率（单位：每位每小时的翻转数）。

注 2：当设备中含有硼-10 时（通常磷硅玻璃中含有硼-10），计算单粒子翻转率和多位翻转率时应该增加缩放因子 7.6。

基于 Flash 技术的设计通常不会受到 SEU 和 MBU 的影响。备份仪表的内存也会受到 SEU 或 MBU 的影响,它们包括以下几方面:

(1) DDR3 - SDRAM。DDR3 包括帧缓存器(7 372 800 比特)、操作飞行程序代码(1 677 722 比特)、静态/动态数据(123 312 538 比特)、可用存储空间(1 GB)、内存使用总数(132 363 060 比特)。

(2) NVRAM - RAM。NVRAM 包括静态数据、动态数据、可用存储空间(1 MB)、存储空间使用总数(294 912 比特)。

(3) 姿态传感器- SRAM。姿态传感器- SRAM 包括操作飞行程序代码(364 832 比特)、静态/动态数据(240 672 比特)、可用存储空间(N/A)、内存使用总数(605 504 比特)。

(4) 处理器内部寄存器和内存。处理器内部寄存器和内存包括 L1 SRAM 缓存(32 KB 指令缓存和 32 KB 数据缓存、处理器的奇偶校验代码);带有 ECC 的 L2 缓存(256 KB、使用 ECC 防护);L3 共享的 SRAM(64 KB、未使用);专用 SRAM(64 KB、未使用)。

并且,处理器的主要原材料均含有硼- 10,所以在计算 SEE 翻转率时要对 RAM 类的存储器乘以一个缩放因子。

2) SEE 影响

针对备份仪表设备,SEU 和 MBU 两者均会导致受影响设备的数据错误,区别仅在于导致可观察数据错误的程度不同。

显示参数(排除姿态参数)存储在同步同态 RAM(synchronous dynamic RAM, SDRAM)中,SEU 和 MBU 仅对一个数据更新周期内的数据有影响。当下一周期的参数数据被更新后,将消除上个周期被 SEU 和 MBU 影响的数据。备份仪表的显示更新频率为 60 Hz,显示数据的更新速度要比人眼的识别速度快,因此,飞行员将看不到受 SEU 和 MBU 影响的显示参数。如果 SEE 对设备造成硬件影响,则会持续产生错误数据并导致参数的错误显示。

为了计算当前的姿态数据,姿态-传感的算法要使用之前的姿态数据和从姿态传感器传来的当前姿态数据。如果 SEU 和 MBU 影响到了之前的姿态数据,则当前姿态和此后推算出的姿态都可能是错误的。针对这个事件的暴露时间是设备上电和下电的间隔时间。

图形微控制器可能对单粒子功能中断比较敏感。如果发生了单粒子功能中断,则会影响处理器功能,如处理器可能变为在死循环中锁定。

对于依赖 SEE 影响的类型,Flash 存储器要么不受 SEE 影响,要么受 SEE 影响很小。然而,经验表明一些 Flash 设备会受到 SEU 和 MBU 的影响。一些不充分的经验证据可用于预计 Flash 存储器受 SEU 和 MBU 影响的翻转率,但是可以明确的是,Flash 的 SEE 翻转率比 RAM 的 SEE 翻转率低。对于备份仪表,会持续地对复制了操作飞行程序的 Flash 和 SRAM 进行数据的完整性检查。由于 SDRAM 中数据的敏感度比较低,并且 Flash 中与 SDRAM 中的数据错误影响相似,因此存储在 Flash 中的数据错误率远比存储在 SDRAM 中的数据错误率低。因此,Flash 里存储的数据错误不被进一步地考虑。

3) SEE 影响计算

表 5.20 提供了易受 SEE 影响的事件列表。这个列表包含了 SEE 造成这些事件的详细信息以及这些事件对应的 SEE 翻转率。这些 SEE 翻转率将被增加到硬件失效概率,然后为故障树的顶事件(参数的丧失显示、参数的错误显示)提供一个总失效概率。

表 5.20　易受 SEE 影响的事件

事件名称	描述	SEE 翻转率/(/飞行小时)	SEE 翻转率的原理	影响和缓解措施
SEE_01	SEU 导致 SRAM 中的姿态计算变量错误	2.76×10^{-3}	姿态传感器 - SRAM 中的 605 504 比特(75 688 字节)分配给代码和静态、动态数据。因此,SEE 翻转率通过 605 504 乘以 SRAM 的 SEE 翻转率(6×10^{-10})和硼 - 10 缩放因子(7.6)得到(由于设备无法确定是否含有硼 - 10)	没有缓解措施。这个事件将导致不符合姿态错误显示的目标。SEE 翻转率的预算被分配,并且一条需求将被捕获到备份仪表的 PSSA 中

事件名称	描述	SEE 翻转率/(/飞行小时)	SEE 翻转率的原理	影响和缓解措施
SEE_02	SEU 导致存储在 SDRAM 中的变量、常量发生错误	5.62×10^{-4}	DDR3 - SDRAM 中的 123 312 538 比特分配给静态、动态数据。因此,SEE 翻转率通过 123 312 538 乘以 SDRAM 的 SEE 翻转率(6×10^{-13})和硼 - 10 缩放因子(7.6)得到(由于设备无法确定是否含有硼 - 10)	没有缓解措施。这个事件将导致不符合数据错误显示的目标。SEE 翻转率的预算被分配,并且一条需求将被捕获到备份仪表的 PSSA 中
SEE_03	SEU 导致存储在 SDRAM 中的操作飞行程序错误	7.65×10^{-6}	DDR3 - SDRAM 中的 1 677 722 比特分配给操作飞行程序代码。因此,SEE 翻转率通过 1 677 722 乘以 SDRAM 的 SEE 翻转率(6×10^{-13})和硼 - 10 缩放因子(7.6)得到(由于设备无法确定是否含有硼 - 10)	这个事件可能导致发生错误行为。通过将 RAM 和 Flash 复制进行对比以减少错误行为发生。因此,不会衍生出新的不符合项
SEE_04	SEU 导致存储在 NVRAM 中的常量发生错误	1.12×10^{-3}	NVRAM 中的 245 760 比特分配给静态、动态数据。因此,SEE 翻转率通过 245 760 乘以 NVRAM 的 SEE 翻转率(6×10^{-10})和硼 - 10 缩放因子(7.6)得到(由于设备无法确定是否含有硼 - 10)	后续存储在 NVRAM 中的数据错误将不会影响显示的数据,不被进一步考虑
SEE_05	SEU 导致 SDRAM 中的图形指令(帧缓存器)发生错误	3.36×10^{-5}	DDR3 - SDRAM 中的 7 372 800 比特分配给帧缓存器。因此,SEE 翻转率通过 7 372 800 乘以 SDRAM 的 SEE 翻转率(6×10^{-13})和硼 - 10 缩放因子(7.6)得到(由于设备无法确定是否含有硼 - 10)	将影响一个帧里面的个别像素点,因此没有可察觉的影响,不被进一步考虑
SEE_06	MBU 导致存储在处理器 L1(单比特错误检测)高速缓存中的常量、变量数据发生错误	3.15×10^{-6}	处理器 L1 数据缓存中的 262 144 比特(32 KB)受到 MBU 影响,而不是 SEU。因此,SEE 翻转率通过 262 144 乘以 SRAM 的 MBU 翻转率(1.2×10^{-11})得到	没有缓解措施。这个事件将导致不符合数据错误显示的目标。SEE 翻转率的预算被分配,并且一条需求将被捕获到备份仪表的 PSSA 中

事件名称	描述	SEE 翻转率/（/飞行小时）	SEE 翻转率的原理	影响和缓解措施
SEE_07	MBU 导致存储在处理器 L1（单比特错误检测）高速缓存中的操作飞行程序指令发生错误	3.15×10^{-6}	处理器 L1 数据缓存中的 262 144 比特（32 KB）受到 MBU 影响，而不是 SEU。因此，SEE 翻转率通过 262 144 乘以 SRAM 的 MBU 翻转率（1.2×10^{-11}）得到	指令发生错误；可能导致错误的行为或处理器发生闩锁效应

4）SEE 缓解措施

备份仪表使用如表 5.21 所示的措施缓解 SEE 影响。

表 5.21　SEE 影响缓解措施

设备	缓解措施	原　理
SDRAM	尽可能地减小易失性存储器的数据存储周期	每帧都将刷新用于帧缓存的存储空间区域。如果一个帧缓存区域数据被一次 SEU 影响，则下一帧刷新时会清除问题数据。显示错误数据时间太短以致人眼无法看到
SDRAM	定期验证存储在易失性存储器上操作飞行程序的完整性，以延长时间周期	对存储在 SDRAM 中的操作飞行程序的软件数据和 Flash 存储空间的相应数据进行对比测试。如果存储在 SDRAM 中的操作飞行程序数据错误，则直接进行冷启动，而不记录 SDRAM 中 BIT 失效情况并进入后续的操作飞行程序失效模式
SDRAM	对静态和动态数据没有缓解措施	SEU 失效概率为 5.62×10^{-4}/飞行小时，所以影响 SDRAM 的 SEU 将导致不符合数据错误显示的目标。SEE 翻转率的预算被分配，并且一条需求将被捕获到备份仪表的 PSSA 中
NVRAM	对静态和动态数据没有缓解措施	如果需要降低 NVRAM 的 SEE 发生概率，则一条可能措施是精确评估分配的常量和比特数量
处理器	利用看门狗计时器检查软件按照预期运行	如果处理器"喂狗"失效，则处理器的看门狗清空显示，并重置处理器。它可以检查出运行程序错误，该错误是由影响处理器一些内部寄存器的 SEE（单粒子功能中断影响）造成的。看门狗的超时一般在 200～300 ms 之间

所有 SEE 检测机制都应该在上电过程中被测试,从而确保这些检测机制的失效不是隐蔽的。

5) 结论

本例描述了对备份仪表进行 SEE 影响分析时需要考虑的因素和对应的 SEE 影响计算,以及对每种设备 SEE 影响的缓解措施。

5.2.4 共模分析

5.2.4.1 概述

CMA 是 CCA 的一部分,是一种用来确保飞机设计良好的定性分析方法。由于设计、制造、维修错误和系统部件失效可能影响设计的独立性,因此有必要识别出这些影响独立性的失效模式,并分析判定这些失效影响飞机安全性的程度。依据 SAE ARP 4761 的附录 K 执行 CMA。

共模失效的种类很多,如软件开发错误、硬件研制错误、安装错误、不合适的试验程序、不合适的维修程序等。这些共模失效涉及设计、制造、安装、试验、维修各个方面。

CMA 用于表明对 CCAR/FAR/CS-25.1309 条款的符合性以及其他特定要求。CMA 作为 SSA 的一部分,适用于新型号的设计或者对现有设计的更改。

5.2.4.2 共模失效的概念和分类

为了提高民机航空电子系统的可靠性和安全性,常常将其设计成冗余结构。然而在实际应用中,常常会出现两个或多个部件由于某种共同的原因而同时失效的情况,即所谓的共因失效,当这些失效模式相同时则称为共模失效,它会严重影响冗余系统的安全性,可能使系统的可靠性降低几个数量级,成为系统失效的主要根源。

共模失效广泛存在于复杂系统中。共模失效的产生说明存在一定数量的失效在统计上不是独立的。这种非独立性的存在增加了复杂系统的联合失效概率,降低了冗余系统的可靠度,为复杂系统设备带来了巨大的安全隐患。所以在民用飞机设计过程中,要尽量消除共模失效产生的原因,对系统进行可靠性分析时要综合考虑共模失效因素产生的影响。

1)共模失效概念

共模失效的基本定义是由一个共同的原因引起的多个失效模式相同的失效,且这些多重失效之间没有因果关系。该定义包含相互关联、系统的失效、相同的失效模式、相互耦合的失效。

2)共模失效的分类

造成共模失效的原因包括工程因素、使用因素和环境因素三个方面。据此将共模失效分为三类,即工程因素引起的共模失效、使用因素引起的共模失效、环境因素引起的共模失效。

(1)工程因素引起的共模失效。工程因素通常是由于设计人员对可能引起失效的因素缺乏了解,没有采取相应措施造成的。工程因素有规范条件、设计、制造三方面。

规范条件主要指不完善或相互冲突的规范及条件。设计方面可能存在的问题主要指共用设备造成每一个通道都产生相同的失效模式、相同功能件的密集安装和缺乏隔离措施等。例如,在工作系统及备份系统中使用相同的部件,这样同一失效模式可能同时在每一个通道中发生。制造方面指同一批生产的元件或系统在制造过程中出现缺陷、未按规定工艺试验要求执行、装配错误等。

(2)使用因素引起的共模失效。存储的飞机设备常常在仓库中存放数年,如果存放环境不合适或维护不当,则设备有可能劣化。维护是人为错误起主要影响的领域,它包括使用错误、不恰当的程序及监控。

(3)环境因素引起的共模失效。环境因素包括突发性环境变化(雷电、冰雪等)和意外物干扰(外来物、鸟撞等)等。一种典型的情况是晴空湍流,湍流中意外的强阵风造成飞机解体。

经验表明,在以上原因中,工程因素是诱发共模失效的最主要因素,而且是工程设计中可以控制的因素。如果一个系统所有冗余通道之间都具有很强的隔离措施,并在设计上具有很好的多样性,相互之间连接很少,则该系统发生共模失效的机会就很小。

5.2.4.3　共模分析的目标

CMA 主要用来帮助验证独立性要求在设计实现中的满足情况,识别影响严重失效状态的共模失效,判定设计是否考虑了共模失效。

CMA 源自 FHA 和 PSSA 的独立性验证需求,使用了 FHA 和 PSSA 的评估结果,如灾难性的、较严重的失效状态清单;设计中考虑的独立性准则以及其他可能驱动 CMA 工作的方面。CMA 结果将包含在 SSA 文件中,作为 SSA 结论的支撑材料。

5.2.4.4　共模分析的输入

执行 CMA 以验证 FTA、DD 或 MA 中的与门事件是确实独立的。

为了开展 CMA,分析人员需要熟悉、理解有关系统操作和安装的特点。这些特点包括以下方面:设计架构和安装计划;设备和零部件的特性;维修和测试程序;机组操作程序;系统、设备和软件的技术规范。

此外,分析人员还需要清楚所有用来消除共模影响或者使其减至最小的安全防护方面的系统特性,包含以下内容:多样性(非相似性、冗余度等)和隔离(或分隔)、测试和预防性维修大纲、设计控制和设计质量等级、程序或技术规范的评审、人员培训、质量控制。

5.2.4.5　共模分析过程

CMA 是在 FHA 和 PSSA 的基础上开展的,因此将 FHA 和 PSSA 的结果作为输入,并结合 CMA 的通用检查单,开展 CMA。通过 CMA,形成 CMA 报告。如果 CMA 报告中所有内容都符合要求,则将 CMA 报告作为 SSA 的一部分,纳入 SSA 文件资料中。如果 CMA 报告中存在不符合要求的内容,则需反馈给系统设计人员,帮助其做出相应修改,再将修改结果和系统级安全性分析结果一并作为 CMA 的输入,重新开展 CMA。

CMA 过程主要包括以下 4 个步骤:首先根据系统设计特点,确定通用检查单;其次根据 FHA 和 PSSA 形成独立性需求以及相关的失效状态清单;再次针对每个独立性需求,在共模类型和来源检查单的基础上,选择适用的共模类型和共模来源;最后针对每个给定的共模来源,开展共模失效和差错分析,将其结果整理成 CMA 报告。

1) 确定通用检查单

为了防止遗漏会造成相同失效的共同原因,保证后面 CMA 的顺利开展,一般需要先确定通用检查单。

通用检查单包括三部分,即共模类型和来源部分、共模失效和差错部分、可接受方法部分。考虑到共模失效和差错与共模类型和来源有关,通常将前两部分放在一个表格中作为通用共模类型和来源、共模失效和差错检查单,然后将可接受方法的内容单独做成检查单,即通用可接受方法检查单。

(1) 通用共模类型和来源、共模失效和差错检查单主要包括共模类型、共模子类型、共模源、共模失效和差错。共模类型是从设计、制造、安装、使用、维修、试验、校准、环境方面对失效进行的初步划分。共模子类型是对共模类型的进一步细化,如设计方面的共模类型可以细化为设计架构、工艺和技术规范等方面。共模源在共模子类型的基础上对共模进行更加具体的描述。共模失效和差错是对造成共模失效原因的具体描述。共模源、共模失效和差错的内容应基于已有资料示例和以前的经验。通用检查单的详细程度取决于研究技术和系统的复杂程度和新颖程度。

(2) 通用可接受方法检查单。通过 CMA,如果发现存在某共模导致失效状态不满足独立性原则,则需要判定此共模是否是可以接受的,若不是则需要通过设计进行修改。通用可接受方法检查单中列出的就是判定共模可以接受的方法,即判定不符合独立性原则但仍可以接受的方法。

在 CMA 过程中考虑的共模因素主要有以下内容:软件设计差错、硬件设计差错、硬件失效、产品缺陷和维修性设计缺陷、相关的应力事件(如非正常的飞行状态、非常规系统构型)、安装差错、需求差错、级联故障、相同外部源故障、环境因素(如温度、振动、湿度等)。

2) 确定需要进行 CMA 的独立性需求以及相关失效状态清单

开展 CMA 的基础是失效状态,也就是首先需要判断哪些失效状态需要开展 CMA。只有确定了需要进行 CMA 的失效状态,才能有针对性地开展相应的 CMA。为了清晰方便,常将这些失效状态按照一定的格式汇总,形成失效状态清单。

失效状态清单是根据 FHA 和 PSSA 的结果确定的,而这些结果又是根据系统架构安装等系统特征以及飞机级 FHA 确定的,因此 CMA 的输入就是这些前期工作的结果。

CMA 的输入来自 FHA 和 PSSA 中独立性方面的需求,这些需求与下列项相关:

(1) FHA 和 PSSA 中失效状态的详细描述,一般特别针对灾难性的和较严重的失效状态。

(2) 在设计中考虑的、需要验证的独立性原则或假设。

在分析这些需求时,还需要考虑系统的一些特性,主要包括系统运行和安装的相关特性。在考虑系统特性时,还应了解消除共模的一些安全防护措施。

根据 FHA 和 PSSA,将所有需要开展 CMA 的失效状态全部列出,如可能造成灾难性的和较严重的后果的失效状态。失效状态包括失效状态的编号和名称,作为 CMA 的基础还需要包括对飞机造成危害的等级、失效状态发生概率的定性目标及其定量目标。考虑到 CMA 分析的迭代性,还需要包括每次 CMA 对失效状态分析的可接受状态,即可接受、不可接受,还是暂时无法判断。可接受状态既是每次 CMA 必须要参看的内容,也是判断 CMA 是否可以结束,并将相关文件纳入 SSA 文件体系的依据。

对 FHA 或 PSSA 文件中的每个灾难性的或较严重的失效影响,识别其故障树中的与门,依据 CMA 清单,分析故障树的与门输入事件是否存在共性(如共用的连接器、处于相同的环境载荷下),即是否能够满足独立性需求。因此,以 FHA 中失效状态为顶事件建立的故障树中的与门是 CMA 的主要分析对象。FHA 中确定的失效状态的发生概率为 CMA 的最终要求。

3) 确定共模类型和共模来源

确定共模类型和共模来源主要分为 4 个步骤:失效状态描述、失效状态分解、共模类型确定和共模来源确定。首先针对失效状态清单中的每个失效状态,描述失效状态所在的系统,从而对失效状态进行分组分块。在失效状态分解后,可结合检查单选择失效状态块的共模类型,并选择每个失效类型的共模来源。

(1) 失效状态描述。描述失效状态清单中的失效状态本身,包括相关要求和相关失效图表。这些内容都来源于 FHA 和 PSSA。

(2) 失效状态分解。分解失效状态是为了将失效状态中的与门事件提取出来,判断与门事件之间是否存在共模。分解失效状态对与门事件根据 CMA 的需要进行归类,形成若干个失效状态块。对失效状态分解成多少块以及如何划分,应参考失效状态描述中提供的相关要求。

(3) 共模类型确定。针对每一个具体的失效状态确定共模类型,确定方式如下:根据确定的 CMA 通用检查单,判断每个共模类型对失效状态块的共模适用性。一旦为失效状态块选择了共模类型,就必须针对共模类型确定详细的共模来源。根据通用检查单可知,共模类型主要包括设计、制造、安装、使用、维修、试验、校准、环境等类型,并且根据需要划分为共模子类型,如设计方面的共模子类型包括设计架构、工艺、技术规范等。

(4) 共模来源确定。确定共模来源主要包括以下两个步骤。第一步针对每个选定的共模类型,列出所有失效状态块的具体特征。第二步分析不同失效状态块的具体特征的相似程度(相同点和不同点),考虑潜在共模来源。在考虑潜在共模来源的过程中,应该根据通用检查单详细分析,以防遗漏。如果相似,则标示出对应的潜在共模来源,确定为共模来源。根据失效状态块的相似性和差异性分析进行汇总,形成表格。

4) 分析共模失效和差错

共模失效和差错分析的内容是确定所有潜在共模来源或已选共模来源是否具备防差错措施,并确认独立性需求的状态。如果存在,则还需要判断针对此共模设计的相应防范措施是否是可接受的。

(1) 确定共模来源的共模失效和差错。针对每个潜在共模来源,分析确定其共模失效和差错,该操作应参考通用检查单。

(2) 确定共模来源是否具备防差错设计。根据每个共模来源确定的共模失效和差错,判断实际系统中共模来源是否构成了共模。

如果在实际图样中采用了防差错设计使得系统不能构成共模来源,则认为此共模来源已具备防差错设计,实际不能构成共模来源。此时应在防差错设计中写明“有”,并应注明此共模来源防差错的理由。

如果在实际图样中并没有采用防差错设计,则此时应在防差错设计中写明“无”,并确定独立性需求的状态,进一步确定共模的可接受性。

(3) 确定独立性需求的状态。在共模失效和差错影响分析的基础上,根据独立性原则判断失效状态是否需要独立。如果需要独立,则写“是”,否则写“不是”。如不要求独立,则不再进一步分析;否则,需根据预防措施判断共模的可接受性。

(4) 确定共模的可接受性。对于不满足独立性需求的共模失效,应根据设计预防措施和通用可接受方法检查单确定此共模是否可接受。其中需要一些专门的、用来支持共模可接受的文件。

如果需要提供可接受共模的支持文件,则此时共模分析人员应尽早提出共模需求,并请求开展相关的专门分析;进行专门分析后,将分析结果作为确定可接受的依据。

进行专门分析后,应给出明确结果,即此共模能否接受。如果能够接受,则分析结果文件作为合理性证明文件支持此共模的可接受性,并明确注明此共模是可以接受的;如果不能接受,则分析结果作为证明文件支持此共模的不可接受性,并明确注明此共模是不可接受的。

如果共模是不可接受的,则需要向 SSA 和 SFHA 提交 CMA 的不符合内容清单,其中应包括不符合要求的共模的详细描述及其相关建议。

5.2.4.6　共模分析的输出

CMA 的输出资料为 CMA 报告,该报告包括了所有符合独立性原则的证明材料,通常报告需要包含以下内容:

(1) CMA 过程中使用的图样、支撑材料和参考文件。

(2) 所产生的指导 CMA 的需求清单。

(3) 所分析的系统和部件的说明。

(4) 对 CMA 需求符合性的说明。

(5) CMA 过程中识别的问题和关注点。

(6) 所发现的问题和关注点的判定(纠正措施或可接受证明)。

(7) CMA 的结论和结果。

在 CMA 过程中,如果存在不可接受的情况,则应专门发布一份 CMA 不符合性内容清单,并在 CMA 之外开展可接受程序。在这个可接受程序内,根据证明材料和对于安全性的影响确定结论,接受共模,或者进行修改。这些决定应补录在 CMA 报告中。

CMA 的结果可以是一份独立的报告,也可以作为 SSA 的一部分。

5.2.4.7　示例

为说明 CMA 技术,考虑一个空间系统,为了提供生命支持需要空气流通,因此可能要求以冗余的方式执行该项功能。共模要求为空气流通功能要具备独立性,三个风扇流通空气要相互独立。客舱内灰尘、碎片、保险丝、电源可能是共模来源,将同时影响冗余设备的功能,需要应用控制防护措施,以防止系统出现不可预期的共模影响,如图 5.15～图 5.18 所示。

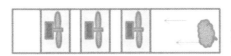

所有三个风扇都会受到
客舱内灰尘、碎片的影响

安装过滤器能够限制该影响

图 5.15　缓解共模失效的措施——在第一个风扇盖的上游安装过滤器

但是，如果第一个风扇故障，那么这项措施无法保护其他两个风扇，相关缓解措施如图 5.16 所示。

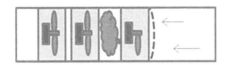

当一个风扇发生故障时，将
使碎片进入其他风扇，这
是一种级联失效

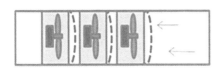

每个风扇都安装过滤器可以
限制该影响

图 5.16　缓解共模失效的措施——每个风扇都安装过滤器

对于造成危害的失效，其共同保护方案可能确保危害不会发生，但是该方案也可能影响空气流通。在一个空间系统中，空气流通是一项生命支持需求，共同保护方案可能对功能本身造成危害，相关缓解措施如图 5.17 所示。

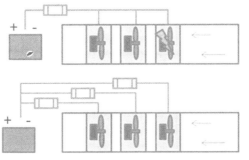

如果一个风扇发生短
路，则丧失电源会影
响所有三个风扇

每个风扇都安装保险
丝可以限制该影响

图 5.17　缓解共模失效的措施——每个风扇都安装保险丝

并且,电源失效将导致空气流通受阻,从而导致生命危险,相关缓解措施如图 5.18 所示。

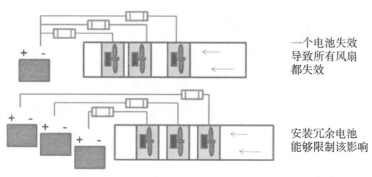

一个电池失效导致所有风扇都失效

安装冗余电池能够限制该影响

图 5.18　缓解共模失效的措施——三个风扇安装三个电池

5.3　小结

本章介绍了航空电子系统安全性评估的基本技术和专题技术,首先介绍了安全性评估的基本技术,包括 SFHA、FTA 和 FMEA,从每种技术概述、输入、实施过程、输出及相应示例等方面阐述基本评估技术。其次介绍了安全性评估的专题技术,包括 CGP 评估、缓存评估、SEU/MBU 分析及 CMA,针对 CGP 及高速缓存可能存在影响安全性的问题和关注点,给出了相应的解决方法。对于专题技术 SEE 影响分析及 CMA,从专题技术的目的、输入、实施过程、输出及相应示例等方面阐述专题评估技术。

总之,安全性评估的主要目的是识别事故风险,评估事故风险,消除或控制这些风险,从而避免事故的发生,或者尽量减少事故发生的可能性,降低事故有害影响的程度。

参考文献

［1］ 郭博智,王敏芹,阮宏泽.民用飞机安全性设计与验证技术［M］.北京：航空工业出版社,2015.

［2］ SAE ARP 4761 Guidelines and Methods for Conducting the Safety Assessment Process on Civil Airborne Systems and Equipment［S］. SAE, 1996.

［3］ 修忠信.民用飞机系统安全性设计与评估技术概论［M］.上海：上海交通大学出版社,2013.

［4］ 赵廷第.安全性设计分析与验证［M］.北京：国防工业出版社,2011.

［5］ 康锐,张叔农.可靠性工程基础［M］.北京：电子工业出版社,2011.

［6］ BATE I, CONMY P, KELLY T, et al. Use of Modern Processors in Safety-Critical Applications［J］. Studies in Second Language Acquisition，2001,1(6)：531－543.

［7］ UTRC. Study of Commercial-Off-The-Shelf（COTS）Real-Time Operating Systems (COTS) in Aviation Applications［R］. 2002.

［8］ FAA. Commercial Off-The-Shelf（COTS）Real Time Operating Systems (COTS) and Architectural Considerations［R］. 2003.

［9］ HILLARY N, MADSEN K. You Can't Control What You Can't Measure, OR Why It's Close to Impossible to Guarantee Real-Time Software Performance on a CPU with On-Chip Cache［R］. 2002.

［10］ JON W, TIMOTHY J H. Common Cause Failure Modes［R］. NASA Marshall Space Flight Center，Huntsville，USA. 2010.

6

支持安全关键功能的软件/硬件容错架构

电子硬件和软件在与飞机安全性相关的关键功能部件中的使用越来越多，由于软件/硬件的复杂性日益增加，软件/硬件设计差错也变得更加难以控制，因此飞机的功能越来越容易受到软件/硬件设计错误的影响。SAE ARP 4754A 指定 SAE ARP 4761 作为安全性评估的指导，指定 DO‐178C 作为软件开发的指导，指定 DO‐254 作为硬件开发的指导。同时，AC 25‐1309 要求系统确保"失效‐安全"，即在发生硬件故障或存在软件错误的情况下仍能继续正确完成指定任务的系统功能，即容错设计。

6.1　机载软件

在机载软件开发适航考虑中，有如下的说明：按照软件等级开发软件并不能表示软件的故障概率分配，基于软件开发等级的软件级别或者软件可靠性不能像硬件故障概率一样用来做 SSA。目前，软件可靠性主要通过设计保证来确保，即根据 IDAL 确定研发过程中所需要满足的目标，通过研发过程管理手段确保软件的可靠性。机载软件按照 DO‐178C 规定的流程开展研制，在完成开发的同时必须满足开发的过程目标并接受局方的审查。例如，对于 IDAL 为 A 级的软件来说，DO‐178C 中所规定的 71 个目标（DO‐178C 为 66 个目标）必须完全达到，从而提供在满足适航要求的安全性水平下完成预期功能的置信度。

6.1.1　软件可靠性与软件系统安全性

6.1.1.1　软件失效

1）概述

软件失效可能会造成灾难性后果。以下是一些熟知的例子：1963 年，由于控制系统 Fortran 程序少写了一个逗号，致使美国的首次金星探测计划失败；

1990年，美国长途电话业务由于软件故障而瘫痪9小时；1996年，欧洲航天局的"阿丽亚娜5型火箭"发射失败主要是由其惯性制导系统的软件出现设计错误造成的；1985—1987年，由于放射性治疗设备的软件错误，在加拿大造成多起癌症病人因受到过量放射性辐射而死亡的事故。

软件工程的经验表明：当系统的复杂性达到一定程度时，企图构建完全无错的软件系统是不现实的。1986年，Hecht指出，就研究表明平均来说，每百万行代码中，存在约20 000个错误。大约90%的错误能够在测试阶段被检出并纠正。在投入运行的第一年中，大约有200个错误会被发现，而其余1 800个错误将处于休眠状态。在系统维护期间，每修改200个错误，将引入200个新错误。这不是因为开发者不负责或者粗心，而是因为软件过于复杂，人类思维对于这种软件复杂性存在局限性。因此对于任何复杂系统来说，设计缺陷永远不可能被剔除完，只能通过采取过程保证和容错设计措施尽力保证其可靠性。

2）软件失效机理

一般来说，软件失效机理可描述为软件错误→软件缺陷→软件故障→软件失效。

（1）软件错误。在可以预见的时期内，软件仍将由人来开发。在整个软件生存期的各个阶段，都贯穿着人的直接或间接的干预。然而，人难免犯错误，这必然给软件留下不良的痕迹。软件错误是指在软件生存期内不希望或不可接受的人为错误，其结果是导致软件缺陷的产生。可见软件错误是一种人为过程，相对于软件本身是一种外部行为。

（2）软件缺陷。软件缺陷是存在于软件（文档、数据、程序）中的不希望或不可接受的偏差，如少一个逗号、多一条语句等。其结果是软件运行于某一特定条件时出现软件故障，这时称软件缺陷被激活。软件缺陷与"bug"同义。软件缺陷是存在于软件内部的、静态的一种形式。

（3）软件故障。软件故障是指软件运行过程中出现的一种不希望或不可接受的内部状态。例如软件处于执行一个多余的循环过程时，我们判定软件出现故障。此时若不采取适当措施（如容错）加以及时处理，则产生软件失效。显然，软件故障是一种动态行为。

（4）软件失效。软件失效是指软件运行时产生的一种不希望或不可接受的外部行为结果。

综上所述，软件错误是一种人为错误。一个软件错误必定产生一个或多个软件缺陷。当一个软件缺陷被激活时，便产生一个软件故障。同一个软件缺陷在不同条件下被激活，可能产生不同的软件故障。如果没有及时采取容错措施处理软件故障，则将不可避免地导致软件失效。

3）软件错误分类

软件错误分类有很多标准，可按对系统性能的影响程度、错误发生的持续时间、软件失效后果严重程度、软件错误性质等标准来分类。下面对此做简单介绍。

（1）按对系统性能的影响程度来分类，可分为高（错误的出现使程序停止运行）、中（引起系统性能降低的错误）、低（不使系统性能降低的分散性错误）。

（2）按错误发生的持续时间来分类，可分为瞬时性错误和永久性错误两类。

（3）按软件失效后果严重程度分类。软件失效的后果有大有小，可能极不相同，可划分为不同等级。

a. 第一级：妨碍完成规定的操作、基本功能未完全实现、影响人员安全或导致国民经济重大损失。

b. 第二级：对规定的操作或基本功能的实现产生有害的影响，并且不存在变通解决办法（重新加载或重新启动该软件不属于变通解决办法）。

c. 第三级：对规定的操作或基本功能的实现产生有害的影响，但存在合理的变通解决办法。

d. 第四级：不便于操作，但不影响规定的操作或基本功能的实现。

e. 第五级：其他。

（4）按软件错误性质分类。按软件错误性质分类对认识软件错误的特点和规律、寻求避错的对策和方法特别有用，对软件的可靠性分析和设计具有现实的指导意义。下面较为详细地介绍两种按软件错误性质分类的分类方法：Goel 软件错误分类法和 Thayer 软件错误分类法。

a. Goel 软件错误分类法。Goel 软件错误分类法可以显示错误的属性和各类错误的比例，因此可以加深对错误发生规律的认识，并有助于寻求避免错误产生的方法。Goel 分类法将软件错误分为语法错误、语义错误、运行错误、说明错误、性能错误五个类别。

a）语法错误。语法错误指程序代码不符合编程语言的语法规则所造成的错误。语法错误可以用目察的方法发现，也可以用编译程序中的语法分析程序和词法分析程序在上机编译时发现，这类错误最容易觉察，并且大多由程序员缺乏经验所致。

b）语义错误。语义错误指程序代码不符合计算机环境的语义分析程序要求所造成的错误。常见的语义错误有类型检查错误和执行限制错误。这些错误可以通过目察发现，也可以在上机编译时发现。

c）运行错误。运行错误指程序执行中发生的错误，这些错误又分为以下三类：

（a）定义域错误：指程序变量值超出说明规定的范围，或超出了硬件描述的物理极限。定义域错误是一种严重的错误，它可以使程序给出错误的结果，使程序中断执行。对于实时系统，程序中断执行可能造成非常严重的后果。

（b）计算错误：指程序执行给出了错误的输出。计算错误又称为逻辑错误。因在程序执行过程中产生，所以不可能产生测定计算错误的运行代码。因为计算错误是程序输出和程序说明之间的偏离所造成的，所以现有的测试技术无法保证消除全部计算错误。

（c）非终止错误：指在没有外界干预的情况下，程序无法终止运行的错误。在非终止错误中，最常见的是程序进入无限循环。如果一组并行的程序陷入死锁状态，则也可能出现非终止错误。

d）说明错误。说明错误指需求说明与用户陈述的要求不符，或是由于用户陈述的要求与实际的要求不符所造成的错误。现在还没有完善的方法可用来检查和消除说明错误，因为没有一种非常有效的需求说明语言能够将用户的需求翻译成清晰、完备和一致的术语。

e）性能错误。性能错误指程序的实际性能与要求的性能之间出现的差异。程序的性能可通过下列几个方面来衡量：响应时间、运行时间、存储空间、工作区要求。

b. Thayer 软件错误分类法。Thayer 软件错误分类法是另一种按照错误性质分类的方法。Thayer 分类法用于错误分类的原始信息，是软件测试和使用中填写和反馈的问题报告，因此在 Thayer 分类法中包括不属于软件本身的错误，如系统软件的错误或操作员的错误等。Thayer 分类法的特点是类别详细，适用于各种类型的程序。Thayer 分类法包括下列 16 个类别：

a）计算错误：指程序方程的代码所产生的错误。

b）逻辑错误：指设计程序时出现的逻辑上的差错，如错误的通路、错误的循环、死循环、错误的逻辑、错误的判断条件等。

c）输入/输出错误：指由程序输入、输出语句产生的错误，如输出格式、输出位置及输出数据的完备性不符合要求。

d）数据加工错误：指在数据的读写、移动、存储和变更时发生的错误。

e）操作系统及系统支持软件的错误：指在程序运行时，控制、支持程序运行的软件所产生的错误。这些错误不属于程序本身，需要把它们与程序本身的错误相区别。

f）配置错误：指软件经过修改后发生的，不能与操作系统或其他应用软件兼容的错误。这类错误具有灾难性的后果,它们往往是由于赶进度、违背配置管理规则造成的。

g)接口错误:指在程序与分程序的接口、程序与系统软件的接口、程序与数据库的接口、程序与用户的接口处发生的错误。

h)用户要求改变:指在程序使用后,用户对软件功能提出的新要求,使程序无法适应。

i)预置数据库错误:指在数据库中,预置变量初始值的错误和常数的错误。

j)全程变量错误:指适用于全部程序的变量或常数的错误。

k)重复错误:指重复发生的错误。

l)文档错误:指软件文档中存在的错误。

m)需求一致性错误:指软件偏离需求说明而产生的错误。

n)性质不明的错误:指根据已有的信息,无法判明其性质的错误。

o)操作员错误:指操作员或测试人员在运行程序时的人为错误。

p)问题:指软件问题报告中提出的需要答复的问题。

6.1.1.2　软件可靠性

1)基本概念

软件可靠性是软件在规定的条件和时间内完成规定功能的能力。软件可靠性作为软件产品的固有特性之一,表明了系统按照用户的要求和设计的目标执行其功能的能力。其中,规定的条件包括软件运行环境和软件运行剖面。运行环境是指软件运行的硬件/软件环境,包括软件运行的操作系统、应用程序、编译系统、数据库系统等;硬件环境包括计算机的内存、输入/输出等。软件运行剖面是指软件所有可能的输入。规定的时间一般可以分为执行时间、日历时间和时钟时间,一般根据具体要求选择。

在软件可靠性研究中,普遍用可靠性函数 $R(t)$ 度量软件的可靠性,假设在 t 时间内发生的故障概率函数为 $F(t)$,则 $R(t)=1-F(t)$。

软件可靠性中的一些相关概念如下：

（1）软件可靠性：指软件在规定条件下无故障运行的能力。规定的条件一般指规定的时间、规定的运行环境和规定的功能。

（2）软件故障：指软件在运行过程中出现的一种偏离人们期望的程序状态，该状态出现的结果是引起软件失效。

（3）软件失效：指软件运行结果不符合软件说明中预定的结果。软件失效与硬件失效一样，也按失效的严重程度分为不同的等级，不同的失效等级代表不同的损失程度。

（4）软件故障概率：指单位时间内软件发生故障的概率。

（5）软件缺陷：指存在于软件文档、数据和程序之中的错误或过失，如需求不完整、理解有歧义、算法中的逻辑错误和编程出错等。软件缺陷与软件故障不同，有故障一定有缺陷，有缺陷不一定产生故障。

2）软件可靠性影响因素

软件可靠性影响因素指软件生存期内影响软件可靠性的因素。显然，有许多因素可能影响软件可靠性，包括技术的、社会的、经济的、甚至文化的，因为在软件生存期的各个阶段均有人的干预，而人的行为受到各方面因素的影响。但从技术角度来看，影响软件可靠性的因素主要包括以下几个方面：

（1）运行环境（剖面）。软件可靠性定义相对于运行环境而言，同一软件在不同运行剖面下，其可靠性行为可能极不相同。我们可以举一个假设的例子。我们知道，软件故障是软件缺陷在一定输入情况下被激活的结果。于是可以将软件输入域划分为两个部分：G 和 F。G 中的输入不会激活软件缺陷，F 中的输入恒激活软件缺陷。如果运行剖面不包含 F 中的输入，则软件不会出现故障，其可靠性恒为 1。反之，如果运行剖面只包含 F 而不包含 G 中的输入，则每一输入均会出现故障。如果没有容错措施，则导致软件失效，软件可靠性恒为 0。

（2）软件规模。如果软件只含有一条指令，那么谈论软件可靠性问题是没有意义的。随着软件规模的增大,软件可靠性问题愈加突出。因此在考虑软件可靠性问题时,一般是指中、大型以上的软件(4 000 条以上语句)。

(3) 软件内部结构。软件内部结构对可靠性的影响非常大。结构越复杂,软件复杂度越高,内含缺陷数越大,因而软件可靠度越低。

(4) 软件可靠性设计技术。软件可靠性设计技术一般指软件设计阶段中采用的、用以保证和提高软件可靠性的软件技术。

(5) 软件(可靠性)测试与资源投入。研究表明,软件测试方法与资源投入对软件可靠性有不可忽视的影响。

(6) 软件可靠性管理。软件可靠性管理旨在系统地管理软件生存期各阶段的可靠性活动,使之系统化、规范化、一体化,这样就可以避免许多人为错误,提高软件可靠性。

(7) 软件开发人员的能力和经验。显然,软件开发人员(包括测试人员)的能力越强,经验越丰富,所犯错误便越少,所得软件产品质量越高,相应的可靠性也越高。

(8) 软件开发方法。软件工程表明开发方法对软件可靠性有显著影响。与非结构化方法比较,结构化方法可以明显减少软件缺陷数。

(9) 软件开发环境。研究表明,程序语言和开发工具对软件可靠性有影响。

6.1.1.3　软件系统安全性

软件本身作为代码存在,不存在引起财产、人员伤亡的风险,但软件一旦部署到硬件上,通过硬件的运行,就会引起系统安全性问题,因此软件安全性是指软件系统的安全性,或者说是软件系统中包含的不安全状态,也可以说是软件系统的失效安全性,即软件运行不引起系统事故的能力。软件失效可能造成重大人员伤亡、财产损失、环境污染等危险事故。

与软件系统安全性相关的标准如表 6.1 所示。

表 6.1　与软件系统安全性相关的标准

安全标准	说　　明
IEEE 1228	软件安全设计
NSWC - TR - 89 - 33	安全软件的设计指南
AEC - LCE - 1001 - STD	安全关键软件工程标准
IAEA TRS - 282	软件质保手册
EIA SEB6 - A	软件开发中的系统安全工程
UL 1998	与软件安全性相关的标准
DTI Safet IT	安全标准框图
DoDAF ISC SSH - 1 - 1	软件系统安全
DEF 00 - 55 Part 2/1	防御系统中安全关键软件的设计指南
DEF - 00 - 56 Part 2/2	防御系统中安全管理需求分析指南
IEEE 1059	软件有效性验证指南
IEC 60880	有关核电站的安全软件工程
PEO	开发影响公众安全的软件指南
IEEE SEMSPLC 8	可编辑控制器的安全软件开发指南

6.1.1.4　软件可靠性与安全性区别

安全性与可靠性都是软件的重要属性,在硬件产品中两者的区别较为明显,因为安全是一种状态,可靠是一种能力。硬件是一种看得见的物理实体,其状态是有限的,状态和能力的联系是松懈的。因此,硬件的安全性研究主要是考虑硬件产品在使用、存放、装卸、运输过程中可能导致人员伤亡和财产损失等危险状态及其防止和控制的措施,是围绕意外状态和危险开展研究的;而可靠性则是保证产品的正常工作和防止产品在工作中出现故障开展研究的。可以看出,在硬件中安全性研究的对象是危险,可靠性研究的对象是故障。

但对于软件,这两个属性的区别是比较模糊的。因为软件的运行过程实质是程序状态的改变过程,这些状态既可能是不安全状态,会导致安全事故的发生;也可能是引起软件故障的状态,导致软件不能实现功能。所以,在软件中研究可靠性和安全性主要就是分析程序的状态,这与硬件有很大的区别。由此可看出软件在可靠性与安全性研究中具有共同的交汇点。当然,要在程序中分清哪些状态只涉及安全性,哪些状态只涉及可靠性,哪些状态两者都涉及,这是比较困难的。

6.1.2 提高软件系统安全性的措施

6.1.2.1 概述

当前软件安全性分析的主要方法如下:

(1) 软件安全性分析:软件 FMEA(software FMEA,SFMEA)、软件 FTA(software FTA,SFTA)和 Petri 网方法。这些方法对软件的安全性分析有很好的作用,可以帮助提高软件的安全性,也是在软件安全性分析中运用较多的分析技术。

(2) 软件的需求说明与设计验证。据统计,软件出错率主要来自需求说明和设计阶段,对软件安全性来讲,对需求说明和设计的验证也是很重要的内容。目前,对于软件关键件的需求说明和设计就采用形式化的方法进行描述和验证。在这方面使用较多的形式化方法有时序逻辑法、时间网和加入时间的语言等。由于验证是在形式化的基础上用数学的方法证明,因此其难度很大,对分析人员的数学基础要求也很高。

(3) 采用容错技术。容错技术是提高系统可靠性和安全性的重要技术,主要包括多版本结构和恢复块结构,多版本结构通过监测实现同一功能的多个软件版本的输出状态,使用表决器选择一个合理的输出。恢复块结构则是一种替代行为,当第一个版本失效后,改用另一个版本进行工作。

6.1.2.2 软件冗余

软件冗余(也称为程序/模块/功能冗余)包括用来支持容错的额外程序、模块、功能或者对象。软件错误主要来自规范和设计错误或者实现(编码)错误。

为了避免这些软件错误,由于设计问题和实现问题带来的故障必须被检测。

由于相同错误会在软件的每一个副本中存在,因此软件设计和实现错误无法被同一软件单元的简单复制品所检测。如果相同的软件进行了复制并且一个错误出现在了其中一个副本中,那么这个错误同样会出现在其他副本中,并且没有可以检测这个问题的方法(这里假设每个副本的输入均相同)。解决这种复制软件设计和实现的错误的方法之一是引入多样性。当引入多样性后,冗余的软件组件称为备份或者版本。

软件冗余架构可以有多种形式。根据底层硬件的不同,软件冗余的架构也不同,如图 6.1 所示,包括(a)所有软件模块在单一硬件组件上;(b)软件模块在多个硬件组件上;(c)仲裁器在一个单独的硬件组件上。此外,软件冗余部分的范围可以从一整个程序到只有几行代码(程序分割),如图 6.1(d)所示。软件冗余架构的选择取决于可用资源以及特定应用。

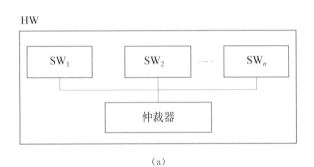

(a)

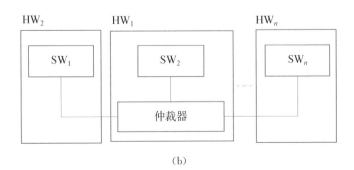

(b)

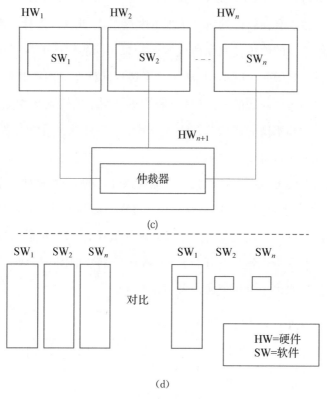

图 6.1 软件冗余的不同架构

(a) 所有软件模块在单一硬件组件上 (b) 软件模块在多个硬件组件上
(c) 仲裁器在一个单独的硬件组件上 (d) 从一整个程序到只有几行代码

6.1.2.3 结果判决

判决组件用来判定一种技术、程序或者方法产生的结果是否正确。在大部分软件容错技术中,运行结果最终都要通过判决组件或者决策机制进行判定。判决组件运行其决策算法,确定哪个结果(如果存在)作为可能的正确结果而进行输出。使用的条件不同,得到的结果也不同。因此,在很多情况下,应用于某个软件容错技术的判决组件也有多种类型。

判决组件通常有两种类型——表决器和接收测试(acceptance test,AT)。

1）表决器

表决器将两个或更多模块产生的结果进行比较，进而确定正确结果（如果存在）。如果只有两个结果用于比较，则称为比较器。表决算法有很多种，其中比较常见的是多数表决算法。表决器应用于软件容错技术时会有单点失效的风险，因此表决器的设计开发应尽量保证其具有高可靠性及高效性。

高可靠性及高效性目标可以通过多种方法实现。第一种方法是保证表决器结构简单。复杂度越高，产生失效的概率就越大。表决器通常是可以重复使用的组件，至少也要保证部分独立于其所使用的技术或应用外。第二种方法是重复使用经过验证的表决器组件，要注意的是在系统的测试计划中就要包括该表决器组件。第三种方法是以有容错考虑的方式完成决策过程，如在有备份存在的各节点进行表决。

在通常情况下，所有表决器都以相似的方式运行。一旦表决器开始被调用，它先将某些变量和属性初始化。大部分表决器会设置一个状态指示器，其他的表决器会根据特定的操作实现指示作用。表决器接收各版本模块的结果（或者重新获取）作为输入，应用判决算法确定正确的或裁定的结果。如果表决器无法确定正确结果，则状态指示器会指示出该事件；否则，状态指示器将给出成功信号。最后，正确输出结果和状态指示结果会被返回至调用表决器的程序或方法。

2）AT

AT 是自检软件最基本的方法。AT 基于对预期系统状态的判断，用于确认系统行为是否可接受，其返回结果为"真"或"假"。AT 要确保简单、高效、高可靠性，以减少引入额外设计错误的概率，并且维持运行期间开销合理，同时保证预期故障可被检测以及非故障行为不会触发虚警。确定对于给定系统最适合的 AT 需要考虑的条件包括运行时间、成本、存储以及错误检测需求。

6.1.2.4　软件陷阱

当跑飞程序进入非程序区（如 ROM 未使用的空间）时，设定软件陷阱拦截跑飞程序,将其迅速引向一个指定位置,设置一段专门对程序运行出错进行处理的程序,使程序运行得以恢复正常。根据跑飞程序落入陷阱区的位置不同,可选择执行空操作、转到程序入口地址等方式,使程序恢复正常运行。

6.1.2.5 基于编译器的软件容错技术

前述的单版本容错都在代码设计阶段完成,需要软件设计师亲自设计实施。若在编译阶段对指令和数据进行冗余保护,或实施前述的其他单版本容错方法,则编译后的目标代码就具有与前述单版本相同的容错效果,这类软件容错技术称为基于编译器的软件容错,也称为代码签名。

基于编译器的软件容错技术的典型代表是 NASA 和斯坦福大学在ARGOS 卫星上应用的面向硬件的软件容错,实施了软件签名控制流检查(control flow checking by software signatures, CFCSS)和重复指令错误检测(error detection by duplicated instructions, EDDI)容错策略,这些容错策略不但能容忍软件自身故障,而且能容忍一些硬件瞬态故障,如单粒子翻转和扰动等。

1) CFCSS

CFCSS 的基本思想是在编译程序时为每个基本块分配一个静态标签,并插入校验指令。在程序运行过程中,当进入一个基本块时会根据当前的控制流生成动态标签,然后将两个标签进行比较,不相等则说明检测到控制流错误。

2) EDDI

在 EDDI 中,源程序的每条主指令(master instructions, MI)都被复制生成一条副本指令(shadow instructions, SI),然后再加入一些比较指令用于比较 MI 和 SI 的执行结果,不相符则表示检测到错误。考虑错误在计算过程中可能被屏蔽或传播,EDDI 认为只有在写入内存或执行控制流跳转时才需要比较中间结果,并对加固后的程序进行调度,强调 MI 和 SI 之间应该使用不同的寄存器,以此减少错误传播影响,尽量利用空闲资源。

6.2　复杂电子硬件

6.2.1　硬件故障模型

在 FAA 的 Order 8110.105 中,对电子硬件的"简单"和"复杂"的定义进行了说明。"简单"和"复杂"不以电子硬件大小(规模)界定,而以能否满足在不可预知的条件下电子硬件能够正常工作而不产生反常行为界定,即如果所有潜在隐藏的状态全部能够被测试和确定,则电子硬件产品可以界定为简单电子硬件。当电子硬件产品不能被界定为简单时,视为复杂电子硬件。ASIC、可编程逻辑器件(programmable logic device,PLD)和 FPGA 均视为复杂电子硬件。

硬件的故障模型可以从时间和空间两个方面进行分类:时间是指故障持续的时间;空间是指故障在电路中发生的位置,一般也指电路的物理层次大小,因此也称为物理层次故障模型。

6.2.1.1　按时间分类的故障模型

1) 永久故障

永久故障指一旦发生将永久存在,直到采取维修措施才能消除的故障。对硬件来说,永久故障意味着不可逆的物理变异,如一个电路坏了、线断了等。

2) 瞬态故障

瞬态故障是相对永久故障而言的,有两种类型,即间歇性故障(intermittent faults)和瞬时性故障(transient faults)。

(1) 间歇性故障:指故障重复发生、消失,这种故障是短暂的,但有其不定期的重复性。故障通常由元器件参数变化导致的性能波动、接插件不牢靠或焊点虚焊,以及温度、湿度和机械振动等原因引起。

(2) 瞬时性故障:指发生后很快消失、持续时间很短的故障,其出现是暂时的,且是非重复性的。瞬时性故障常常由电源方面的干扰、电磁干扰或是空间辐射引起。这样的故障有可能仅出现一次,或很长时间出现一次,但却可能导致数据错误,甚至系统瘫痪。

统计表明,间歇性故障和瞬时性故障占所有故障的很大比例,成为系统出错的主要根源。早期美国空军的一项研究报告指出这两类故障占所有故障的80%,后来 IBM 公司的一项报告指出这两类故障占所有现场失效的 90%。由此可见,如何纠正因间歇性故障和瞬时性故障引起的错误是容错技术和容错硬件系统首先需要解决的问题。

6.2.1.2 按空间分类的故障模型

在硬件的层次上有晶体管级、门级和功能级等不同级别,可以对不同级别建立故障模型,一般来说,故障模型建立的级别越低,进行故障处理的代价也越小,但故障模型覆盖的故障也越少,因此需要更多的模型来覆盖所有故障,通常一种高级故障模型能覆盖多种低级故障模型。

1)晶体管开关级故障模型

晶体管是组成数字电路的最底层基本单元,因此晶体管开关级故障模型也是级别最低的故障模型,一般包括以下物理故障:①晶体管或连接线的开路与短路;②物理故障的时延效应;③电路中接点间的耦合或串扰;④元器件的性能下降。其中,最常见的故障模型是晶体管常开或常闭型故障模型。

2)门级故障模型

门级故障模型又称为逻辑级故障模型,是故障模型中应用最多的一种,其原因主要有门级故障模型的建立与应用较为方便;门级故障模型可使用布尔代数来为复杂系统产生测试码;门级故障模型适用于多种不同电路。常用的门级故障模型有以下几种。

(1)逻辑固定型故障模型。逻辑固定型故障模型主要反映电路或系统中某一根信号线(如门的输入线或输出线、连接导线等)的信号在系统运行过程中永远固定在某一个值上。在数字系统中,如果信号固定在逻辑高电平上,则称为固定 1 故障(stuck-at-1),简记为 s-a-1;如果信号固定在逻辑低电平上,则称为固定 0 故障(stuck-at-0),简记为 s-a-0。

逻辑固定型故障模型对故障做如下规定:门级逻辑中每个门的每根输入/输出线均可能发生两种故障,即该线固定为逻辑 1 或固定为逻辑 0;故障不改变门的基本功能;故障是永久故障。需要着重指出的一点是,故障模型 s-a-1 和 s-a-0 都是针对电路逻辑功能而言的,与具体的物理故障没有直接关系。因此 s-a-1 故障不单纯指节点与电源的短路故障,s-a-0 故障也不单纯指节点与地之间的短路故障,而是指始终使节点上的逻辑电平停留在逻辑高电平或逻辑低电平上的各种物理故障的集合,这也体现了不同硬件级别可以建立不同的故障模型。

(2)桥接故障模型。桥接故障即短路故障,其情况多种多样,有可能改变电路的拓扑结构,导致电路的基本功能发生根本性的变化。一般不能研究全部桥接故障,通常是找出最常见的几种,如通常考虑两种故障:元件输入端之间的桥接故障,即不产生反馈的信号线短路盘;输入与输出之间的反馈式桥接故障,即产生反馈的信号线短路故障。信号线的短路产生"线与"或者"线或"作用,等价于增加了一个与门或者或门,即线与线或故障模型。此外还有支配型故障模型,即当一个信号较另一个信号有较强驱动能力并且在两信号桥接时,使两信号都输出较强信号的值。

(3)断路故障模型。断路故障模型又称为开路故障模型。该故障模型与桥接故障模型相对,但此故障模型并不常采用。

(4)内部功能故障模型。数字电路由与门、或门、非门等基本逻辑门以及触发器组成。内部功能故障模型指这些基本电路组成单元内部功能不正常,其故障将直接影响整个电路系统的功能。

(5)时延故障模型。该故障模型虽然是一类与时间相关的故障,但并不是指故障在时间上的持续特性,而是指由于时间延迟引起的故障,对有一定时间和时序需求的电路有影响。

3）功能模块级故障模型

复杂的数字电路多由功能模块组成,每个模块再由具体的逻辑电路实现。在许多情况下,只需知道某个模块是否故障,因此在功能模块级建立故障模型十分有用。功能模块级故障模型覆盖晶体管开关级故障模型和门级故障模型,而且可处理性比其他两个低级模型都要好,在很多实际的容错系统中都是针对该级别的故障模型实施容错策略的。虽然有很多优点,但是功能模块级故障模型的准确性一般不易做得很高,因为抽象级越高,信息丢失的可能性也越大。功能模块级故障模型一般有译码器故障模型、多路转接器故障模型、存储器故障模型、可编程阵列故障模型、微处理器故障模型等。

在故障模型方面,以下四点值得进一步研究:

（1）随着集成电路的进一步发展、集成化片上系统和统计过程控制技术的出现,如何针对集成电路冗余设计进行建模。

（2）随着计算机系统设计技术和工具的发展,设计故障的研究越来越受到关注,需要研究设计故障的故障模式。

（3）数字和模拟电路的集成使得相互之间的故障影响和故障建模也需要进一步研究。

（4）深入分析空间环境对电路的影响,提高建模的准确性。

6.2.2 硬件容错架构

容错架构是系统实现容错的基本方式,包括模块冗余和系统冗余。从硬件容错来讲,按照备份方式分为热备份和冷备份;按照冗余的数量分为双机备份和多机备份;按照故障恢复方式分为静态冗余和动态冗余。选取何种冗余方式主要取决于系统的实际要求。决定冗余的方式包括系统的可靠性、自主性、寿命、重量、功耗和体积等因素。对于故障处理实时性、可靠性和安全性要求高的系统,一般采用静态冗余方式;典型的有三取二表决方式;对于寿命要求高的系统,可采用冷备份方式;对于可靠性要求特别高的系统,可采用混合冗余的方式,即静态和动态相结合的方式。

6.2.2.1　模块级冗余架构

采用模块级冗余架构的系统是容错系统架构中最早出现的系统。早在 20 世纪 60 年代,由于电路的集成度不高,因此世界上第一台航天用容错计算机,即 STAR 计算机就是采用模块级冗余架构的容错系统。STAR 计算机曾应用在阿波罗飞船上,这种架构的系统通过对整个计算机模块的冗余来提高系统可靠性。在计算机中,一般可以分为 CPU、存储器、I/O 模块,因此可以通过在这些模块上的冗余实现故障的检测和处理。模块级冗余的形式可以有双机备份和多机备份。这种方式的容错策略主要是检测出故障,然后对系统进行重构。因此,在模块级的系统中都有故障检测和处理部分。下面以 IMA 中的通用处理模块架构实现为例进行说明,如图 6.2 所示。

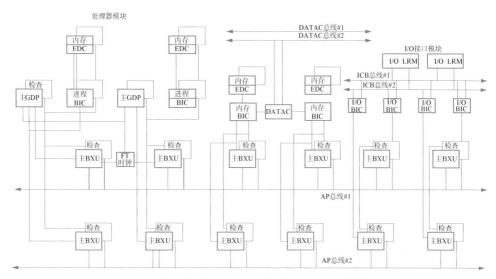

图 6.2　基于模块级冗余架构的通用处理模块架构

IMA 对处理模块、内存模块、I/O 接口模块以及总线传输模块进行了容错设计。其中处理模块由四个通用数据处理器(general data processor,GDP)组成,并通过八个连接到两个内部总线(AP Bus ♯1 和 ♯2)的总线扩展单元(bus extension unit，BXU)，形成四模冗余架构，通过比较一对相同的组件结果进行故障检测，以 BXU 功能冗余检查(functional redundancy checking，FRC)为例进行说明，如图 6.3 所示。

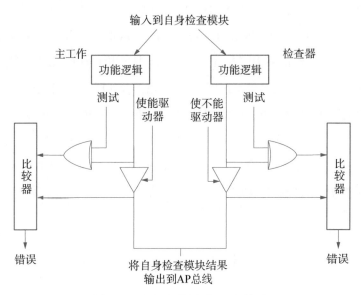

图 6.3 BXU 的功能冗余检查

两个相同的组件以锁步的方式执行相同的操作，并对输出到 AP 总线的结果进行比较。AP 总线的输出信号在两个 BXU 组件之间交替产生，如果检测到两个组件输出不一致，则丢失该输出信号，同时产生错误指示信号。两对组件的 FRC(Primary 和 Shadow)组成四模冗余配置，从而确保能从永久故障中恢复。例如，如果 Primary FRC 对失效，则 Shadow FRC 对继续运行；如果是瞬态故障，则在 BXU 执行中自动重新获取。

这个处理器模块包含了用于存储程序的 EPROM 存储器，通过内部总线和总线接口电路(bus interface circuit，BIC)与四个处理器连接。进一步使用一种四通道容错时钟设计，能够覆盖所有典型的数字电路故障和某些涉及信号处理的模拟电路故障(如振幅、频率和相位)，能够避免单点失效。

内存模块也采用了与处理器模块相同的故障检测和隔离技术，加上每块内存的故障检测和校正电路,能够提供一位纠错与多位错误检测。通过双冗余存储器,如果错误发生在一个存储器中,则硬件自动切换到另一个存储器。就像 BXU 故障检测电路一样,这个检测电路必须持续检查以确保操作正确。

I/O 接口模块由两个独立的 FRC 对组成,并通过一对冗余的机箱内总线与 GDP 连接。

基于模块的冗余架构也可以采用冷备份和热备份方式,只是故障的检测和处理方式不同。在热备份中可以利用各自的结果进行比较,检测故障,通过监测器判断和重构。而在冷备份中主要通过监测器进行故障检测和重构,有时主要依靠结果分析和自测试进行。

6.2.2.2　备份容错架构

备份容错架构是常见的容错系统架构之一,与模块级容错计算机系统相比,其主要区别是以单个计算机系统作为备份单元进行备份。典型的方式有冷备份和热备份两种。

1) 冷备份容错架构

冷备份容错架构是指系统中只有单机加电工作、其余不加电的架构。当工作发生故障时,通过容错切换到备份机,并使其加电到工作状态。在这样的系统中,有几个主要因素需要考虑:故障检测、备份机切换和加电、状态恢复。故障检测是实现这种容错架构的必要基础,在这样的一个系统中,故障检测的主要方式有系统自测试、程序的重复运行、数据区的三取二方式,以及看门狗(watching-dog timer,WDT)技术。一方面,系统的自测试可以发现系统中的大部分故障,缺点是必须保证自测试部分是正常的。另一方面,自测试的时间也是非常关键的,时间太长,故障检测率低;时间太短,系统的效率大大降低。其时间长短主要根据系统应用的实际情况决定,无论是长是短,总是存在自测试不能运行的时候,因此在此阶段可能出现自测试不起作用的情况。这就带来了三个问题:①自测试不运行时的瞬态故障问题(测试只对永久故障起作用);②在自测试不运行时永久故障的问题;③自测试本身出现问题。为了解决这些问题,系统必须采用其他的容错技术,如为增加故障检测率采用 EDC 技术等。

对于瞬态故障的问题,在系统中可以采用多种方式解决。一种最常见的方式是重复运行,这种方式是使程序重复运行,通过比较运行的结果来解决瞬态故障的影响。另一种方式是对关键数据三取二。对于永久故障严重的程序跑飞问题,主要采用 WDT 技术进行处理。WDT 是一种故障监测技术,即通过状态的设置来监视系统的运行,一般包括监视部分、正常置位部分和复位部分。监视部分可以简单也可以复杂,如果复杂则可能带来本身容错可靠性的问题。在 WDT 的设计中需要考虑清狗的时间和切机的时间。

2)热备份容错架构

为了提高故障检测的实时性,可以采用热备份方式,通过两机相互比较来检测故障。热备份与冷备份结构的主要不同是备份机加电且相互之间存在通路,以实现关键数据的相互交换和比对,保证控制系统的故障检测和实时性。在这样的架构中,采用双机并行运行,且运行相同的软件,即有两个硬件架构完全相同的计算机同时运行相同的程序,两机输入端并联,输出端由双机切换控制电路选通,只允许其中一个计算机的输出信号送往外部。

双机切换控制线路是双机控制的硬件,采用定时监控器配合相应的控制逻辑电路实现。每个单机都有对应的正常触发器,正常信号将其复位,而定时信号则置位正常触发器。因此在定时信号到达之前,如果某单机没有发出正常信号,即对应的正常触发器未被复位,则定时信号将产生切换信号,计算机输出选通处于正常状态的单机。如果两机都正常,没有切换信号,则任意单机的输出都可以作为整个星载计算机的输出,且输出选通状态不变。如果在某段时间内两机都处于不正常状态(即两机都不能输出正常信号),则总是由 B 机输出,即 B 机为主机,A 机为备份机。这样保证了在最坏情况下有一台机器工作,而避免了两机频繁切换的情况。

为了进一步避免瞬态故障引起整个系统失效,在单机中加入信息交换输入/输出接口,供两个单机对主要数据进行交换比较。硬件提供物理层级的接口,而实际的比较功能通过软件实现。如果两机的计算数值不相等,则停止该数据的计算和输出,且单机转入自检状态。如果自检可以通过,则表明出现瞬态故障,可以废弃本周期的数据,下一个周期继续进行数据计算和输出;如果单机自检不能通过,则表明该单机出现故障,监控和切换机构则会自动切换。

为了保证切换功能的可靠性,除了自主切换功能外,还有一套并行的手工控制指令切换电路。当采用手工控制指令时,自动切换功能被封锁,两机的输出切换根据手工指令确定。

在软件方面,采用了双机信息交换比较程序和双机切换控制管理程序。

(1) 两个单机之间设置了信息交换接口,可采用对比方式相互交换信息。软件上相应配有双机信息交换对比程序,该程序在单机输出数据准备好后被调用,程序返回时按照信息比较结果分别判断对比正确与否。信息交换采用查询方式进行,可能出现信息接收超时的情况,在这种时候,程序按照对比不正确处理。

(2) 双机切换控制管理程序首先在单机任务运行的空闲时段对单机功能进行自检,根据自检结果和双机信息交换对比程序的对比结果进行判断,如果单机自检结果正常且双机信息比较正确,则管理程序输出正常结果,双机保持原有的工作状态;如果单机自检结果不正常,则管理程序输出不正常结果,切换电路将输出的单机切换到正常的单机状态;如果双机信息对比不正确,则管理程序停止双机信息对比。

3) 典型案例

备份容错的典型架构如图 6.4 所示,硬件系统采用了双机冗余的硬件架构,容错系统由三大部分构成:处理器模块 0、处理器模块 1 以及仲裁模块。在正常工作的情况下,两个计算机只有一个进行数据处理,另一个待机;当仲裁单元检测到工作机发生故障时,由双机切换单元切换工作机与备份机,并重启故障机。如果重启后恢复正常,则系统处于正常的双机冗余状态,若故障机发生了不可修复的故障,则系统将处于单机状态,可靠度大大降低。

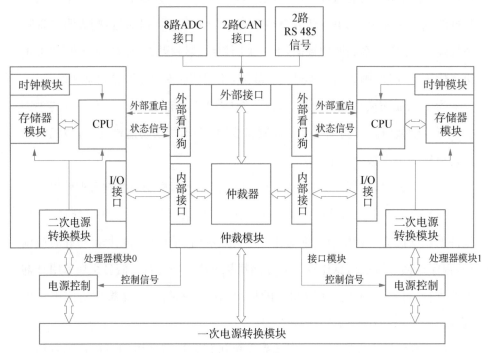

图 6.4 备份容错的典型架构

处理器模块容错实现机制如图 6.5 所示。

（1）处理器模块容错实现机制。如图 6.5 所示，两个处理器模块结构和功能完全相同，每个处理器模块都需要完成四种信号的处理。以处理器 0 为例，定时周期性地发送心跳信号 wdg_i0 给仲裁模块当中的看门狗电路 WDG0，表示处理器 0 工作正常，没有故障发生（即发生故障时不能定时发送心跳信号 wdg_i0）；处理由看门狗 WDG0 发送来的处理器 0 复位信号 RESET0，接收到该信号后，仲裁模块判断处理器模块 0 出现了故障需要进行复位操作，用以恢复处理器的正常工作；处理器模块 0 的中断请求端口 IRQ0 响应由看门狗 WDG1 发送的中断服务信号 IS0，收到 IS0 表示处理器模块 1 发生了故障，需要切换处理器 0 进行工作。接收来自仲裁模块的工作状态响应信号 MS0，用以告知双机该处的工作状态（即处于工作状态还是待机状态）。

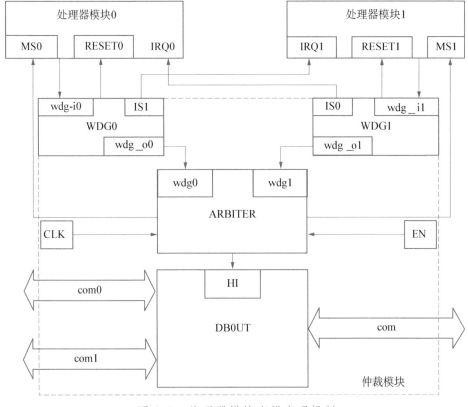

图 6.5　处理器模块容错实现机制

（2）仲裁模块容错机制。如图 6.5 所示，仲裁模块共包含四个部分，两个完全相同的看门狗电路 WDG0 和 WDG1，一个仲裁电路 ARBITER 以及一个数据输出电路 DBOUT。以 WDG0 为例说明看门狗电路切换工作过程。备份容错切换实现机制如图 6.6 所示。

WDG0 在实际作用上属于仲裁模块的外部看门狗，当机载计算机系统上电之后，处理器 0 模块就会定时向 WDG0 发送心跳信号 wdg_o0，用以表示自身工作正常。WDG0 内部设有定时器，当 WDG0 收到来自处理器模块发来的心跳信号时，计数器的计数值清零，重新开始计数；与此同时，向仲裁电路 ARBITER 发送高电平信号 wdg0，告知仲裁电路处理器模块 0 工作正常。如

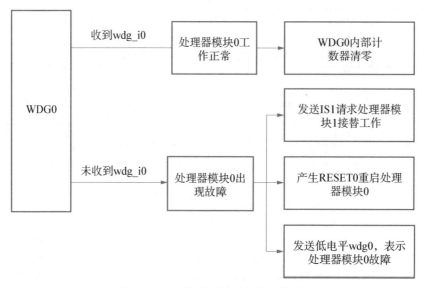

图 6.6　备份容错切换实现机制

果 WDG0 的计数值超过了设定的计数上限,即处理器模块 0 没有定时发送出心跳信号,则表明处理器模块发生了某种故障(如 SEU 导致的程序锁死等),此时外部看门狗电路 WDG0 会进行以下操作:首先,产生中断服务信号 IS1 并将其发送到处理器模块 1,用以请求处理器模块 1 接替处理器模块 0 的任务;其次,向处理器模块 0 发出重启信号 RESET0,用以重启处理器模块的电路,进行故障恢复;最后,向仲裁电路发出低电平 wdg0,用以表示处理器模块 0 出现了故障,应该由处理器模块 1 接替其工作。

仲裁电路主要负责机载计算机的双机切换工作。仲裁电路 ARBITER 根据两个外部看门狗发来的状态信号,随后将判断的结果 HI 发送给数据输出电路 DBOUT。当机载计算机系统上电开始工作时,初始使能信号 EN 首次将 HI 的值置为 0,同时将 wdg0 和 wdg1 的值都置为 0。此时即表示系统的主机是处理器模块 0。当系统开始运行后,若经过一段时间后工作机处理器模块 0 发生了故障,则此时外部看门狗电路就会将 wdg0 置为低电平反馈给仲裁电路,仲裁电路会将 HI 置为 1,即表示工作机切换到处理器模块 1。等到处理器模块 0 进行故障诊断并恢复重启上电之后,wdg0 的值再次恢复到低电平 0,但此时并不对 HI 的值进行重置,因为过度切换主机会使系统的工作效率下降,只有当 wdg1 再次变为 1 时才会对 HI 的值进行判断。数据输出电路 DBOUT 主要完成机载计算机双机系统与外部通信的信道选择。当系统开始上电工作时,处理器模块 0 为主机,此时主机标识符 HI 为 0,DBOUT 选择处理器模块 0 的输出为系统的输出。当处理器模块 0 发生故障时,HI 的值变为 1,此时选择处理器模块的输出作为星载系统的输出。根据主机标识 HI 的值选择机载计算机系统的输出值保证了通信的可靠性,即使双机当中一个出现了故障,仍能保证输出有效的数据,并且使机载计算机系统有了更高的容错能力。

（3）双机同步方案。机载计算机的双机同步是保证故障检测的基础,也是保证故障发生后单机故障恢复的关键所在。在一般情况下,同步可以分为紧同步、松同步以及任务同步。紧同步是指双机的指令在时钟上严格同步,实现难度大,一般不采用;松同步是指双机时钟存在一定的异步误差,但周期性地将双机时钟进行同步;任务同步是双机将具有一定逻辑的任务完成作为同步的基础,这种同步方法在实际当中较为常用。双机同步在硬件设计上体现为双机之间的串口和 DMA 接口相互通信。

6.2.2.3　表决容错架构

前面提到的模块级冗余和多机备份冗余架构均属于动态冗余架构形式。在实现容错的过程中,需要经过故障检测、定位和重构恢复的过程,这种系统具有寿命长的特点,但这些过程需要时间来进行处理,因此在实时性要求高的系统中,需要采用静态冗余的方式实现,这种方式的典型是三模冗余架构系统,三模冗余架构可以采用三机也可以多于三机,但至少应该由三机构成。三模冗余架构系统采用三取二的策略实现系统的容错,三取二的系统采用少数服从多数的原则,即系统中只要有两个机器正常工作就可以输出正确的结果。

硬件表决器具有直观、快速的特点,但同时它本身是一个单点,若表决器的输出出现问题则系统的输出错误。同时随着输出的路数增多,表决器越来越复杂,可靠性随之降低,对计算机性能的提高也产生影响。速度越大,同步性要求也越高,实现起来也越困难。为了解决这个问题,可以采用软件表决硬件选通的方式,这种方式需要增加系统间的相互通信,以交换表决的信息。并且要有正确的状态表决决策输出选通电路。软件表决解决了上述问题,但增加了系统中的时间开销,此外也需要解决同步的问题。在实际应用中,选用哪一种表决方式要根据实际情况综合考虑决定。

在系统实现中,无论采用何种方式,系统均需要解决同步问题。三模冗余是多数表决系统的基本类型,为了实现更高的可靠性,可以采用四机、五机等多机冗余方式,但随着冗余的增加,其可靠性的增加并不是线性的。因此系统的利用率也逐渐下降,实际中一般采用三机系统,四机、五机的系统很少。

为了提高系统的可靠性和资源利用率,三模冗余架构的一种变形可以利用系统的容错策略实现,即当三机表决出现故障时降为单机,从而增加系统的工作寿命。此外,要容忍更复杂的故障,必须采用四机及以上的冗余备份才能实现。例如,如果能够容忍拜占庭故障模型,则需要足够的硬件冗余来容忍任意故障模式,这样的容错架构计算机即为拜占庭恢复容错计算机,可以实现不需预知系统故障表示的模式,提供所有可能的故障模式的容忍,实现时只需提供规定的最小数目的故障包容区、连通性、同步以及简单信息交换协议。

6.2.3 典型复杂电子故障检测案例

可编程复杂电子硬件(programmable complex electronic hardware, PCEH)芯片内部可以集成多个不同的 IP 核(包括处理器、存储器、寄存器、逻辑电路、通信接口等),实现不同应用所要求的复杂功能。飞行中航空电子设备处于复杂的外部应力环境下,高温、高湿、低温、温度循环变化、振动、加速度等应力的作用可引起 PCEH 逐渐退化或突然失效,使设备发生瞬态或永久的异常或失效。在机上想要单纯地从外部对 PCEH 进行测试困难很大,需要为 PCEH 设计内建自检测设备(built-in test equipment,BITE)的能力,监测

PCEH 的工作情况,从而保证模块和设备有良好的测试性。

图 6.7 是典型的 PCEH(如 FPGA)的内部电路组成框图,包括可编程实现的功能电路;支持编程与调试的边界扫描逻辑,即联合测试工作组(Joint Test Action Group, JTAG)接口及其控制逻辑;监测功能电路状态的内建 BITE 电路。

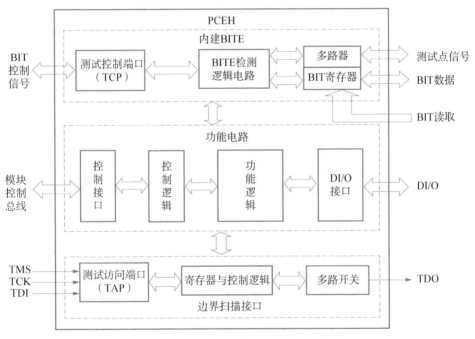

图 6.7   PCEH 的内部电路组成框图

JTAG 接口是广泛应用于 PCEH 的编程和调试的端口,但本身不具有对功能电路进行直接控制和检测的能力,而且在 PCEH 处于系统工作方式时,其应用受到较大的限制,所以需要在片内另设 BITE 电路,包括 BITE 的控制和结果读取端口。BITE 通常包括如下电路,具体根据 PCEH 的功能电路做相应设计。

1)上电过程中的 BIT 电路

(1) PCEH 初始状态检测:检测上电后 PCEH 的初始状态是否为预定的

状态。

（2）PCEH 控制接口检测电路：检测模块控制总线对 PCEH 的控制操作是否正常。

（3）功能电路 I/O 端口的环绕 BIT：提供 I/O 端口的内部连接通道，支持 DI/O 环绕测试。

（4）通信信道的环绕 BIT：提供 I/O 通信端口的内部连接通道，支持信道的环绕测试。

2）功能电路运行中的 BIT 电路

（1）功能电路工作模式监测：检测系统工作方式下，PCEH 的工作模式是否为当前程序设定的状态。

（2）功能电路的运行状态监测：检测功能电路各个通道的当前状态、通道的控制与切换情况、用于检查的特征数据、"心跳"、应答/握手、运行标志等。

（3）功能电路的错误监测：监测数据错误、协议错误、溢出错误、超时错误等。

（4）I/O 双向端口的冲突监测：检测输出方式下双向端口的状态是否与设定输出相悖，即存在冲突。

3）BIT 寄存器

（1）配置寄存器：存放标识 PCEH 内部电路构型的数据（配置项）。

（2）状态寄存器：存放标识 PCEH 当前状态的 BIT 数据。

（3）故障与事件寄存器：存放标识 PCEH 当前故障与事件的 BIT 数据。

4）BIT 输出端口

（1）测试点信号输出：内部的测试点进行分类后由几个多路器分别选通输出。

（2）测试数据输出：用不同地址选通不同 BIT 寄存器，读取相应数据。

5）BITE 控制端口

（1）操作控制：BIT 控制信号组成不同的 BIT 命令，控制 BITE 电路的工作。

（2）BIT 读取：编码选通不同的测试点信号或 BIT 寄存器数据。

除在 PCEH 芯片内设计 BITE 电路外，电路板模块上还需要驻留相应的 BIT 程序，以控制 PCEH 片内的 BITE 以及访问 BIT 寄存器，实现对 PCEH 工作状态与故障的监测。图 6.8 所示的具有片内微控制器和存储器的 PCEH 是一种更复杂的情况，在功能区框内给出了若干可选的功能。此时除内建 BITE 电路的设计外，还应考虑在片内设计并驻留相应的 BIT 程序。

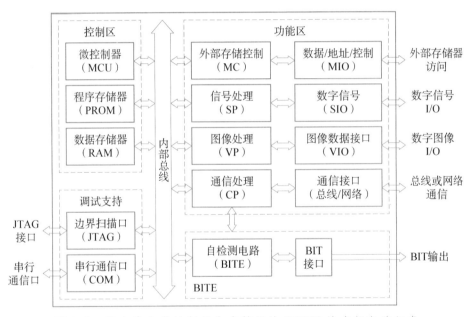

图 6.8　具有片内微控制器和存储器的 PCEH 的内部电路组成

此时的片内 BIT 是一种自主 BIT 设计，在片内 BIT 程序的控制下，它能实现如下的自检测功能：微控制器执行各种指令操作的检测；片内程序存储器程序检测；微控制器对片内数据存储器操作的检测；对外部存储器访问的检测；各种 I/O 端口的环绕测试；微控制器程序运行监测；指示与报告 PCEH 当前工作状态；指示与报告 PCEH 运行中发生的故障与事件；在程序出错时触发重启动功能；根据预定设计，支持容错功能；提供与电路板模块 BIT 控制的通信接口。

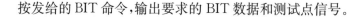

按发给的 BIT 命令,输出要求的 BIT 数据和测试点信号。

6.3　小结

本章从机载软件和硬件角度阐述了软件失效和硬件故障模型,在此基础上阐述了提高软件系统安全性的措施以及复杂电子硬件容错架构,并以典型机载计算机容错架构为例详细描述了模块级冗余架构和备份容错架构;最后以复杂电子硬件 BIT 测试为例,阐述了故障检测应该考虑的方面。

参考文献

［1］PELTIER T R. Information Security Policies, Procedures, and Standards: guidelines for effective information security management［M］. CRC Press, 2016.

［2］SMITH D, SIMPSON K. Functional safety［M］. Routledge, 2004.

［3］STOESSEL F. Thermal safety of chemical processes: risk assessment and process design［M］. John Wiley & Sons, 2020.

［4］徐丙凤,黄志球,胡军,等.面向适航认证的模型驱动机载软件构件的安全性验证［J］.航空学报,2012(05): 31-43.

［5］JOHANSSON D, KARLSSON P. Safety mechanisms for random ECU hardware failures in compliance with ISO 26262［R］. 2015.

［6］阚进,陈冬梅,李卫民.提高机载软件安全性的过程保证方法［J］.航空电子技术,2017(1): 28-33.

［7］张杨,居慧,胡晓莉.民用飞机机载电子硬件符合性验证策略研究［J］.工业控制计算机,2000(9): 155-156.

［8］郭祺君.COTS 在民用飞机软件设计中的使用和取证分析［J］.安徽建筑大学学报:

自然科学版,2014(5)：54-58.

［9］ 王鹏,田毅.DO-254 标准在机载电子硬件审定中的应用［J］.中国民航大学学报,2010,028(005)：17-20＋24.

［10］ 胡剑波,杨晶晶,郑磊.机载设备适航符合性验证电磁环境的构建方法研究［J］.民用飞机设计与研究,2014,(001)：38-41＋76.

7

航空电子系统数据处理的安全性

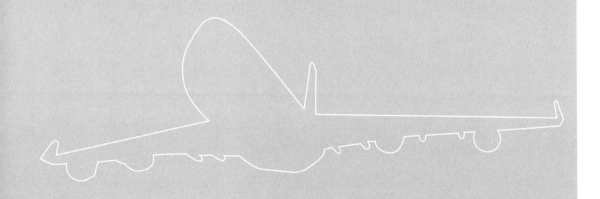

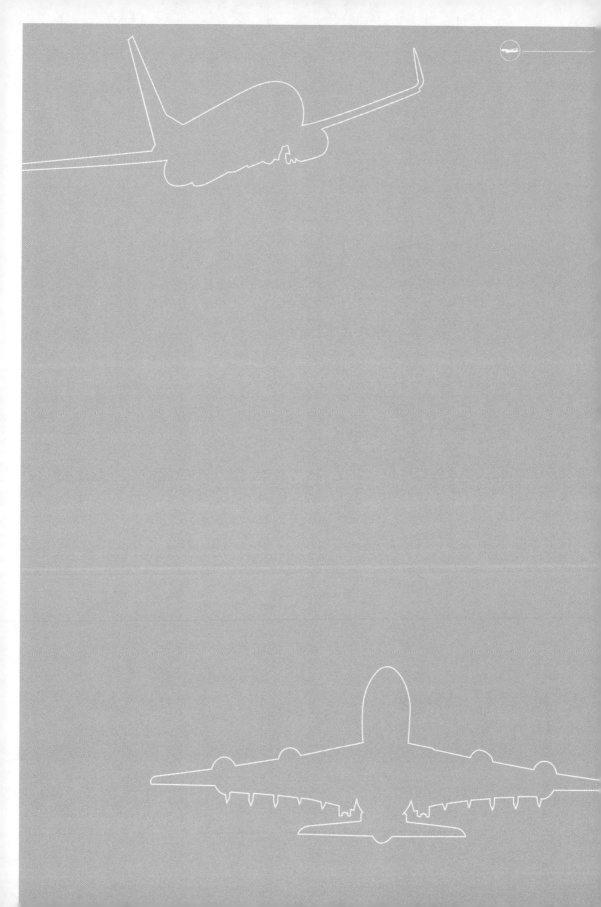

现代航空电子系统实现导航、监控、控制和信息管理等功能,以及提高飞机态势感知和状态监控都需要使用大量的数据,包括导航数据、性能数据、配置数据等,数据已经成了系统安全关键功能实现或者决策的不可或缺的重要依据。例如,基于性能的导航(performance based navigation,PBN)运行要求导航数据库必须达到相应数据质量(精度和完好性)水平,必须满足国际民航组织(International Civil Aviation Organization,ICAO)及 CAAC 相关法规要求。导航数据库的数据精度、完好性、可追溯性等都必须满足 PBN 运行的需求,否则即使微小的数据误差都可能导致灾难性的后果。

7.1　概述

7.1.1　数据安全性背景

现代飞机普遍采用自动驾驶、自动决策等功能,逐渐减少飞行员的工作量,保证飞行员专注于安全关键的飞行决策。现代航空正朝着数字化、智能化的方向前进,尤其是无人机领域。但是一个新的问题出现了:对于航空电子系统,系统的安全运行越来越依赖于数据,数据成了系统的重要部分。这类系统称为数据密集型系统,系统的安全性不仅依赖于其中的软件/硬件,而且受到系统接收、产生或者处理的数据的影响,在许多情况下数据错误的影响和系统故障一样严重。英国安全关键组织(Safety Critical Systems Club,SCSC)对 1969—2015 年发生的航空、航天、航海、铁路等领域的事故进行调研发现,30% 以上的飞行事故都属于可控飞行触地(controlled flight into terrain,CFIT),主要因素包括人员失误、操作错误、数据错误、维修错误、软件/硬件故障等,其中由数据错误造成的事故比例超过 14%。

传统的观点认为,基于计算机的系统一般可以划分为硬件和软件两部分,软件部分包括处理器执行的指令和使用的数据。但是在数据密集型系统中，大量数据构成了系统的必要元素，并对于能否正确操作起到决定性作用。例如描述系统运行环境变化的数据、配置数据、地形或者空域数据，这类数据的开发与软件是独立的，仅单独考虑软件中数据的安全性是无法完全解决的。因此本书将数据看作系统独立的组成部分。目前数据密集型系统越来越广泛地应用于实时计算机系统，尤其是航空电子系统，如导航系统、飞行管理系统。在航空电子系统中，数据可以用于环境的静态描述，如导航数据和飞机的性能数据。现代航空电子系统使用大量的标准化软件/硬件单元（如 COTS），常常通过配置数据实现特定的功能；而且系统外界环境的变化也会产生大量的动态数据。

7.1.2 数据处理相关规范与标准

传统的观点认为，系统由硬件和软件组成，系统的正常运行取决于硬件和软件，然而对于数据交互较为复杂的系统（如航空电子系统）来说，数据已然成为系统的重要组成部分，并在系统的运行中起到决定性作用。

目前对数据的定义还存在许多争议，但对于航空数据来说，主要以 DO - 200A 中的定义为主，其给出了航空数据以及航空数据质量及其质量特性、航空数据链的定义，适用于航空数据处理的整个阶段，可以指导选择合适的方法处理和操作数据以及确定处理方法是否满足要求。与数据相关的标准描述如下：

（1）AC 20 - 153A——航空数据处理与相应数据库的适航符合性。

（2）Order 8110.55A——航空数据库功能供应商评价与接受过程。

（3）Order 8110.49——软件批准指导。

（4）AC 20 - 138B——定位和导航系统适航批准。

（5）AC 90 - 101A——所需导航性能（required navigation performance，RNP）程序和授权所需导航的适航批准指导。

（6）TSO - C151b——TAWS。

(7) TSO‐C146c——星基增强的全球卫星导航系统机载接收机。

(8) IEC 61508——可编程电子安全系统功能安全标准,其中第 3 部分软件需求中描述:软件设计和开发要求应该应用于数据,并指出数据作为软件的一个主要部分,应进行验证,防止出现无效或者未授权的数据。第 4 部分对数据驱动系统中配置数据的处理给予了指导。

(9) DO‐178C——《机载系统和设备审定的软件考虑》中指出软件在计划阶段就需要考虑采用容错技术处理软件输入数据错误,如数据损坏、不完全加载等;还强调了需要对配置数据进行验证以确保安全,但考虑的是软件中的数据。

(10) ISO 19113——《地理数据质量标准》针对地理信息和数据的质量都有具体的规定和要求,包括完整性、逻辑一致性、位置精度等。

(11) Def Stan 00‐56——《军用装备系统安全性要求》定义了复杂电子系统相关的数据,包括配置数据、电子地图、检查表、数据库等。数据是系统的独立组成部分,应对其进行危害分析并分配安全性要求以及安全保证策略,但是并没有给予具体的指导。

(12) Data Safety——《英国安全关键组织数据安全性指导文件》首次解释了数据安全性的内涵,旨在解决如何分析控制系统的数据安全风险水平,为航空、航天、铁路、核电等领域提供通用的数据安全性指南。文件给出了通用的安全相关数据分类,提出了数据安全性分析过程,并给出了不同数据安全等级推荐的数据安全性保证技术。

7.1.3　航空电子系统数据

本章依据《英国安全关键组织数据安全性指导文件》指南,将数据看作系统独立的组成元素,区别于软件。目前对于数据的定义还存在许多争议,搜集了现有的权威定义如下:

(1) IEC 2382 定义数据是一种信息可以重新解释的再现,使之可以用于通信、解释或处理过程。

（2）DO-200A 定义数据为实现航空应用如导航、飞行计划、地形感知或者其他目的所使用。

经过调研发现，大部分关于数据安全的文献都对数据的定义含糊其词。目前在航空领域主要以 DO-200A 中的航空数据定义为主，其定义主要关注导航数据等，导致范围过于狭隘，而 IEC 2382 主要针对信息领域的数据进行定义，应用广泛。本书综合 DO-200A 和 IEC 2382 数据的定义给出如下定义：数据是以形式化的方式对航空信息概念或者指令的重新解释，使之可以用于通信、解释或处理过程。

根据数据、软件、系统之间的关系，将数据粗分为离线数据、可加载数据、配置数据、系统动态运行数据、软件内部数据。离线数据无法被系统直接使用，只能通过人机交互进入系统，如人机交互数据；可加载数据存储在系统外部的可移动存储介质中或者通过通信链路进入系统；配置数据描述系统的设备、能力和限制，包括配置系统软件/硬件的配置文件等，存储在系统内部但是逻辑上是可以分开的而且可以任意修改；系统动态运行数据是描述系统外界环境变化的数据，如传感器数据，与系统无法分离；软件内部数据是在程序里定义的数据，如变量以及算法里的常量。

对于数据有一个误区，即数据仅是属于软件的，但是对数据密集型系统（如航空电子系统）而言，很明显数据不仅属于软件，而且属于系统层次（如配置数据、电子航图、检查表、数据库等）。本章不关心软件里的数据，也不关心由于算法失效导致的数据失效，如软件、控制算法等使用的变量、数值、字符、二进制表示的数据、I/O 结果等数据，数据的格式、范围、类型等错误对程序的影响，这是软件安全性分析考虑的范围。本章关注的是独立于软件开发过程的系统数据，系统数据是指与运行安全相关的系统使用的数据，主要描述航空信息或者指令，如与系统相关的离线数据、可加载数据、配置数据等，还包括各种电子或者纸质形式的数据。数据作为系统各种信息的载体，是对现实世界客观事物不同层次的抽象。本书认为数据描述的实际环境或者对象具有实际的现实意义,亦即为系统运行提供关键信息,因此在这个层次数据的作用与系统实现自身目标紧密地联系在一起,体现出系统层次的影响,并不考虑底层数据具体的数值。

7.2　数据安全性

7.2.1　基本概念

数据安全性类似于软件安全性,均没有物理实体,不会直接导致危险,但是根据 SCSC 组织总结的与数据相关的事故得知错误的数据会导致系统危险和事故发生,其危险模式与原有的系统危险模式不同,需要采取的措施也不同,因此存在数据安全性这一术语。

系统中有三类危险因素:基本危险因素、功能危险因素和间接危险因素。其中间接危险因素本身不会对系统直接造成威胁,只能通过功能执行系统产生危险,或者为某些安全关键决策提供错误的信息而导致事故。数据作为间接危险因素给系统带来的安全问题与软件有相似之处。硬件会直接对系统造成危害,而数据和软件本身没有危害,但在系统中数据不是独立存在的,数据常常会为系统的操作者、功能等提供关键数据以引导系统实现功能,或者提供关键的决策信息;一旦数据无法真实地描述当前系统所需的关键信息,或者描述得不够完善无法满足系统的使用要求,就会发生错误并将对系统造成潜在的危害。

但数据安全性与软件安全性也有很大的区别。软件在运行之前便可以进行各种分析验证工作保证软件的安全性,而数据只有在运行时才能获得,这就意味着仅能进行有限的测试和验证;而且数据相较于软件更容易发生变化,在强实时性系统中对数据的有效期和时效性要求较高。

根据相关标准及以上分析,本书给出数据安全性的定义如下:在特定的上下文和使用环境下，数据真实、完备地描述系统内外部信息，且满足系统使用要求，不导致系统处于可能的危险状态的能力。

7.2.2 安全相关数据组成

不同于系统软件/硬件组成元素，数据的主要特征是易变性，根据数据变化特征可以将数据分为静态数据和动态数据。航空电子系统是一个典型的复杂数据驱动系统，其功能复杂、数据种类繁多、运行环境复杂多变，导致数据安全性的问题日益严峻。根据航空电子系统的特点和作用，可以将航空电子系统划分为两大类：信息系统和功能执行系统，系统中数据包括静态和动态数据。航空电子系统根据其内部以及与飞行员或外界环境之间交互的数据作为系统运行的输入，通过系统实现相应的功能，并产生新的控制指令促使系统不断地运行并不断产生新的数据，如图 7.1 所示。

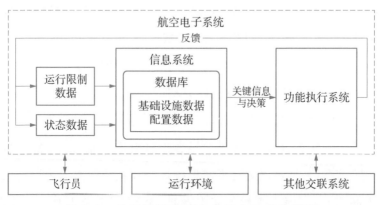

图 7.1 基于数据驱动的航空电子系统模型

航空电子系统需要通过静态数据描述系统的运行环境以及系统中软件/硬件接口、分区和应用程序等的配置，如导航数据和配置数据；还需要通过动态数据描述系统运行过程中的变化和外部环境的变化，如天气状况、飞机的飞行状态等。本书根据数据的作用识别了航空电子系统通用的四种数据分类，如表7.1 所示。

表 7.1   航空电子系统通用的四种数据分类

数据分类		描　　述	示例
静态	配置数据	描述系统的设备以及能力和限制可以用来配置系统软件/硬件,描述这些标准化模块参数	描述软件之间逻辑关系的配置数据
	基础设施数据	描述系统及所处的外界环境,表示物理实体等信息的数据	地图、飞机性能模型、飞机结构模型等
动态	状态数据	系统自身产生或者通过接口从系统的传感器以及其他的输入途径获得,随着系统的运行实时、动态产生的数据	传感器数据、外部输入数据
	运行限制数据	控制系统通过人机接口或者其他系统获得的某个运行条件信息,这一系列的运行信息代表了对于设备的使用限制	由恶劣天气、设备故障等限制的运行条件信息

通过对 762 份事故调研报告进行分析以及文献调研,发现了以下 16 类数据对航空电子系统以及飞行安全有重大的影响,如表 7.2 所示。

表 7.2   航空电子系统安全相关事故多发数据分类

数据分类		描　　述
基础设施数据	地形图	记录某地带或者障碍物的高度、地形、地貌特征和位置
	负载数据	记录飞机货物、机组、乘客以及燃油的负载重量、分布
	导航数据	提供给飞行管理系统用于导航的数据,包括导航台、空域、机场等
	电子航图数据	描述现实世界分布的图形数据,如机场地图、起飞飞行剖面等
	性能数据	提供飞机性能查询功能,查询飞机的相关信息,包括飞机和发动机性能参数
配置数据	操作规程数据	记录飞机操作的文档数据,如标准的操作顺序
	空管系统配置数据	用于配置与空管系统相关的系统的数据,如雷达系统、告警系统等
	气象雷达系统配置数据	控制气象雷达执行的配置数据
	操作手册	记录飞机航空电子相关系统操作流程的文档

数据分类		描　述
状态数据	传感器数据	由传感器收集的数据，如空速、高度值、机内舱压、迎角、燃油指示量等
	空管系统数据	飞机发送给空管系统的数据
	跑道管理数据	与跑道使用相关的机场运营数据
运行限制数据	气象数据	描述环境的状况，包括风速、温度、强对流气候发生位置以及跑道受损的情况等
	飞机性能计算数据	用于计算飞机起飞和着陆时的参数，如襟翼或前缘缝翼设定值、跑道长度
	维护数据	由维护人员设置的航空电子系统数据
	航空通告	以 NOTAM 的形式提供给飞行员的警告和通告数据

7.2.2.1　静态数据

如果数据所表示的现实世界的信息变化很缓慢，而数据在很长一段时间内即使没有更新依然有效，则这类数据可以称为静态数据。对于静态数据，其核心是确保数据正确，保证系统依据这些数据安全地实现相应的任务和目标。航空电子子系统导航监控系统中的静态数据主要包括导航数据、性能数据、配置数据、电子航图数据和负载数据等，支撑飞机的态势感知能力和安全运行。

1）导航数据

导航数据主要用于支持飞机的导航和飞行计划功能，计算出当前的飞行和位置信息，同时辅助实现航路的规划。引导飞行员进行安全导航的数据非常重要，一旦导航数据错误，就会导致航班延迟或者加大飞行员的工作强度。例如，2011 年加拿大一架波音 737‑200 客机正在进行仪表着陆，由于机载罗盘系统在下降初始阶段设置发生错误导致 8° 的角度偏差，因此导致飞机着陆时非常不稳定并撞上地面。

到目前为止，导航事故中最常见的一种原因是校准飞机高度数据错误。气压高度表利用周围的气压确定飞机处于海平面的距离；但是气压高度表很容易受到恶劣天气的影响，因此飞行员需要通过基准高度值校准高度数据，对于飞行安全非常重要。例如 1993 年,某公司 A320 客机在着陆过程中,因飞行员设置了错误的高度基准造成触地坠毁。

另外一种经常发生的导航事故是缺少外部态势感知使得操作很容易发生危险,包括夜间飞行、低能见度飞行等,在这种情况下用于支持安全导航的数据变得异常重要。除了罗盘航向数据和高度数据,飞机的安全飞行还取决于其他导航数据,如下所示。

(1) 由导航台确定飞机空间位置并引导飞机按照飞行计划航行的地面台站,主要有测距仪(distance measuring equipment,DME)、近程极坐标式无线电导航系统(tactical air navigation system,TACAN)等,提供无线电导航和测距功能。

(2) 航路点指沿航路或航线用于确定地理位置的点。航路点一般用于航路转弯处,或通过无线电定位确定位置的地方。航路点可分为高空或低空航路点、终端航路点。

(3) 航路是指由国家统一规划的空中通道,由导航设施、管制空域构成,指示飞行员遵循指定的航路飞行。

(4) 空域指飞机的合法飞行空间,在通常情况下,将空域分为管制空域和非管制空域。其中管制空域又分为 A、B、C、D 和 E 类;还有危险区(D)、禁区(P)等专用空域。

(5) 机场:包括机场所在地名和机场名、机场的类型、机场标高和跑道相关信息以及终端程序等信息。

(6) 跑道: 供飞机起飞、着陆的机场区域。机场跑道的基本信息包括跑道类型、跑道长度、跑道宽度、跑道磁差、跑道经纬度等。

(7) 终端区程序: 包括从起飞离场到进近着陆的全部飞行程序,不包括航路飞行。终端区程序有标准仪表离场、进场和进近程序。

2) 性能数据

性能数据可以向飞行员提供优化飞行的信息,提供飞机性能手册查询飞机的相关信息,为每一个飞行阶段爬升、巡航、下降选择的特定性能模式提供飞行所需的最优化速度表(即常量马赫数)、最大高度以及最佳高度。优化时需要考虑的因素包括经济性、时间、速度等。

性能数据包含飞机和发动机型号参数,包括气动力学模型数据、发动机模型数据以及重量与平衡数据。发动机模型数据包括推力、拉力、燃油流量、速度高度曲线、优化方案,是系统进行性能预测的基础。

3)配置数据

当前航空电子系统为了降低成本大量使用标准化的软件/硬件模块或者COST 构建通用的功能模块,然后通过开发配置数据的方式对系统中通用功能模块、接口以及分区等进行裁剪,实现特定要求的功能。系统配置数据是各个子系统必备的数据信息,各子系统都具有特定的子系统配置数据库,用于初始化装载,使每个子系统在启动时都有足够的引导信息。在 IMA 中定义了配置数据,对系统所有层级的信息包括硬件、应用、操作系统以及接口的各个层级进行描述,直接影响 IMA 系统的安全运行。配置数据包括应用程序配置数据、资源配置数据以及系统配置数据。应用程序配置数据描述航空电子应用程序的运行时间、程序关键等级、处理器性能要求以及操作方式等信息;资源配置数据描述航空电子物理资源,即系统机构的物理拓扑、资源类型、性能状态和数目等信息;系统配置数据描述航空电子应用程序和资源配置之间的匹配关系,确定处理器与程序、物理通道和虚拟通道的对应关系,以及不同任务阶段、故障状态下系统的资源重新分配关系。当航空电子系统有所改变的时候,只要及时地对配置数据库进行更新,就可以完成系统的预定功能,而无须对软件/硬件做大规模修改,这样大大提高了系统的适用性和扩展性。

4)电子航图数据

电子航图数据表示物理世界的各种特征,如机场跑道、地形数据、进场着陆和起飞剖面图。这些信息会以纸质或者电子图表的形式存储在机载导航系统里,统称为电子航图数据。这类数据很少发生变化,通过图形化的方式描述飞机的外部世界是飞行时飞行员获得外部世界态势感知的重要途径。通过事故分析，发现当外部世界态势发生变化而航图数据没有及时更新，或者缺少对某个机场的描述，抑或航图数据在制作时出错等，数据无法准确地反应外部世界，就会误导飞行员，导致事故发生。例如，2006 年 8 月 27 号夜间，列克星敦机场一架庞巴迪客机 CL600 在错误的跑道上起飞，这便是跑道数据的错误最终酿成事故。

5）负载数据

现代飞机承担着日益繁忙的运输任务，包括客运和货运，负载数据是指记录飞机货物、飞行机组人员、乘客以及燃油等重量、分布位置的数据。民用航空器的载重与平衡是影响飞行安全和运营人经济效益的重要因素。长期以来在世界范围内，很多航空安全事件、事故征候及事故缘于航空器的载重平衡存在错误。例如 1997 年，一架 A300 - 600 飞机从巴黎起飞，起飞时飞机发生严重倾斜，导致飞机尾翼撞上地面，如图 7.2 所示。该事故的发生就是由飞机内部重量的货物分布图设计错误，严重超出了规定的平衡限制导致的。

图 7.2　1997 年 A300 - 600 飞机事故

飞机由于自身结构强度、客货舱容积、运行条件及运行环境等原因，都必须设置最大装载量的限制。飞机的最大起飞全重、最大落地全重、最大无油全重、最大起飞油量、航段耗油量、最大业载量和空机重量是飞机制造商在交付用户时提供的静态业务数据的一部分。飞机在空中飞行时要求具有更高的可靠性和安全性以及更好的平衡姿态，而货物装载量、装载位置和旅客客舱座位分布直接影响飞行安全和飞机平衡。因此严格限制飞机的最大装载量对飞行安全至关重要。

飞机的各个部位都具有重力，所有重力的合力为整个飞机的重力，飞机重力的着力点为飞机的重心。飞机重心的位置取决于载量在飞机上的分布，飞机上任何部位的载重量发生变化都会使飞机的重心位置发生移动。重心的变化会直接影响飞机的平衡，飞机的平衡有三种，即俯仰平衡、横侧平衡和方向平衡。

（1）俯仰平衡。影响飞机俯仰平衡的因素主要有旅客的座位安排方式、货物的装载位置及滚动情况、机上人员的走动、燃料的消耗、不稳定气流、起落架或副翼的伸展和收缩等。因此航空公司配载人员在安排旅客的座位时，应在对重心影响较小的飞机座位区域尽量多安排旅客，以免影响飞机的俯仰平衡和旅客的安全；在安排货物时同理。

（2）横侧平衡。影响飞机横侧平衡的因素主要有燃油的加装和利用方式、货物装载情况和滚动情况、空气流的作用等。因此加油和耗油时都要保持左右机翼等量，尤其对于宽体飞机，应避免货物在飞机失去横侧平衡时向一侧滚动而加重不平衡的程度。

（3）方向平衡。影响方向平衡的因素主要有发动机推力和横向风。例如飞机在飞行时一台发动机熄火，则飞机必然向该发动机所在一侧偏向；又如飞机在飞行时，遇到一股横向风，则飞机出现偏向。

7.2.2.2 动态数据

如果数据表示的信息变化频繁，那么数据必须及时更新以便与外界保持一致和有效，这类数据称为动态数据。动态数据在系统设计阶段是无法获取的，只有在系统实际运行时才能得到。对于连续变化的动态数据，需要分析数据表示的信息允许数据变化可接受的范围，依次确定数据的更新频率。而对于不连续变化的动态数据,更多的是考虑如何保证数据反映比较重要的变化。航空电子系统动态数据包括实时飞行环境参数、飞机位置参数、飞机状态参数、航空通告等数据。其中实时飞行环境参数包括飞机在飞行的各个阶段中沿航路以及机场的环境信息;飞机位置参数是指飞机即时经纬度、高度和时间;飞机状态参数是指飞机的航速航向、发动机转速和温度、滑油压力和温度、剩余油量等信息。本节以气象数据和航空通告数据为例进行介绍。

1) 气象数据

对于飞行机组人员来说,天气报告对于飞机的安全运行有着极其重要的影响,因为天气常常会给飞机带来严重的威胁。恶劣天气不仅会对飞机造成物理损坏,而且会产生严重的噪声和振动,严重干扰飞行员和外界的通信,使得飞行员很难准确读取飞机各种仪表的数据。目的地机场的天气状况信息对飞行安全是十分关键的,因为在恶劣的天气条件下飞行员需要判断是否可以安全着陆。

例如,记录风切变或者尾风级别的数据是飞行员决定着陆或者复飞的关键数据,如果这个信息错误或者缺失,则会产生非常大的影响,如图 7.3 所示的两起事故就是如此。

起飞时跑道偏离——风信息未送达飞行员　　降落时跑道偏离——缺乏跑道制动状态报告
（NTSB 2010）　　　　　　　　　　　　　（NTSB 2007）

图 7.3　气象数据错误导致的事故

2) 航空通告数据

航行通告（notice to airmen,NOTAM）是时效性要求严格的信息通告。

NOTAM信息包括维修引起的机场及跑道关闭、发生在导航设施和通信频率上的变化、机场的雪情及其他对计划、着陆过程很重要的信息,对于飞行安全非常重要。考虑到这些数据本身的处理不属于航空电子系统范畴,这里不再赘述。

7.3 安全相关数据处理过程

7.3.1 航空数据供应链

系统有多种获得数据的方式,其中一种是通过数据供应链开发数据。根据 DO-200A,航空数据供应链是指航空数据收集、整理、编码、创建、传输和使用等环节。针对不同的系统,数据供应链的具体表示方式不同。本书定义的航空数据供应链包括数据收集、验证与生成、发布传输以及数据应用,如图 7.4 所示。

图 7.4　航空数据供应链模型

通过对航空数据供应链环节的分析可总结出如表7.3所示的功能描述。

表 7.3　航空数据供应链功能描述

功能	描述
数据收集	收集关于现实世界和变化的源数据信息,各国航空运营人委托航空数据供应商开发或者收集数据并进行检查,检查数据结构及关联正确性,保证数据来源、精度、分辨率和完好性等数据质量要求。错误数据将发送给数据供应方以进行修正
数据验证与生成	接受并验证源数据,将正确的数据编制进航空数据库中。根据 ARINC 424,将航空数据转变为航空电子设备可接受的数据格式。对于关键数据,要求评估其是否发生变化并尽可能快速更新

（续表）

功能	描　　述
数据发布传输	确认数据的格式正确,收集航空数据编制进航空数据库中,将其发给最终用户
数据应用	接收数据并将其加载到信息系统中,支持用户的态势感知和系统功能的正常运行

7.3.2　航空数据处理流程

航空数据处理流程分为六个阶段,即接收、汇总、转换、选择、格式化和分发,如图 7.5 所示。

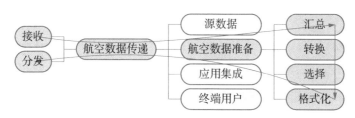

图 7.5　航空数据处理流程

1) 接收阶段

数据接收阶段涉及数据接收、检查、验证等工作,检查数据并确保收到的数据在传送过程中是完好的,验证数据以便核实数据的一致性和可用性。如果发现错误、遗漏或不一致,则须向数据供应商报告,通过数据跟踪修改数据。

2) 汇总阶段

数据汇总阶段收集和校对来自不同数据供应商的数据。通过数据汇总,可以得到满足航空数据链中下一环节要求的数据集。对已汇总的数据进行检查,可以保证数据满足质量要求。如果发现错误、遗漏或不一致,则须告知责任数据供应商并提请分析和修改,并由数据汇总方跟踪数据源以确保正确修改数据,记录相关问题并提醒下一环节参与方。如果收到的源数据精度、分辨率和完好性等有任何变更,则需要记录变更详情并归档。

3）转换阶段

数据转换阶段涉及数据信息表达形式的转变。如果仪表飞行程序用文本形式描述，则需要按照 ARINC 424 编码规则转变为 ARINC 424 格式航段类型（或航径终结码）。数据转换后须进行检查，确保转换过程没有改变原始数据的一致性和完整性。

4）选择阶段

数据选择阶段主要从经汇总处理后收集的航空数据中选择需要的数据元素。选择阶段后将生成一个原始收集数据子集，该子集符合下一环节对数据质量的要求。在选择阶段，须检查数据子集以确保与原始收集数据一致，确保需要的数据没有遗漏或更改。

5）格式化阶段

格式化阶段将选择的数据子集转换为下一环节可接受的格式数据。导航数据可以参照 ARINC 424 标准进行格式化，以便生成用于飞机导航、飞行计划、飞机模拟机使用的导航数据库，或者按照专利格式转换为目标系统可接受的格式，或者按照其他可以接受的格式转换。在格式化过程中，须检查格式化数据是否与选定数据格式一致，力求发现每一项误差引起的原因以便修改。

为了预防虽然数据存在错误但却通过了用户的检查和验证的情况发生，在数据格式化过程中可以采取满足数据最低要求的完好性保护措施（如 CRC 校验）以检查数据。

6）分发阶段

数据分发阶段是航空数据处理的最后一个环节，该阶段的主要任务是将格式化数据子集打包成数据库并分发给用户。可以用磁盘或光盘分发数据，也可以通过互联网或其他可接受的方式分发数据。在分发过程中，须进行数据检查，确保分发数据满足用户要求且无物理介质错误。如果发现数据错误或信息遗漏，则须通报相关方并按流程修改数据，记录问题并通告数据终端用户。

航空数据处理流程如图 7.6 所示。

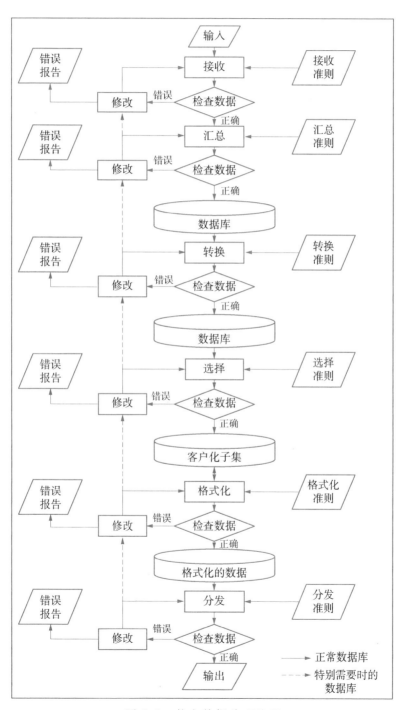

图 7.6 航空数据处理流程

7.3.3　航空数据质量要求

根据 DO‑200A 的规定,数据质量要求主要体现在精度、分辨率、保证等级、可追溯性、时效性、完整性、格式化等方面。

1) 精度

数据精度是指数据估计值或测量值与真实值之间的符合程度。数据精度与测量工具、测量方式、参考坐标系等有关。

《基于性能的导航(PBN)手册》第一卷附录 2 中规定,在 PBN 运行框架下的所有区域导航应用中,陆基导航设施、机场基准点、登机门/停机位、航路/航线及仪表飞行程序航路点等坐标数据精度取决于数据最初生成时和后续处理过程中所采用的方式和方法,包括国家导航数据公布政策等;所有区域导航应用的航空数据参考坐标系都必须为 WGS‑84 坐标系。

航空数据精度要求与数据的应用相关。例如,航路/航线导航台及定位点、等待定位点、仪表进离场程序定位点等数据精度要求为 100 m;仪表进近程序中包括最后进近定位点(final approach fix,FAF)、复飞点(missed approach point,MAP)等在内的重要定位点精度要求为 3 m(测量结果或计算结果)。

2) 分辨率

数据分辨率是指一个数据元素的最小单位,或者测量值和计算值的数字表达形式。数据分辨率与测量设备、计算方法、数值取舍方法等有关,与参考坐标系无关。分辨率要求与数据应用有关,分辨率影响数据精度,因此分辨率要求必须考虑精度要求。例如,航路/航线导航台及定位点、等待定位点、仪表进离场程序定位点数据分辨率要求为 1 s(角秒);仪表进近程序中包括 FAF、MAP 等在内的重要定位点数据分辨率要求为 0.01 s(角秒)。

3) 保证等级

由于数据处理过程的完好性通常不能量化,因此数据处理完好性要求用数据处理保证等级定义。保证等级是指一个数据元素在存储、处理或传递过程中没有被损坏的可信程度。航空数据处理保证等级分为 1、2、3 共三个等级。1

级为关键级,其可信度要求最高;2 级为重要级,其可信度要求次之;3 级为常规级,其可信度要求最低。

对于集成到飞机中的应用来说,需要识别航空数据处理过程所需的保证等级,通过使用 PSSA 可确定相应的风险。适用于飞机应用的失效状态的严酷度等级如表 7.4 所示。

表 7.4　数据处理保证等级对照表

失效状态 严酷度等级	失效影响	DAL	数据处理 保证等级
灾难性的	导致飞机无法持续安全飞行和着陆	A	
较严重的	降低飞机性能或增加飞行员工作负荷,主要体现在以下几个方面: (1) 很大程度上降低了飞机的安全裕度或功能性能 (2) 物理损害或工作负荷的增加导致飞行员不能准确或完整地完成飞行任务 (3) 对乘客产生不利影响,包括对一些乘客造成严重的或潜在的致命伤害	B	1
较大的	降低飞机性能或增加飞行员工作负荷,主要体现在以下几个方面: (1) 较大地降低了飞机的安全裕度或功能性能 (2) 较大地增加了飞行员的工作负荷 (3) 对乘客产生不利影响,包括对一些乘客造成不适或者可能造成一些伤害	C	2
较小的	降低飞机性能或增加飞行员工作负荷,主要体现在以下几个方面: (1) 较小地降低了飞机的安全裕度或功能性能 (2) 较小地增加了飞行员的工作负荷 (3) 对乘客造成某些不便	D	
无安全影响	对飞机的功能性能或者飞行员的工作负荷无任何影响	E	3

4) 可追溯性

可追溯性是指在数据处理、检查和验证过程中,如果发现任何数据不满足质量要求,则必须能够明确错误根源并进行更正,各处理环节必须详细记录输入/输出数据及相关信息,确保数据供应商和终端用户可以追溯数据来源和错误根源。

5）时效性

时效性是指在数据计划使用时间段内数据可用的可信程度。许多数据元素都有需要进行数据验证的确定性周期，周期依据数据供应商或数据自身的特征而定，如国家按 28 天航行资料定期颁发制（aeronautical information regulation and control，AIRAC）周期来公布航空数据。

6）完整性

完整性是指支持预期应用所提供的要求数据的可信程度。完整性包括执行预期功能所需要的、最低可接受的数据集的所有需求。如果一个大数据集被终端用户认可，那么终端用户针对目标机载航空电子系统必须定义一个最小数据集。

通常在目标机载航空电子系统定义需求时应同时定义一个与运行计划一致的数据库需求。由于一些航空数据库容量受限，因此可能需要减少数据库内容。但是，必须确保减少后的数据库内容与终端用户运行需求一致。运行所需数据和覆盖区域由提出运行需求的终端用户确定并负责。

航空数据的完整性要求必须以数据损坏造成的潜在危险以及有关数据项的预定用途为依据。为此，对航空数据完整性的类别和等级特做如下规定：

（1）关键数据的完整性等级为 1×10^{-8}：使用损坏的关键数据使航空器的持续安全飞行和着陆发生严重危险并导致灾难的概率高。

（2）重要数据的完整性等级为 1×10^{-5}：使用损坏的重要数据使航空器的持续安全飞行和着陆发生严重危险并导致灾难的概率低。

（3）常规数据的完整性等级为 1×10^{-3}：使用损坏的常规数据使航空器的持续安全飞行和着陆发生严重危险并导致灾难的概率很低。

7）格式化

格式化是指为了将数据分发到一个特定的目标航空电子系统，将已选定的数据集进行转换、分类、打包和压缩的过程。数据格式必须与目标航空电子系统软件/硬件兼容。已交付的数据格式必须确保装载到终端设备使用时,数据解析结果应与数据应用目的一致。

表 7.5～表 7.9 列举了一些航空数据的质量要求。

表 7.5　经纬度

经　纬　度	发布清晰度	完整性等级
飞行情报区边点	$1'$	$1×10^{-3}$(常规级)
(位于管制区、管制地带界线以外的)禁区、限制区和危险区边界点	$1'$	$1×10^{-3}$(常规级)
(位于管制区、管制地带界线以内的)禁区、限制区和危险区边界点	$1''$	$1×10^{-5}$(重要级)
管制区、管制地带边界点	$1''$	$1×10^{-5}$(重要级)
航路上助航设备及定位点,等待、标准终端进离场点	$1''$	$1×10^{-5}$(重要级)
1 区(全部国家领土)内的障碍物	$1''$	$1×10^{-3}$(常规级)
机场基准点	$1''$	$1×10^{-3}$(常规级)
机场内的助航设备	$0.1''$	$1×10^{-5}$(重要级)
3 区障碍物	$0.1''$	$1×10^{-5}$(重要级)
2 区障碍物	$0.1''$	$1×10^{-5}$(重要级)
仪表进近程序 FAF、定点及其他重要定位点、定点	$0.1''$	$1×10^{-5}$(重要级)
跑道着陆入口	$0.01''$	$1×10^{-8}$(关键级)
跑道终端(飞行航径对准点)	$0.01''$	$1×10^{-8}$(关键级)
跑道等待位置	$0.01''$	$1×10^{-8}$(关键级)
滑行道中心线、停靠引导线点	$0.01''$	$1×10^{-5}$(重要级)
滑行道交点标志线	$0.01''$	$1×10^{-5}$(重要级)
出口引导线	$0.01''$	$1×10^{-5}$(重要级)
航空器停放点/INS 检查点	$0.01''$	$1×10^{-3}$(常规级)
机坪边界(多边形)	$0.1''$	$1×10^{-3}$(常规级)
除冰、防冰设施(多边形)	$0.1''$	$1×10^{-3}$(常规级)

表 7.6 标高/海拔高/高

经 纬 度	发布清晰度	完整性等级
机场标高	1 m 或 1 ft	1×10^{-5}（重要级）
机场标高位置的 WGS－84 大地水准面波幅	1 m 或 1 ft	1×10^{-5}（重要级）
非精密进近时,跑道或 FATO 着陆入口	1 m 或 1 ft	1×10^{-5}（重要级）
非精密进近时, 跑道或 FATO 着陆入口的 WGS－84 大地水准面波幅,TLOF 几何中心	1 m 或 1 ft	1×10^{-5}（重要级）
精密进近时,跑道或 FATO 着陆入口	0.1 m 或 0.1 ft	1×10^{-8}（关键级）
精密进近时,跑道或 FATO 着陆入口的 WGS－84 大地水准面波幅,TLOF 几何中心	0.1 m 或 0.1 ft	1×10^{-8}（关键级）
精密进近时,着陆入口通过高度	0.1 m 或 0.1 ft	1×10^{-8}（关键级）
2 区障碍物	1 m 或 1 ft	1×10^{-5}（重要级）
3 内障碍物	0.1 m 或 0.1 ft	1×10^{-5}（重要级）
1 区（全部国家领土）内的障碍物	1 m 或 1 ft	1×10^{-3}（常规级）
精密测距仪（DME/P）	3 m(10 ft)	1×10^{-5}（重要级）
测距仪（DME）	30 m(100 ft)	1×10^{-5}（重要级）
最低海拔高度	50 m 或 100 ft	1×10^{-3}（常规级）

表 7.7 磁偏角和磁差

磁偏角和磁差	发布清晰度/(°)	完整性等级
用于技术对准跑道的甚高频助航设备台偏差	1	1×10^{-5}（重要级）
无方向性信标助航设备磁差	1	1×10^{-3}（常规级）
机场磁差	1	1×10^{-5}（重要级）
仪表着陆系统航向信标天线磁差	1	1×10^{-5}（重要级）
微波着陆系统方位天线磁差	1	1×10^{-5}（重要级）

表 7.8 方 位

方 位	发布清晰度/(°)	完整性等级
航段	1	1×10^{-3}（常规级）
航路上和航站定位点构成	0.1	1×10^{-3}（常规级）

（续表）

方　位	发布清晰度/(°)	完整性等级
航站进场、离场航段	1	1×10^{-3}（常规级）
仪表进近程序定位点构成	0.01	1×10^{-5}（重要级）
仪表着陆系统航向信标校准（真）	0.01	1×10^{-5}（重要级）
微波着陆系统零度方位校准（真）	0.01	1×10^{-5}（重要级）
跑道和 FATO 方位（真）	0.01	1×10^{-3}（常规级）

表 7.9　长度/距离/面积

长度/距离/面积	发布清晰度	完整性等级
航段长度	0.1 km 或 0.1 n mile	1×10^{-3}（常规级）
航路上定位点构成距离	0.1 km 或 0.1 n mile	1×10^{-3}（常规级）
航站进场、离场航段长度	0.01 km 或 0.01 n mile	1×10^{-5}（重要级）
航站和仪表进近程序定位点构成距离	0.01 km 或 0.01 n mile	1×10^{-5}（重要级）
跑道和 FATO 长度，TLOF 面积	1 m 或 1 ft	1×10^{-8}（关键级）
跑道宽度	1 m 或 1 ft	1×10^{-5}（重要级）
移位入口距离	1 m 或 1 ft	1×10^{-3}（常规级）
净空道长度和宽度	1 m 或 1 ft	1×10^{-5}（重要级）
停止道长度和宽度	1 m 或 1 ft	1×10^{-8}（关键级）
可用着陆距离	1 m 或 1 ft	1×10^{-8}（关键级）
可用起飞滑跑距离	1 m 或 1 ft	1×10^{-8}（关键级）
可用起飞距离	1 m 或 1 ft	1×10^{-8}（关键级）
可用加速滑跑到停止距离	1 m 或 1 ft	1×10^{-8}（关键级）
跑道道肩宽度	1 m 或 1 ft	1×10^{-5}（重要级）
滑行道宽度	1 m 或 1 ft	1×10^{-5}（重要级）
滑行道道肩宽度	1 m 或 1 ft	1×10^{-5}（重要级）
仪表着陆系统航向信标天线—跑道终端，距离	1 m 或 1 ft	1×10^{-3}（常规级）
仪表着陆系统下滑道天线—着陆入口，沿中心线距离	1 m 或 1 ft	1×10^{-3}（常规级）

（续表）

长度/距离/面积	发布清晰度	完整性等级
仪表着陆系统指点标—着陆入口距离	1 m 或 1 ft	1×10^{-5}（重要级）
仪表着陆系统测距仪天线—着陆入口，沿中心线距离	1 m 或 1 ft	1×10^{-5}（重要级）
微波着陆系统方位天线—跑道终端，距离	1 m 或 1 ft	1×10^{-3}（常规级）
微波着陆系统标高天线—着陆入口，沿中心线距离	1 m 或 1 ft	1×10^{-3}（常规级）
微波着陆系统精密测距仪天线—着陆入口，沿中心线距离	1 m 或 1 ft	1×10^{-5}（重要级）

对于地形和障碍物数据库数据，要求如表 7.10～表 7.13 所示。

表 7.10　地形数据数值表示要求

地形数据	1 区	2 区	3 区	4 区
位置间距	3″(约 90 m)	1″(约 30 m)	0.6″(约 20 m)	0.3″(约 9m)
垂直精确度/m	30	3	0.5	1
垂直清晰度/m	1	0.1	0.01	0.1
水平精确度/m	50	5	0.5	2.5
置信度(1σ)/%	90	90	90	90
数据分类完整性水平	常规级 1×10^{-3}	重要级 1×10^{-5}	重要级 1×10^{-5}	重要级 1×10^{-5}
维护期	根据要求	根据要求	根据要求	根据要求

表 7.11　障碍物数据数值表示要求

障碍物数据	1 区	2 区	3 区
垂直精确度/m	30	3	0.5
垂直清晰度/m	1	0.1	0.01
水平精确度/m	50	5	0.5
置信度(1σ)/%	90	90	90
数据分类完整性水平	常规级 1×10^{-3}	重要级 1×10^{-5}	重要级 1×10^{-5}
维护期	根据要求	根据要求	根据要求

表 7.12　地形特性

地形特性	强制性
覆盖区域	强制
数据始发站标识符	强制
获取方法	强制
位置间距	强制
水平参考系统	强制
水平清晰度	强制
水平精确度	强制
水平置信度	强制
水平位置	强制
标高	强制
标高参考	强制
垂直参考系统	强制
垂直清晰度	强制
垂直精确度	强制
垂直置信度	强制
表面类型	强制
记录的表面	强制
穿透面	任选
已知变化	任选
完整性	强制
日期和时间标记	强制
所用计量单位	强制

表 7.13　障碍物特性

障碍物特性	强制性
覆盖区域	强制
数据始发站标识	强制

障碍物特性	强制性
障碍物标识	强制
水平精确度	强制
水平置信度	强制
水平位置	强制
水平清晰度	强制
水平范围	强制
水平参考系统	强制
标高	强制
垂直精确度	强制
垂直置信度	强制
标高参考	强制
垂直清晰度	强制
垂直参考系统	强制
障碍物类型	强制
几何类型	强制
完整	强制
日期和时间标记	强制
所用计量单位	强制
运行	任选
有效性	任选

7.4 数据处理过程中的危害识别

航空数据生成、进入系统的过程十分复杂，首先要对真实世界或者目标实体的数据进行收集、整理，将其转换成信息世界的描述语言；其次将其转换为计算机系统可以识别的语言;最后根据机载系统要求进行格式的变换并加载到系统中。本书针对系统数据特点,总结了航空数据收集、数据整理、数据格式化、数据传输和数据使用等阶段常见的数据错误,如下所示。

(1) 在数据收集过程中,由于系统数据要描述的对象以及数据的来源较多,因此很容易产生重复数据的错误。

(2) 在静态数据生成过程中可能产生拓扑逻辑错误、数值错误、数据位置错误等;在动态数据生成过程中可能产生一致性错误。

(3) 数据在传输过程中受到外部干扰或攻击引起的数据错误包括数据序列错误、传播错误、时序错误。

根据不同类数据具体不同的特点定制数据的安全性属性要求,当录入的数据不满足安全性属性要求时,就会产生数据错误。

1) 静态数据的安全性

航空静态数据反映了飞机、航空电子系统本身或者系统飞行环境固定且不会频繁变化的物理特征,对数据值的准确性、精度等要求较高,如配置数据、地形数据等。如果描述系统软件/硬件功能的配置数据或者描述某危险区域的地形数据错误,则必然影响飞机的安全运行。静态数据的安全性属性要求主要包括两个方面——值域和数据关联性。

(1) 数据的值域错误包括以下四个方面:数据单位、数据格式、取值范围或取值集合、空值定义的错误。

(2) 数据关联性错误:对获取的数据检验其逻辑关联性,保证数据描述的一致性。数据间的关联性错误包括存在性错误、引用关联错误、取值限制关联错误。

(3) 似是而非的错误是指数据符合系统的要求,但是无法反映航空电子系统的真实情况。航空电子系统中似是而非的错误情况包括遗漏、虚假数据、数据歧义、定位误差、拓扑错误。

2) 动态数据的安全性

航空动态数据体现在以下两个方面:一方面是数据描述的对象经常变化,

数据需要及时更新才能保持一致,准确地描述对象;另一方面是在数据从系统A传输到另一个系统B的过程中,需要考虑数据传输中的安全性问题。

(1) 数据的过时与更新。航空电子系统运行过程中需要采取合适的技术对各个安全关键系统和外界运行环境的变化进行监督,一旦检测到变化就需要及时完成对旧数据的更新,否则会因数据过时引起数据不可用而导致事故。

(2) 数据传输中的安全问题。数据接收时发生下列故障可能会导致危害状况:数据内容错误、信息和数据到达时间错误。数据传输过程可能出现的错误有数据重复接收、数据缺失、发送延时和数据损坏等。

数据质量用来描述数据满足用户需求的能力和程度。上文描述了数据的7个质量要求,包括精度、分辨率、保证等级、可追溯性、时效性、完整性、格式化。如果数据的质量要求没有得到满足,那么同样会对数据的安全性造成影响。数据的质量要求对于数据的安全性有直接的影响,从中可以分析出数据危害模式。因此数据的质量要求也可以描述为数据的安全性属性。对应危害模式有数据精度不足、分辨率不足、数据来源未知、数据未能及时到达、数据不完整、数据格式错误等。

通过对标准和以往航空相关事故的分析,总结出数据产生的危害主要为以下几类。

1) 数据格式错误

定义中数据具有一定的格式才能被系统识别,这意味着格式错误为数据的基本失效类型之一。数据的格式错误可能不会影响数据表示内容的准确性,但是会严重影响系统对数据的理解和处理。格式是对数据信息表示方式的一种规定,其限制数据表示的方式,是某类数据独特的标签。这些规则也是我们进行数据检测的基础,即使发生错误我们也可以通过检测数据是否满足规则来识别数据的错误。

数据格式的一个重要方面是如何描述一个数据,详细定义数据使用哪个单位(如 m、ft 等)可以避免不必要的误解。而且数据的格式还要给出数据测量的基准作为参考,如在表示地理导航数据的经纬度时必须明确参考的基准才能获得准确的坐标。缩放比例也是格式中的一个重要方面,当数据无法直接地表示实际的物体时,可以通过缩放比例的控制建立两者之间的映射关系,如航空地图图表数据。此外,数据类型、数据描述语法等也是格式的重要内容。

2）数据意义错误

数据是对现实世界的物体特性的描述,因此数据的意义可能是不正确的,这意味着意义错误为数据的基本失效类型之一。数据的意义错误主要体现在以下几个方面:无法正确地描述现实世界;无法正确地反应现实世界中某个实体的状态;无法正确地反应用户的目的。这类错误的发生主要是由初始阶段数据的预处理错误或外界发生变化导致的。数据值、分辨率、关联性、一致性、完整性等属性的错误都会导致数据的意义不正确。数据还可能发生意义的模糊混淆错误,如数据没有精确表示出其对应的信息或者数据可以解释为不同的信息或指向多个对象。数据的重复或者多余也都会影响数据的意义。

3）数据时序错误

数据的效用依赖于时间并有一定的期限,其价值的大小与提供数据的时间密切相关。实践证明,数据一经形成,所提供的速度越快,时间越早,价值越大。数据源获取数据之后需要经过传输等操作才能使用,而且现实世界变化之后数据还需要更新,否则就会无效,因此时效错误为数据的基本失效类型之一。从数据源头看,可能发生数据源没有获取到数据或者数据源无法发送数据的情况;从传输过程看,可能出现的报文错误包括乱序、重复、丢失等情况;数据接收时可能发生数据发送端标识错误、类型错误、数值错误等;数据到达时间过早或者过晚等。

4）数据来源错误

数据从数据源到进入系统需要经历不同的系统,此时需要对数据获取传输接收的各个阶段的数据来源进行明确的定义,以保证系统获得预期来源的可信赖的数据,因此这意味着数据来源错误为数据的基本失效类型之一。数据除了要保证正确的意义和格式以及在合适的时间处于可用的状态，还要保证数据的来源是已知的、可信的。可信的来源可以说明数据的准备和处理、存储、传输都是非常严密的，能够确保数据的关键特性如格式、意义、时效性等满足要求。没有足够的过程处理证明文件确保数据在供应链的整个过程（从数据的准备到数据的使用）的完整性是来源错误发生的原因。来源错误包括未知来源错误、虚假来源错误等。根据调研和分析总结了以下数据危害模式分类，如表 7.14 所示。

表 7.14　数据危害模式分类

数据危害模式分类		描　　述
意义错误	数据无意义	数据损坏而失去意义，无法解释
	数据值不准确	数据值在有效范围内但错误
	数据关联错误	数据值正确，但指向错误的对象
	数据精度不足	数据没有精确表示出其对应的信息，没有达到预期功能的要求
	分辨率不足	数据的分辨率没有达到预期功能的要求
	数据描述有歧义	数据可以解释为不同的信息
	数据描述对象错误	数据指向多个对象
	虚假数据	数据描述的对象不是系统的组成部分
	表示相同数据的不同实例不一致	不同来源的同一数据存在差异
	连续数据项之间不一致	连续数据项之间的关系不正确，如没有遵照序列或模式
	数据缺失	数据集中的数据项缺失
	数据重复	非预期的数据重复
	数据多余	出现不需要的部分数据
格式错误	单位错误	数据使用错误的计量单位
	测量基准错误	未从正确的基线开始测量
	类型错误	数据使用错误的物理表示方法
	数据超出范围	数据值超出对应数据类型的值的范围
	描述语言错误	使用错误的、无法识别的计算机语言
	排序错误	数据元素未正确排序

（续表）

数据危害模式分类		描　　述
时序错误	中途丢失	数据在传递过程中丢失
	重复接收数据	欲接收数据发送了不止一次
	过早	数据接收时间比预期早
	过晚（超期）	数据接收时间比预期晚
	接收次序错误	数据未按照正常次序接收
	未接收数据	没有接收到预期的数据
来源错误	虚假来源	数据不来自识别出的来源
	未知来源	数据在使用期间没有保存或者留存时间过短,无法追溯数据来源
	数据源不可访问	数据源不允许特定的数据访问

7.5　数据安全性分析方法与验证技术

数据的安全性主要涉及数据处理、传输和存储过程,因此航空数据安全性的分析需要从这些环节入手,采用合适的安全性分析技术分析每个环节可能造成的数据错误。本节列举了几种常用于航空数据安全性分析的技术和方法。

1）CRC

对航空数据进行错误检测的最普遍的格式是 CRC 的应用。CRC 是一种编码算法,通常用于网络传输和数据存储设备。采用 CRC 技术的设备计算出短而长度恒定的二进制位序列成为 CRC 码,与发送的数据或存储的数据放在一起,当读取和接收数据时,该设备重新计算新的 CRC 码,如果新的 CRC 码与原来的 CRC 码不匹配,则数据被修改或丢失。

2）反馈监控

反馈监控是一种比较数据的输入/输出的检测方法,原理如图 7.7 所示。

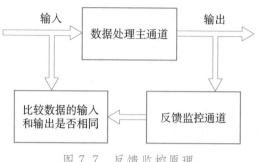

图 7.7 反馈监控原理

反馈监控采用独立于数据处理主通道的方式对数据进行额外计算。反馈监控通道和数据处理主通道接收相同的数据,在数据处理主通道处理完数据后,反馈监控通道将输出数据进行逆向计算,并与接收的数据进行比较,如果不匹配,则说明数据被修改或丢失。

3)独立性冗余测试

独立性冗余测试通过两个独立的处理器处理相同的数据,然后比较数据的结果,如果结果不匹配,则数据被修改或丢失,原理如图 7.8 所示。

图 7.8 独立性冗余测试原理

4)版本更新的比较

通过将已更新的数据与以前的版本进行比较,识别出已改变的所有数据。

5)验证技术

通过数据验证技术进行检查从而保证传输数据的完整性,确认检查数据是否适用于应用,如果发生错误、遗漏或不一致,则告知数据提供者,对数据进行纠正并追溯,保证这种缺陷被纠正。

(1) 采用独立测量系统对数据库中的点进行比较,越多的点被检查,数据库质量的可信度越高。例如,对于导航数据库,检查内容应包括但不限于机场基准点、机场标高、机场磁差、机场跑道端入口坐标(PBN 程序要求)、跑道入口标高、跑道磁方位、跑道长度、导航台坐标、航路点坐标、航径终结码、高度限制、速度限制等。

(2) 将数据库与其他已经存在的数据集进行比较。

(3) 进行合理性检查以保证数据库数据不违反数据的已知属性。

7.6　小结

本章依据 DO‐200A,结合航空数据本身的特点分析了航空电子数据安全性,给出了数据、数据安全性等基本概念,分析了数据处理流程和数据质量要求,并结合数据处理流程,对数据危害的产生、数据危害的传播以及数据危害原理等方面进行了分析,明确了数据产生安全性问题的机制,列举了目前实际工程应用中使用的、用于数据安全性分析的方法和验证技术,从而为航空数据安全性分析提供了指导。

参考文献

[1] SAE ARP 4761 Guidelines and Methods for Conducting the Safety Assessment Process on Civil Airborne Systems and Equipment [S]. SAE, 1996.

[2] FAULKNER A, STOREY N. Data: An often-ignored component of safety-related systems [C]// Proceedings of the MOD Equipment Assurance Symposium

(ESAS02)(Bristol，UK，2002)，MOD. 2002.

[3] GALL H. Functional safety IEC 61508/IEC 61511 the impact to certification and the user [C]//2008 IEEE/ACS International Conference on Computer Systems and Applications. IEEE，2008.

[4] 汪健甄,许宗泽.航空电子高速数据总线性能分析及其实时性仿真[J].南京航空航天大学学报,2008(03)：71－75.

[5] DROZD J，DROZD O，ANTOSHCHUK S，et al. Effectiveness of matrix and pipeline FPGA-based arithmetic components of safety-related systems [C]//2015 IEEE 8th International Conference on Intelligent Data Acquisition and Advanced Computing Systems：Technology and Applications (IDAACS). IEEE，2015.

[6] YEH Y C. Safety critical avionics for the 777 primary flight controls system [C]// Digital Avionics Systems，Dasc Conference. IEEE，2001.

[7] 姜震,熊华钢,邵定蓉.未来航空电子高速数据总线技术的研究[J].电光与控制，2002(03)：19－23.

[8] ZALEWSKI J，TRAWCZYŃSKI D，SOSNOWSKI J，et al. Safety issues in avionics and automotive databuses [J]. IFAC Proceedings Volumes，2005,38(1)：26－31.

[9] MOREL M. Model-based safety approach for early validation of integrated and modular avionics architectures [C]// International Symposium on Model-Based Safety and Assessmemt. Springer，Cham，2014.

[10] ZHANG C，SHI X，CHEN D. Safety analysis and optimization for networked avionics system ［C］//2014 IEEE/AIAA 33rd Digital Avionics Systems Conference (DASC). IEEE，2014.

[11] STOREY N，FAULKNER A. The characteristics of data in data-intensive safety-related systems [C]// International Conference on Computer Safety，Reliability，and Security. Springer，Berlin，Heidelberg，2003.

［12］ SCHIEFELE J，LUGSCH B，LAUNER M，et al. World-wide precision airports for SVS ［C］// Enhanced and Synthetic Vision 2004. International Society for Optics and Photonics，2004.

［13］ NASA‐GB‐8719. 13‐2004. NASA Software Safety Guidebook ［S］. National Aeronautics and Space Administration，2004.

8

航空电子系统安全性工程实践

　　航空电子系统安全性工程包括支持航空电子系统研制活动的各项需求的产生与验证,同时提供对系统设计和系统功能进行评价的方法,以识别相关的危害。安全性工程贯穿于整个系统研制过程,与系统开发、集成和验证过程密切相关。结合飞机型号实践,定义安全性工程工作以及相关管理工作,以保证满足运输类飞机适航标准要求以及飞机级和系统级安全性目标。

8.1　航空系统安全性工程实施

8.1.1　安全性工程流程

　　SAE ARP 4754A 阐述了航空系统开发的全生命周期过程,SAE ARP 4761 描述了在飞机级与系统级进行安全性评估的过程,图 8.1 表明了上述安全性评估过程与系统研制过程之间的基本关系以及各安全性评估过程之间的基本关系。在实践中,这些过程内部及过程之间都存在大量反馈关系,为了清晰表示基本关系,图中将其省略。

　　下面对一个民机型号项目的完整的安全性评估过程进行了阐述,以了解整个项目的安全性评估工作。图 8.2 给出了一个型号项目的完整的安全性评估过程。

　　完整的安全性评估过程分为以下步骤,与图 8.2 中的编号一一对应。

　　(1) 对于给定的飞机项目,从飞机级开始,首先确定适用的适航要求,并生成一份安全性计划。此外,必须由总体部门确定安全性评估过程中的通用数据,如飞行阶段、风险时间、失效状态分类标准、外部事件概率等信息。

　　(2) 根据飞机功能清单,通过分析飞机功能失效,确定功能失效状态及其分类。初步确认假设和结果之后,发布飞机 FHA 文件,该文件是飞机功能需求文件的输入之一。

　　(3) 当飞机功能分配到飞机系统后,根据飞机 FHA 结果和飞机功能需求

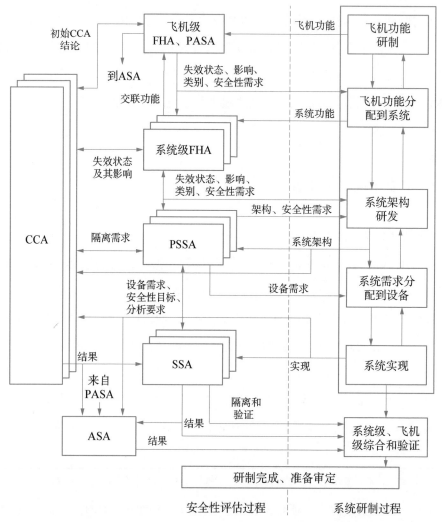

图 8.1 安全性评估过程与系统研制过程之间的关系

文件、飞机功能说明文件的结果,确定系统安全性需求并纳入系统需求文件中
(要求每个系统都具备一份)。

(4) 安全性过程从飞机级继续进行到系统级。确定系统功能,并确定细化
的安全性需求。根据系统功能清单,在系统 FHA 中对每个系统功能进行分析,

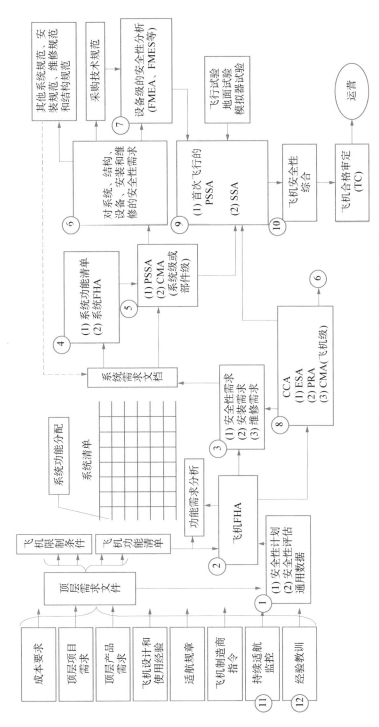

图 8.2　型号项目的完整的安全性评估过程

381

确定功能失效状态的影响、类别和安全性需求。将系统 FHA 结果与飞机 FHA 结果进行比较并通过交叉索引确认，并对这项工作的结果记录在系统 FHA 结果中。如适用，则根据系统 FHA 结果，使用细化的安全性需求对（3）中的系统需求文件进行更新。

（5）下一步是 PSSA，根据 FHA 确定的失效状态清单以及系统架构描述，使用 FTA 对重要失效状态进行定性评估和定量评估，对设备失效概率进行假设，证明所考虑的系统架构满足失效状态对应的安全性目标。同时，进行系统级或部件级的 CMA，识别影响严重失效状态（灾难性的和较严重的失效状态）的共模失效，帮助验证独立性要求在设计实现中的满足情况。这些分析的结果分别包含在 PSSA 报告和 CMA 报告中。PSSA 分析的深度取决于 FHA 结果，根据被分析系统功能的设计、复杂性和类型的不同而不同。

（6）对系统、结构、安装、维修和设备的安全性需求来自 PSSA 以及 CMA 的结果，这些需求包含在相应的需求规范中。

（7）设备研制承担单位执行采购技术规范中要求的安全性分析，如 FMEA 和 FMES 等，以表明与采购技术规范的要求相符。

（8）CCA 从（1）～（7）并行实施。CCA 包括 ZSA、PRA 和 CMA。CCA 的结果为 PSSA、SSA 和（6）提供输入。

（9）根据飞行试验、地面试验和模拟器试验结果，将 PSSA 更新为首飞 PSSA。在实施所有的供应商分析，明确 CCA 结果，并有可用的飞行试验结果以及所有确认和验证工作的结果之后，将 PSSA 更新为 SSA，SSA 表明了对系统级需求的符合性。发布候选 CMR，以用于 CMR 的确定。

（10）当所有系统的 SSA 结果可用时，实施飞机级综合，以表明对飞机级需求的符合性。实际上，应在（5）中 PSSA 发布后，就开始发布飞机级综合的初版。

（11）飞机审定合格后，为进行持续适航监控，要对使用中的结果进行分析。根据使用中的结果和对飞机的修改，更新安全性评估结果。

（12）在进行适航监控的同时，还要对产品和使用中的结果进行分析，从而确定预防措施并将获得的经验教训予以发布（规章建议），以用于飞机的设计更改、正在进行的其他飞机项目以及未来的飞机项目。

8.1.2　安全性评估工作与系统研制工作的关系

安全性评估工作是系统研制工作的支持过程之一，贯穿整个系统研制流程。图 8.3 给出了系统研制过程的一般模型。本节将结合系统研制过程的一般模型，说明各个研制阶段应进行的安全性工作，为安全性评估工作提供指南，内容如表 8.1 所示。

8.1.3　系统供应商的安全性评估工作

本节将描述系统供应商的安全性工作内容，并对各安全性工作之间的关联与接口进行分析。

系统供应商将完成以下安全性工作：制订安全性计划、SFHA、PSSA、SSA、CMA。

系统供应商在完成上述安全性工作后，应向主制造商提供以下文件和信息：安全性计划；SFHA 报告；PSSA 报告；SSA 报告；CMA 报告；安全性接口信息，包括对其他系统的安全性需求、对安装的安全性需求、与安全性相关的系统维修需求和系统维修任务、对主最低设备清单的建议和证明、与安全性相关的运行限制和机组程序、与系统安全性相关的项目的验证试验大纲和结果（如适用）、系统安全性进展报告（若主制造商要求）。

1）安全性计划

该文件定义系统供应商的安全性工作内容及工作安排，用来表明对系统采购技术规范要求满足的方法及途径。该文件应该尽早完成，并得到主制造商的认可。

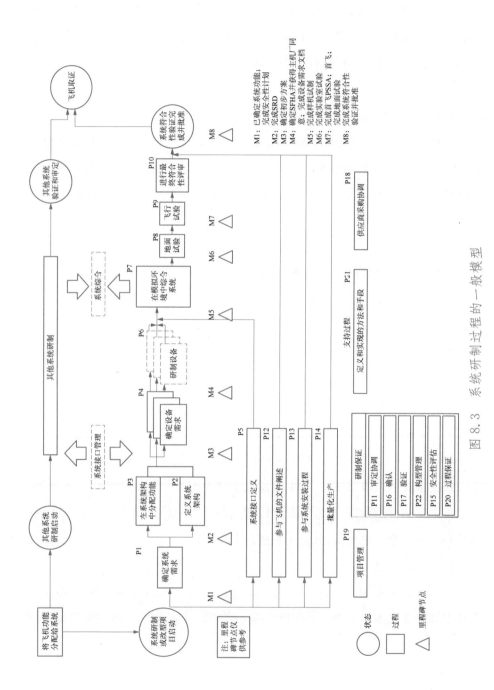

图 8.3 系统研制过程的一般模型

M1：已确定系统功能；
M2：完成安全性计划
M3：确定初步方案
M4：确定SFHA并获得主机厂同意；完成安全SRD
M5：完成样机试制
M6：完成实验室验证试验
M7：完成首飞PSSA；首飞；
M8：完成系统符合性验证并批准

表 8.1　系统各研制阶段对应的安全性工作内容

系统研制阶段	安全性工作内容	输出	负责人
P1：确定系统需求	开始进行 SFHA -系统功能和飞行阶段 -应急状态和环境构型 -失效状态及其影响 -分类、需求和目标、证明材料	SFHA 报告(初版) (1) 主制造商基于子系统供应商的 SFHA 结果，发布自己的 SFHA 报告 (2) 主制造商发布的 SFHA 报告是适航当局审定的依据	由安全性工程师安排，系统、总体、维修、飞行等领域的相关专家参与完成
P2：定义系统架构 P3：在系统架构中分配功能 (两阶段并行进行)	(1) 根据安全性需求论证可选方案 -分割、自检、非相似、监控 -系统架构分析 -失效概率分析 -使用经验评估 -DAL(硬件和软件)	系统方案	由系统设计师负责，安全性工程师协助
	(2) 开始 PSSA -采用 FTA -对下一级设备进行失效概率分配 -定性和定量要求的符合性方法 -证明材料(如试验、分析、CCA 要求) -系统软件/硬件 DAL -系统、设备、软件/硬件需求 -维修程序和需求 -安装(隔离、分离)	PSSA 报告 (该报告作为主制造商PSSA 报告编写的依据)	安全性工程师

系统研制阶段	安全性工作内容	输出	负责人
	（3）开始初步的系统级 CMA（如设计错误、安装错误等） 作为系统供应商，只需进行系统级 CMA，PRA 和 ZSA 由系统制造商负责完成。若经 PRA 和 ZSA 分析后对该系统的设计和安装提出相应需求，则将由主制造商通过系统需求文件将这些需求传递给系统供应商	系统级 CMA 报告	安全性工程师
P4：确定设备需求	（1）定义设备的安全性需求 -定性和定量的安全性需求（如安全性设计目标） -DAL（硬件和软件） -要求的安全性分析（如 FMEA 和 FMES）	—	由安全性工程师负责，系统设计师协助
	（2）确认安全性需求和假设（通过设备级需求对系统级需求进行部分确认） -完整性检查 -正确性检查	—	安全性工程师
	（3）开始定义安全性相关的验证试验及试验大纲（如适用）	试验需求	安全性工程师
	（4）开始确认主最低设备清单和飞行机组操作程序（基于安全性需求）	—	安全性工程师
P5：系统接口定义	定义系统、设备接口	系统接口定义	系统设计师

（续表）

系统研制阶段	安全性工作内容	输出	负责人
P6：研制设备	(1) 开始 FMEA 和 FMES －部件、功能 －失效原因，失效模式，失效概率 －在不同层级（设备、系统、飞机）的失效影响 －检测方法	FMEA 和 FMES 文件	安全性工程师
	(2) 必要时，定义 FMEA 的试验	试验需求	安全性工程师
	(3) 开始 CMA	设备级 CMA 报告	安全性工程师
	(4) 确认安全性需求和假设（通过软件/硬件需求对设备级需求进行部分确认） －完整性检查 －正确性检查	—	由安全性工程师负责，软件/硬件工程师协助
P7：在模拟环境中综合系统	(1) 确认安全性需求，并开始对已确认和实施的安全性需求进行验证 －检查和评审 －分析 －试验 －相似性和使用经验	—	安全性工程师
	(2) 供应商开始 SSA －系统描述 －失效状态清单（对应 FHA，PSSA） －失效状态类别（对应 FHA，PSSA） －对失效状态的定性分析（FTA，FMES） －对失效状态的定量分析（FTA，FMES 等）	SSA 报告（该报告作为主制造商 SSA 报告编写的依据）	安全性工程师

系统研制阶段	安全性工作内容	输出	负责人
	-维修任务及间隔 -硬件和软件的 DAL（对应 PSSA） -验证 PSSA 中的安全性需求是否已经落实到设计和试验过程中 -准备验证过程的结果，即试验、证明和检查工作（如适用）		
	（3）主制造商开始 SSA -确定的外部事件发生概率清单 -系统描述 -失效状态清单（对应 FHA，PSSA） -失效状态类别（对应 FHA，PSSA） -对失效状态的定性分析（FTA，FMES） -对失效状态的定量分析（FTA，FMES 等） -CCA -维修任务及间隔 -硬件和软件的 DAL（对应 PSSA） -验证 PSSA 中的安全性需求是否已经落实到设计和试验过程中 -准备验证过程的结果，即试验、证明和检查工作（如适用）	主制造商 SSA 报告	主制造商
P8：地面试验	进行机上地面试验	—	主制造商
P9：飞行试验	进行飞行试验	—	主制造商
P10：进行最终符合性评审	进行系统的最终符合性评审	—	主制造商

安全性计划应包含系统描述、审定基础、符合性验证思路和符合性方法表、符合性文件清单、用于生成符合性验证数据和资料的试验件和试验所需设备的清单、构型控制等内容。

2）SFHA

SFHA 分析的目的是确定功能的失效状态，分析每个失效状态的影响并确定其类别，制订安全性目标。SFHA 的工作指南和模板参见系统供应商内部文件 XXX《SFHA 工作指南》。

供应商级 SFHA 不直接作为适航审查的依据。主制造商基于供应商级 SFHA，发布主制造商级 SFHA，主制造商级 SFHA 将作为适航审查的直接依据。

3）PSSA

PSSA 对 FHA 中确定的失效状态进一步分析，通过使用 FTA 或其他分析方法识别导致这些失效状态发生的原因或模式，为系统设计分配安全性目标和需求，同时证明预期的系统架构能够满足 FHA 中的目标和要求。PSSA 的工作指南和模板参见系统供应商内部文件 XXX《PSSA 工作指南》。

PSSA 是一个连续、反复的过程，贯穿飞机整个研制周期。PSSA 可在不同层级上实施，最高层级的 PSSA 是系统级 PSSA，由 AFHA 和 SFHA 引出，低层级的 PSSA 根据系统级 PSSA 的输出展开得来。

PSSA 的结果包含在 PSSA 报告中，PSSA 有如下目的：

（1）验证初步系统架构能够满足与失效状态相关的安全性目标（含定性和定量目标）。

（2）确定每个设备（包括软件/硬件）的安全性需求（包括定性的 DAL 和定量的失效概率要求）。

（3）确定安装设计的需求（分隔、隔离、保护等）。

（4）确定维修任务和最大维修间隔。

PSSA 的结果将提交给主制造商批准。

4）SSA

SSA 是对系统、构架及其安装等实施的系统化、综合性的评估，以证明相关的安全性需求得到满足。

SSA 评估所有重要失效状态及其对飞机的影响，其分析过程类似 PSSA，但在范围上有所不同。PSSA 结合系统构架，自上而下地将 FHA 中的需求分配给子系统和设备，再将设备级需求分配到软件和硬件，导出系统各层级设计的安全性目标和需求，同时表明系统如何满足 FHA 中确认的失效状态的定量和定性安全性要求。SSA 自下而上地验证可实现的设计方案是否已满足 FHA 和 PSSA 中所定义的定性和定量安全性需求的过程。SSA 的工作指南和模板参见系统供应商内部文件 XXX《SSA 工作指南》。

SSA 的结果将提交给主制造商批准。

5）CMA

CMA 是 CCA 的一部分。CCA 包括 PRA、ZSA 和 CMA。其中 PRA、ZSA 和飞机级 CMA 由主制造商负责完成，若经 PRA 和 ZSA 分析后对某系统的设计和安装提出相应需求，则由主制造商通过系统需求文件将这些需求传递给系统供应商。

CMA 作为 CCA 的一部分，主要用来帮助验证独立性要求在设计实现中的满足情况，识别影响严重失效状态的共模失效，判定设计中是否考虑了共模失效。CMA 的工作指南和模板参见系统供应商内部文件 XXX《CMA 工作指南》。

CMA 的结果将提交给主制造商批准。

6）安全性评估工作之间的关联与接口

在系统供应商完成的安全性工作中，SFHA、PSSA、SSA、CCA 是四个主要的安全性技术活动。本节对这四个主要安全性技术活动的输入、输出及关联与接口给出详细描述，如表 8.2 所示。

表 8.2　系统级安全性活动的输入、输出及关联与接口

安全性评估工作	输入	输出	与其他安全性评估工作的关系	完成依据
SFHA	(1) 系统主要功能清单 (2) 表明外部接口的功能框图 (3) 上一层级 FHA 中产生的功能清单 (4) 上一层级 FHA 中确定的失效状态清单 (5) 设计需求 (6) 上一层级设计决策	(1) FHA 功能清单 (2) 环境和应急构型清单 (3) 衍生的安全性需求 (4) FHA 报告,包括以下内容:功能描述、失效状态、运行阶段、失效状态对飞机和机组的影响、失效状态的分类、支持材料的索引、验证方法	(1) AFHA 和飞机级 FTA 的结果是 SFHA 的输入 (2) SFHA 的输出将作为 PSSA 过程的输入,也可用于对 AFHA 结果的更新 (3) SFHA 结果(如失效状态分类)以及设计决策(如复杂性、新颖性和综合性等)决定了 PSSA 工作的深度	公司内部文件 XXX《SFHA 工作指南》
PSSA	(1) AFHA 和 SFHA 确定的失效状态和需求 (2) 系统架构和原理描述 (3) 系统设备清单及功能 (4) 与其他系统的接口及关系 (5) 初步 CMA;ZSA 发现;PRA 外部威胁;CMA 发现	应保存 PSSA 过程的以下结果,以建立 PSSA 报告的可追溯性: (1) 对 FHA 需求预期的符合性方法 (2) 更新的 FHA (3) 失效状态分类的支持材料 (4) 失效状态清单 (5) 低层级设备的安全性需求(含 DAL) (6) FTA (7) 初步 CCA (8) 运行需求(飞行和维护)	(1) PSSA 的输出是 SSA 的输入 (2) PSSA 过程可在系统以下层级执行。低层级的 PSSA 的输入为上一层级 FHA 和 PSSA 中确定的失效影响、定性需求、概率预算和 DAL	公司内部文件 XXX《PSSA 工作指南》

安全性评估工作	输入	输出	与其他安全性评估工作的关系	完成依据
SSA	(1) 系统架构和原理描述 (2) 系统接口及与相邻系统设备间的相互作用 (3) SFHA 和 PSSA 确定的失效状态和需求 (4) SFHA 中的功能清单和相关原理 (5) CCA 结果：ZSA 结果；PRA 外部威胁；CMA 结果 (6) FHA 和 PSSA 要求的所有支持材料和低层研究的结果（如设备供应商的 FMEA 和 FMES，飞行试验结果，研究等）	应保存 SSA 过程的以下结果，以建立 SSA 报告的可追溯性： (1) 已更新的失效状态清单或 FHA，包括用来表明符合安全性需求（定性和定量）的原理 (2) 表明系统设备安装（分隔，保护等）的设计和需求的组合文件 (3) 确认失效状态分类的材料 (4) 安全性维修任务及其对应的最大维修时间间隔 (5) 表明系统和设备（包括硬件和软件）的研制与其所分配的 DAL 相一致的文档	(1) 每个 SSA 都必须依据 SFHA 和 AFHA 的需求进行评审，以关闭 SFHA 和 AFHA 系统级的安全性需求 (2) 对飞机级的失效影响及其发生概率必须通过 AFHA 中的失效状态分类进行验证	公司内部文件 XXX《SSA 工作指南》
CMA	(1) CMA 检查单 (2) CMA 需求，来自两方面：一是支持 FHA 和 PSSA 的分析，如 FTA 等；二是除了支持 FHA 和 PSSA 的分析之外的，来自检查单和工程经验的其他需求	CMA 的结果记录在 CMA 报告中 CMA 报告应包含以下内容： (1) 参考文件，原理图和分析中所使用的支持材料 (2) CMA 过程中衍生的需求清单 (3) 所分析系统和部件的描述 (4) 符合 CMA 需求的原理 (5) 分析过程中确定的问题（如适用） (6) 问题的解决办法（纠正措施或可接受性证明） (7) 结论和 CMA 结果	(1) CMA 使用 FHA 和 PSSA 评估的结果，如次难性的失效状态清单，设计中所考虑的独立性原则和作为 CMA 的要求 (2) 应将 CMA 结果的摘要包含于 SSA 中 (3) 应将余下的共模包含在相关的 FTA 报告中 (4) PRA 和 ZSA 不属于 CMA，但不能忽视这些来源的可能共模影响。如果某 ZSA 或 PRA 包含了此共模，则 CMA 考虑并覆盖；如果没有覆盖，则应向 ZSA 分析者或 PRA 分析者提出证明需求	公司内部文件 XXX《CMA 工作指南》

8.1.4　供应商-主制造商安全性工作接口信息

系统供应商应向主制造商提供以下信息：

（1）对其他系统的安全性需求：若系统对其他系统提出安全性需求，则应尽早提供给主制造商。

（2）对安装的安全性需求：将包含在相应的安装需求文件中。

（3）与安全性相关的系统维修需求和系统维修任务：在系统级安全性工作中识别维修任务清单，将包含在飞机维修手册（aircraft maintenance manual，AMM）中。

（4）对 MMEL 的建议和证明：确定失效时的签派概率。

（5）与安全性相关的运行限制和机组程序：在系统级安全性工作中识别机组程序和运行试验，将包含在飞机飞行手册中。

（6）与系统安全性相关的项目的验证试验大纲和结果（如适用）：定义为证明安全性所必需的全部试验。

（7）系统安全性进展报告：用于对各组之间的工作进行管理（若主制造商要求）。

8.2　安全性管理

系统供应商需要对其安全性工作进行管理，包括安全性需求的管理、DAL 的分配及管理、安全性确认和验证工作及其管理。

8.2.1　安全性需求的管理

安全性需求是安全性评估的输出，包含在需求文件中。与其他需求相同，应通过对需求文件中安全性需求内容的批准，并在每一级设计中对安全性工作的结果评审并批准，以保证安全性需求是同性质的、一致的，并在设计中已予以考虑。

8.2.2 研制保证等级的分配及其管理

1) DAL 的定义

DAL 是开展研制保证工作的基础。根据系统和设备的严重程度对其进行分类，系统和设备的 DAL 取决于它们的严重程度。DAL 是对于系统或设备的失效所导致的危险状态规定的一系列等级，用于描述在系统和设备的研制过程中为了避免出错而采取措施的方法。DAL 等级在安全性评估过程中确定，其目的是在系统和设备的研制中从安全性的角度选择质量程序，为相应的等级制定对应的工作程序及验证标准，以将需求或设计中的错误或遗漏减至最少。

用于设备研制的工作目标取决于该设备的 DAL。这些工作目标在下列文件中给出：DO－178C 和 DO－254。

2) DAL 的确定准则

DAL 的确定应以主制造商的要求为准则。DAL 分配原则具体参见系统供应商内部文件 XXX《DAL 分配指南及应用》。

3) DAL 的管理

DAL 是一种安全性需求，该需求包含在需求文件中，与其他的安全性需求相同。系统的 DAL 应尽早获得主制造商的认可和同意。软件/硬件的 DAL 需要通过主制造商发布的 PSSA 报告予以确认，然后再实施。

8.2.3 安全性确认和验证工作及其管理

1) 安全性确认和验证工作

安全性确认和验证工作包含在安全性评估过程中，并与系统级的确认和验证计划相关。

安全性工作的确认过程包括以下几方面：

（1）通过设备级需求对系统级需求进行部分确认。

（2）通过软件/硬件需求对设备级需求进行部分确认。

（3）对 SFHA 情况假设和影响的描述（要求的支持材料如分析、试验等）进行部分确认。

安全性工作的验证过程包括以下几方面：

（1）验证 PSSA 和 SSA 的假设和影响描述（要求的支持材料如分析、试验等）。

（2）验证是否满足失效状态目标。这是 PSSA 和 SSA 的定性、定量的评估和 CCA 的结果。

（3）验证使用的安全性方法及工具，如工具鉴定、计算模型等。

安全性验证过程的结果在系统设计评审中评审。

2）安全性确认和验证工作的管理

安全性验证活动若能由系统供应商完成，则应由其完成；对于不能由系统供应商完成的，如必须通过机上地面试验、飞行试验、模拟器试验等才能完成的验证活动，则应提交给主制造商完成，但必须向主制造商说明。

8.3 航空电子系统安全性设计案例

8.3.1 概述

为了向读者清晰地说明系统研制过程中实施的安全性评估过程和使用的安全性分析方法，本书列举显示系统作为安全性工程实践的样例，原因有以下几点：

（1）显示系统作为显示终端，是信息交互最为频繁、交联关系最为复杂的飞机系统之一，同时也是与飞行员交互最为直接的系统之一，不仅能为飞行员提供飞机参数的显示，而且能为飞行员提供告警信息，帮助飞行员了解飞机其他系统的运行状态。

（2）显示系统中最严重的失效状态是灾难性的，选取显示系统作为样例有利于向读者展示全面的安全性评估的开展过程，尤其是针对灾难性的失效状态必须开展的 CMA 和单点失效分析。

（3）显示系统中具有各种 SEE 敏感性部件（如存储单元、逻辑部件等），且能够通过一些技术进行缓解，有利于向读者展示 SEE 分析和防护设计。

本节的目标是验证显示系统实施中对下列方面的符合性：

（1）FHA 定义的安全性目标和适用的规章需求。

（2）分配的或从设计中派生的安全性需求。

依据 SAE ARP 4761，可通过定量和定性的分析完成以上方面的符合性证明。

8.3.2　综合显示系统架构

综合显示系统为正副驾驶提供飞机飞行信息和系统操作人机接口，使飞行员能及时、方便地监控飞行信息和系统状态信息，并对相关系统设备进行工作方式转换、数据输入和自检测控制等。系统采用大屏幕综合液晶显示技术，为正副驾驶分别提供 PFD、导航显示（navigation display，ND）、系统状态信息显示等，可根据飞行员的操作，叠加显示气象雷达、空中防撞与告警和近地告警等综合监视系统的信息。为满足未来空中交通管理体系的发展要求，综合显示系统也应具备合成视景引导、场面引导指示等功能。

8.3.2.1　系统描述

显示系统包含以下部件，其架构如图 8.4 所示。

（1）5 个显示单元（display unit，DU）：右边外侧显示（out-right，OR）、左边外侧显示（out-left，OL）、右边内侧显示（in-right，IR）、左边内侧显示（in-left，IL）、中间显示（center-display，CD）。

（2）控制板（2 个）与 DU 连接，用于重构管理、机组显示、告警控制：显示单元格式恢复开关（转换控制板）；数据源恢复开关（转换控制板），用于大气数据和姿态航向传感器数据；系统页选择显示的控制（EICAS 控制板）；机组告警系统信息的控制以及检查单窗口管理（EICAS 控制板）。

显示系统提供以下功能：

（1）PFD用于显示关键的信息，如高度、速度、姿态等。

（2）ND用于显示导航数据（如飞机计划等），帮助飞机航行。

（3）发动机参数和告警显示（engine and warning display，EWD）用于显示相关信息以监控飞机系统和发动机，如发动机参数（推力、飞行控制状态等）和机组告警信息。

（4）系统信息显示（system display，SD）通过显示飞机系统信息以达到监控的目的。

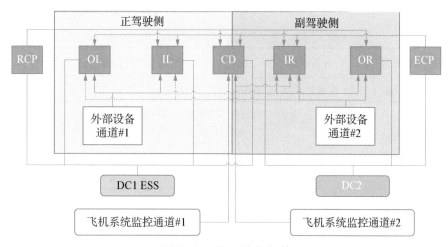

图8.4　显示系统架构

飞机启动时默认的显示系统配置如图8.5所示。

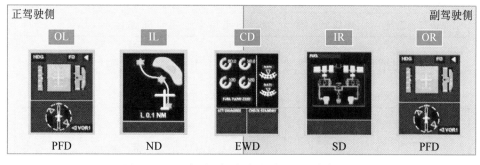

图8.5　飞机启动时默认的显示系统配置

（1）两个外侧显示单元(OR 和 OL)显示 PFD。

（2）中间显示单元(CD)显示 EWD。

（3）在正常状态下，内侧的显示单元显示多功能显示单元（multi-function display，MFD）：IL 显示 ND；IR 显示 SD；飞行机组可根据运行需要对 ND 和 SD 进行替换和配置。

8.3.2.2 系统交联关系

1）外部接口

（1）输入信号。表 8.3 描述了从飞机系统到显示系统的功能和数据流。

表 8.3 从飞机系统到显示系统的功能和数据流

飞机系统	显示系统	功能和数据流
起落架	座舱显示器	轮载
通信导航监视系统	座舱显示器	（1）大气数据(标准和校准的气压高度、空速)；姿态和航向参数，如姿态、航向、惯性垂直速度(用于 PFD、ND、SD) （2）导航数据(用于 PFD、ND、SD) （3）地形和交通冲突告警、气象数据(ND)
燃油系统	座舱显示器	燃油压力、燃油流量、油箱位置、全机总油量(用于 EWD 和 SD)
飞行告警系统	座舱显示器	飞行告警计算机的主从状态；主告警/主警告；EWD 的 CAS 信息和相关的检查单
飞行管理系统	座舱显示器	飞行计划、飞行导引等数据(用于 PFD、ND、SD)
发动机控制系统	座舱显示器	发动机参数(用于 EWD 和 SD)
飞行控制系统	座舱显示器	飞行控制状态(用于 EWD 和 SD)
飞机其他系统	座舱显示器	飞机系统监控参数(用于 SD 页面)

（2）输出信号。表 8.4 描述了显示系统到其他飞机系统的功能和数据流。

表 8.4 显示系统到其他飞机系统的功能和数据流

显示系统	飞机系统	功能和数据流
ECP	飞行告警系统	CAS 信息或程序滚动；琥珀色告警清除；琥珀色告警 "recall"

2）内部接口

表8.5详细描述了显示系统不同部件之间的接口

表8.5　显示系统不同部件之间的接口

显示系统内部接口和数据流		去　　向	
		座舱显示	控制板
来源	座舱显示器	显示单元健康状态（离散量） 自动恢复（以太网） 反馈监控（以太网）	无
	控制板（RCP）	数据源恢复（ARINC 429） PFD/ND 和 EWD/MFD 格式替换 （离散量） MFD 格式选择（ARINC 429）	无
	控制板（ECP）	SD 页面"call"（ARINC 429）	无

8.3.2.3　系统任务剖面

本节以一般民用客机为基准，列出了飞机显示系统的生命周期数据以及假定的飞行路径，并用于 FTA。

1）生命周期

生命周期参数如表8.6所示。

表8.6　生命周期参数

任务剖面参数	值
平均飞行时间	4 fh
每天平均运行时间	12 h
飞机寿命	70 000 fh

2）飞行路径

为了方便计算 SEE 通量，本节假设飞机运行的最大高度为 40 000 ft，最高纬度为 45°。

8.3.2.4 系统失效状态

表 8.7 列出了显示系统的失效状态,其中包括与备份显示功能的组合失效状态。

表 8.7 显示系统的失效状态

编号	功能	名　称	严酷度	定量目标
FC01	座舱主显示	座舱主显示全部丧失	较严重的	极小的
FC02		座舱两侧主显示上所有参数显示全部丧失	较大的	微小的
FC03		任意关键参数(空速、气压高度、姿态)在单个主显示上错误显示	较严重的	极小的
FC04		任意关键参数(空速、气压高度、姿态)在座舱两侧主显示上同时错误显示	灾难性的	极不可能
FC05		任意非关键参数(导航和发动机参数)在座舱主显示上错误显示	较大的	微小的
FC06		所有发动机参数显示全部丧失	较严重的	极小的
FC10	座舱主显示和备份显示	任意关键参数(空速、气压高度、姿态)在座舱两侧主显示上全部丧失,同时备份显示丧失	灾难性的	极不可能
FC11		任意关键参数(空速、气压高度、姿态)在单侧座舱主显示上错误显示,同时备份显示失效	灾难性的	极不可能

注:与 CAS 相关的失效状态不在本书讨论的范围内。

8.3.3 安全性机制

8.3.3.1 针对失效状态的安全性机制

座舱显示的架构采用分舱理论,使用了三个隔离的显示区域:左侧显示、右侧显示、中间显示。隔离左侧(正驾驶侧)和右侧(副驾驶侧)主要是为了满足系统完整性,同时也可支撑系统可用性。

备份显示与主显示完全独立,提供关键飞行参数显示的冗余和隔离性备份,以满足座舱显示的可用性。

表 8.8 总结了显示系统(系统级或设备级)在安全性分析过程中定义的安全性机制,以满足 FHA 中定义的安全性目标。第一列列出了与可用性相关的失效状态;第二列列出了与完整性相关的失效状态;"推荐的安全性机制"列出

了针对相应失效状态,在系统设计中完成的安全性机制。

表 8.8　显示系统安全性机制

功能	可用性		完整性	
	最大危险等级	推荐的安全性机制	最大危险等级	推荐的安全性机制
主显示和备份显示(STBY)	灾难性的(FC10)	对失效-安全判据的符合性如下: SB_STBY1:主显示和备份显示独立且隔离	灾难性的(FC11)	对失效-安全判据的符合性如下: SB_STBY1:主显示和备份显示独立且隔离
座舱主显示(左侧和右侧)	较严重的(FC01和FC06) 较大的(FC02)	正驾驶和副驾驶相互冗余; SB_CDS1:座舱的左侧和右侧显示隔离,包括飞机电源 SB_CDS2:主显示格式的自动和手动重构 RCP允许座舱一侧主飞行参数数据源的恢复	灾难性的(PFD格式,FC04)	对失效-安全判据的符合性如下: 显示单元内部显示通道和监控通道独立且隔离 SB_CDS3:关键参数的反馈监控(针对灾难性的失效状态) SB_DU1:显示单元专用的CBIT监控以覆盖从图形生成通道到屏幕显示的整个功能链路 SB_DU2:显示单元软件层的隔离和分区
座舱主显示(一侧)	较大的(FC02)	座舱一侧的冗余机制:座舱一侧主显示格式的自动和手动重构	较严重的(PFD,FC03) 较大的(非关键性数据,FC05)	对失效-安全判据的符合性如下: 显示单元内部显示通道和监控通道独立且隔离 SB_CDS3:关键参数的反馈监控(针对危险的失效状态) SB_DU1:显示单元专用的CBIT监控以覆盖从图形生成通道到屏幕显示的整个功能链路 SB_DU2:显示单元软件层的隔离和分区

注:CBIT为持续自检测;STBY为备份显示。

8.3.3.2　系统级安全性设计特性

1）显示重构

（1）自动重构。由于显示格式具有不同的关键程度，因此当一个显示单元故障时，自动重构能够保障大多数关键信息（如 PFD 格式、EWD 格式）的可用性。

当某个显示器不再从其他显示器处接收信息时，便会发生重构。在一般情况下，当一种显示格式比当前的显示格式更加关键时，当前的显示格式将不再显示，为了防止降级失效，显示系统只允许一次自动重构。

PFD 或 EWD 格式自动重构的原则如下：

a. 如果一个显示单元显示 PFD 失效，则同侧的显示单元将自动切换到 PFD 格式。

a）如果 OL（或 OR）显示 PFD 格式故障或被关闭，则 IL（或 IR）切换到 PFD 格式。

b）如果 IL（或 IR）显示 PFD 格式故障或被关闭，则 OL（或 OR）切换到 PFD 格式。

b. 如果 CD 显示 EWD 格式失效，则 IL 将自动切换到 EWD 格式。如果 CD 显示 EWD 格式故障或被关闭，则 IL 将切换到 EWD 格式。

单个显示单元失效情况下的自动重构如图 8.6 所示。

（2）手动重构。显示系统提供多种用于正驾驶和副驾驶选择需要显示格式的重构方法，为此，每个显示单元都连接着专用的控制键，便于正驾驶或副驾驶重构时使用。手动重构存在以下几种可能：

a. OL（或 OR）：机组可以手动使用左侧（或右侧）的 RCP PFD/ND 重构管理按键显示 ND 格式。

b. IL（或 IR）：机组可以手动使用左侧（或右侧）的 RCP EWD/MFD 重构管理按键显示 EWD 格式。

c. 当内侧的显示单元没有显示 PFD 或 EWD 格式时，它能够支持 MFD 的显示。

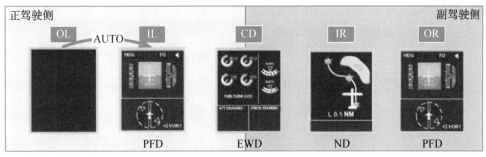

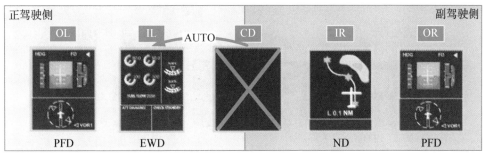

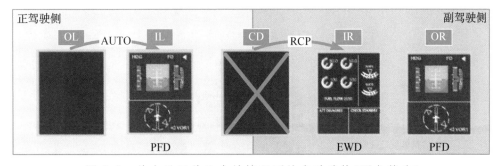

图 8.6　单个显示单元失效情况下的自动重构(深色箭头)

a) 通过手动使用 RCP ND 按键,可在内侧的显示单元上显示 ND。

b) 通过手动使用 RCP SD 按键,可在内侧的显示单元上显示 SD,通过 ECP 特定界面或"all swap"按键,可显示相应的系统页。使用 RCP 实现手动重构如图 8.7 所示,使用 ECP 实现手动重构如图 8.8 所示。

2) 关键飞行数据的数据源重构

显示系统的关键飞行数据来自两套姿态和大气数据模块,正驾驶侧和副驾驶侧使用的数据源相互独立。配置如下:

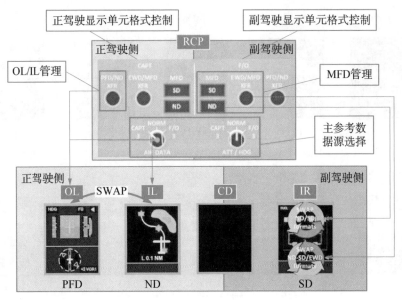

图 8.7　使用 RCP 实现手动重构

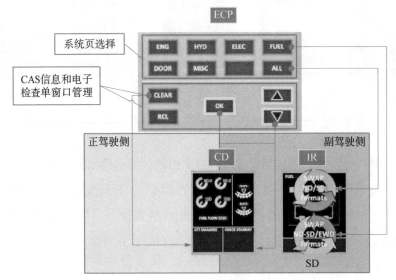

图 8.8　使用 ECP 实现手动重构

（1）正驾驶侧的显示单元的数据来自数据源♯1（DU1 或 DU2 上显示 PFD）。

（2）副驾驶侧的显示单元的数据来自数据源♯2（DU4 或 DU5 上显示 PFD）。

飞行员可以使用 RCP 上的大气数据和姿态航向专用的旋转开关选择第三套独立的数据源♯3。关键飞行数据的数据源重构如图 8.9 所示。

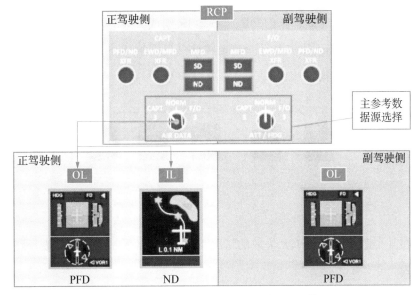

图 8.9   关键飞行数据的数据源重构

关键飞行数据的数据源不在显示系统和当前安全性评估的讨论范畴内。

3）反馈监控

反馈监控用于防止所有显示单元因为单个因素导致共模失效从而引起整个座舱的关键参数显示出现不可检测的错误。数据显示功能链路和反馈功能链路相互独立。

如 AMC 25－11 中所述,反馈监控能够验证显示单元的关键数据是否正确绘制,如果检测出危险的误导显示信息,则反馈监控将告知飞行机组。

为了实现反馈监控(或反向计算,F-1功能),需要使用两个不同的显示单元:一个用于显示,另一个用于反馈和F-1功能的计算。监控和被监控的显示单元之间的数据[$F(P)$数据]通过以太网传输,并将反馈的信息显示在被监控的显示单元上。

被监控的数据包括空速和气压高度(在PFD上显示);姿态数据(俯仰、滚转)(在PFD上显示);发动机参数(在EWD上显示)。

如图8.10所示,可将显示系统分为两个反馈环路:左边的反馈环路由OL和IL组成,右边的反馈环路由OR、CD和IR组成。只有在被监控单元显示关键信息(如PFD或EWD)时,才会将监控信息反馈给环路上位于被监控单元前面且有效的显示单元。

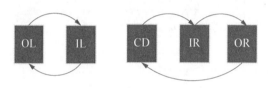

图 8.10　两个反馈环路

在某个监控的显示单元失效的情况下,将按照以下原则进行反馈环路的动态重构:

(1) 正常配置。

a. OL(或OR):如果显示的是PFD格式,则由IL(或IR)进行反馈监控。

b. IL:如果显示的是PFD或EWD格式,则由OL进行反馈监控。

c. IR:如果显示的是PFD或EWD格式,则由CD进行反馈监控。

d. CD:如果显示的是EWD格式,则由OR进行反馈监控。

(2) 降级配置。

a. 如果OR失效,则CD由IR进行反馈监控。

b. 如果IR失效,则OR由CD进行反馈监控。

c. 如果CD失效,则IR由OR进行反馈监控。

d. 如果 IL(或 OL)失效,则 OL(或 IL)不再被监控。

实现监控的显示单元内部的反馈监控算法步骤如下:

(1) 监控单元通过以太网从被监控单元处获取 $F(P)$ 信息,并从数据源处获取参数 P,该参数 P 与被监控单元显示的相同。

(2) 监控单元计算 $F(P)$ 的反向功能 $F^{-1}[F(P)]$,并与参数 P 进行比较。

(3) 依据表 8.9 定义的反馈监控原则,对于每个关键参数,比较的结果通过处理得到 $F(P)$ 的反馈结果。

表 8.9　反馈监控原则

P 状态/ $F(P)$状态	无　效	有　　效
无效	反馈被抑制	反馈监控未完成:显示"DUxx NOT MON"信息
有效	反馈监控未完成:显示"DUxx NOT MON"信息	(1) 当 P 和 $F^{-1}[F(P)]$出现不一致时,显示"CHECK"信息 (2) 否则,说明参数 P 完好,不显示信息

反馈监控检测的是绘图链路的输出发生的错误,该监控覆盖了硬件失效和软件失效;同时,它也检测数据处理和图形生成链路上的硬件故障。因此还需要额外的内部监控覆盖绘图功能和屏幕显示功能之间的功能链路段。

监控单元使用图像通道的输出完成反向计算(F‑1 功能),并与直接从 ARINC 429 获取的输入参数进行比较。根据 DO‑178C,实现反向计算的软件的 DAL 定为 A 级。

反馈监控原理如图 8.11 所示。

(1) 被监控单元上任意关键参数 P 的获取和显示:参数 P 通过 ARINC 429 I/O 模块的数据获取单元获取。参数处理:绘图指令传输到图形处理模块,该模块将执行图符生成指令并绘制符号,然后将图形的一些关键信息$[F(P)]$发送给数据获取单元。

(2/3a) $F(P)$信息传输给监控单元:被监控单元通过以太网将 $F(P)$信息传输给监控单元。

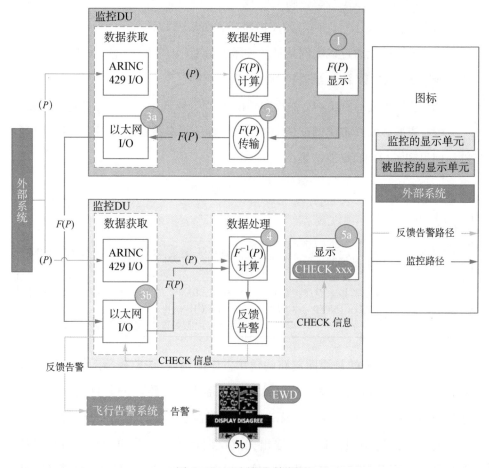

图 8.11　反馈监控原理

（3b/4）反馈监控：监控的显示单元的数据获取单元获取 $F(P)$ 信息。数据处理单元从相同的传感器获取显示在监控单元上的参数 P。计算反向功能 $F^{-1}[F(P)]$。与参数 P 进行对比。依据表 8.9 定义的规则，对于每个关键参数，比较的结果都通过处理得到 $F(P)$ 的反馈结果。

（5a/5b）在反馈偏差检测情况下（如反馈结果＝"CHECK"），将提供两类信息：

通过飞行告警系统将反馈监控单元 X 和 Y 不一致的 CAS 告警信息发送

给 EWD 显示。飞行程序要求机组在出现此类信息时比较被监控显示单元与对面显示单元的参数;同时被监控的显示单元将重新启动或关闭。

监控的显示单元上可能显示三种不同的反馈告警(CHECK 信息),分别为"CHECK PFD LEFT""CHECK PFD RIGHT""CHECK EWD",并通过以太网发送给同样能够显示该信息的其他显示单元,每种显示单元格式(PFD、ND、EWD 和 SD 格式的每个页面)都有个区域用于显示任意一种 CHECK 信息。

8.3.3.3　设备级安全性设计特性

1) 显示单元内部架构

显示单元的工作机制如下:

(1) 通过 ARINC 429 或以太网接收和发送数据。

(2) 接收的数据经过处理成为图形参数并转换成数字帧。

(3) 数字帧与定时和同步信息一起传输给液晶显示器(liquid crystal display,LCD)。

显示单元包含以下模块:

(1) 电源模块(PSM):向设备提供主要和次要的电压。

(2) 输入/输出模块(input/output module,I/OM):对所有输入/输出接口提供保护和滤波作用。

(3) 核心处理模块(core processing module,CPM):提供图形计算的处理资源。

(4) 图形生成模块(graphics generation module,GGM):支持图形生成和外部视频输入的混合,显示的图形将以视频的方式输出。

(5) LCD 装配模块(LCD assembling module,LAM)和背光模块(backlight module,BLM):提供调光功能,支持在 LCD 屏幕上显示处理的图像。

(6) 人机接口:通过键盘实现。

显示单元架构如图 8.12 所示。

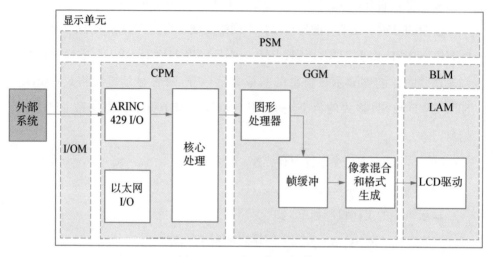

图 8.12　显示单元架构

2）显示单元工作模式

图 8.13 详细描述了显示单元的操作和维护模式以及模式之间的转换。

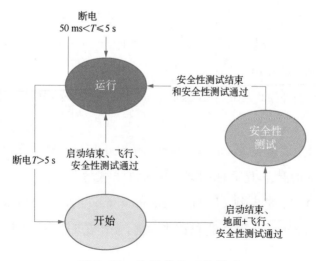

图 8.13　显示单元工作模式

3）输入接口的监控

通过显示单元内置的应用监控 ARINC 429 输入实现下列失效模式的检测：采样信息无更新；ARINC 429 的符号状态矩阵（sign/status matrix，SSM）位无效；数据与设定的正常范围不一致。

4）显示单元安全性循环机制（完整性）

持续监控能够检测出与完整性相关的硬件失效，降低相关失效模式的暴露时间，如图 8.14 所示。

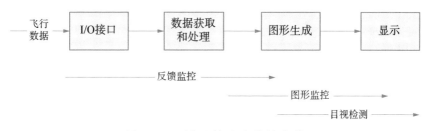

图 8.14　显示单元完整性监控

为了监控图形生成和显示功能中没有被反馈监控检测的部分，可采用以下几种安全性监控机制：对每个绘图通道的帧缓冲序列进行监控；对每个绘图通道的图形混合进行测试；显示画面冻结监控。

此外，还应确保画面显示失效可被飞行员目视观察检测，且在显示单元内实现过热保护机制以消除显示单元正面或内部过热。

（1）通过 BLM 的热传感器实现过热（第一门限值）检测的监控，如果超出了第一门限值，则显示单元将设置为低能耗（亮度下降），同时在所有显示单元上显示"DU OVERHEAT"。

（2）通过电源的热传感器（该信号在显示单元启动时进行测试）实现过热（第二门限值）检测的监控。如果超出了第二门限值，则显示单元将出现致命错误。

帧缓冲序列监控用于检查处理模块中每个绘图通道上帧缓存的切换机制。每个帧缓冲存储器都由两个清晰的存储模块（双页帧缓冲器）组成，循环执行写或读/擦除任务。对于符号，每个图形处理器都将生成的像素写入写页帧缓冲器中，在写循环结束时，处理器将序列指令发给可擦除可编辑逻辑器件（erasable programmable logic device，EPLD），完成像素混合以及格式生成，使得符号数据可以循环刷新，并发送一个开关状态。由于图形光栅生成（帧缓冲序列功能）的缘故，因此通过测试能够检测出画面冻结显示。监控检测出的最坏结果是显示单元出现致命失效。帧缓冲序列监控如图 8.15 所示。

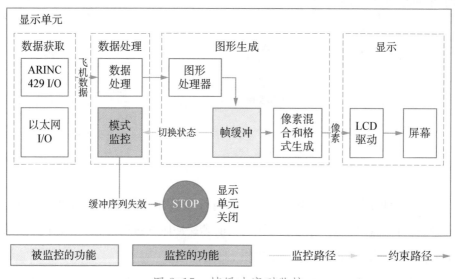

图 8.15　帧缓冲序列监控

（1）显示单元图形混合监控。为了检查图形生成通道的混合机制，图 8.16 中的监控使用一些处理单元生成并监控的测试模式，这些测试模式选择屏幕外侧的可视区域，并循环变更。由于图形光栅生成（图形存储功能中的写/读操作），因此此测试可检测降级显示。监控的最坏结果为显示单元重置。

（2）显示单元画面冻结显示监控。如图 8.17 所示，此监控的目的是检查可能导致画面冻结的 LCD 驱动生成的图形信号。此监控使用预先选好的行（由红、绿、蓝三点组成的像素）驱动返回 LCD 驱动生成的信号，该 LCD 驱动的有效性、一致性、周期性将由处理单元监控。

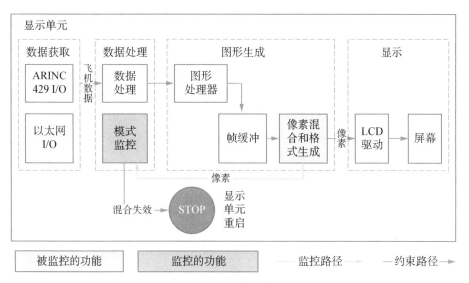

图 8.16　图形混合测试

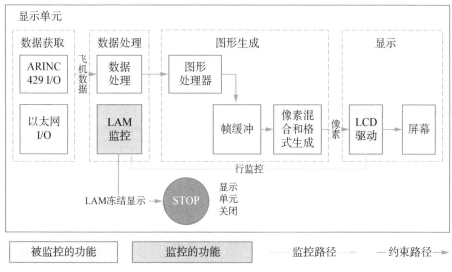

图 8.17　画面冻结监控

该监控通过 LCD 驱动检测画面冻结,该监控的最坏结果为显示单元致命失效。

(3)图形显示失效的目视检测。除了持续的监控,一些图形生成和显示链路的失效可被飞行机组目视检测出来（如引起部分屏幕丧失、对比度降低、灰度值降低、闪烁导致的失效），如图 8.18 所示。

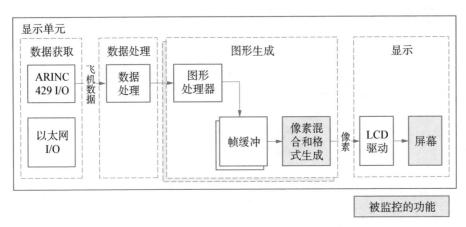

图 8.18　目视检测

像素的生成通过两个独立的图形生成通道完成。每个通道都用于列的像素生成，从而使得 LCD 屏幕列交错。除了那些导致画面冻结显示和当前监控检测出的失效外，图形通道（图形处理或像素混合和格式生成）的失效也将导致降级显示或丧失显示。行或列驱动的失效或像素（LCD 矩阵）的失效都可通过目视检测获得（部分屏幕丧失导致图像的降级显示）。

8.3.3.4　飞行告警

飞行告警系统收集飞机系统数据和航空电子数据状态，计算系统告警（声音告警和 EWD 上的 CAS 信息）和相关异常或紧急状态信息。当不被期望的情况出现时，可通过驱动 MC/MW 灯吸引飞机机组的注意。

机组可以使用 ECP 管理 CAS 信息的显示区域（消除或唤起一个信息，打开相关的程序，在显示区域上下滚动）。新的 CAS 信息告警需要机组通过 MC/MW 按键确认。

表 8.10 详细描述了与 CDS 相关并需要飞行机组采取纠正措施的飞行告警。

表 8.10 与 CDS 相关并需要飞行机组采取纠正措施飞行告警

CAS 信息	类型	异常状态描述	主告警灯	声音告警
"DU X FAULT"	警戒	一个显示单元故障	Master Caution	单音节
"DU X/DU Y DISAGREE"	警戒	两个显示单元(监控和被监控)上显示的 PFD 或 EWD 关键参数被检查出不一致,并在监控的显示单元上显示" CHECK PFD "或"CHECK EWD"信息	Master Caution	单音节
"Dux NOT MON"	提示	显示单元上显示的关键参数不再被监控	无	无
"RCP X FAULT"	警戒	一个 RCP 故障(故障被显示单元检测出)	Master Caution	单音节

8.3.4 符合性方法

规章的符合性建立在分析和测试的基础上,下面描述了一些证明航空规章符合性的方法:

(1) 在设备级使用 FMEA 进行单个失效分析。

(2) 多种失效状态分析:系统级的 FTA、CMA、DAL 分配。

(3) SEE 安全性分析。

依据 SAE ARP 4761,可通过一些定性和定量分析完成符合性的证明,下面详细描述。

8.3.4.1 单个失效分析

LRU FMEA 是一种自下而上的分析方法,主要用于识别与部件功能错误运行相关的随机危害;定量分析这些危害的失效率;定量分析测试性分析的测试覆盖率和隔离率。

FMEA 在系统的设备级开始实施,对所有造成相同后果的失效进行分组。FMES 是对 FMEA 的总结。

8.3.4.2 多个失效分析

1) FTA

(1) 分析基础。FHA 中定义了显示系统的失效状态。只有比"较小的"严重的失效状态才会进行 FTA,从而确定导致顶事件发生的基本失效事件。

(2) FTA 方法。依据 SAE ARP 4761 和 AMC 25.1309,失效状态发生的概率通过"平均飞行"计算,通过每个飞行小时内的平均飞行时间获取每个飞行小时的平均概率。使用最终的定量值以及 FHA 中定义的危害等级和影响一起来确定设计是否符合失效状态定义的目标要求。

(3) 基本事件参数的使用。基本事件一般由两个参数组成:失效概率 λ 和暴露时间。FTA 工具允许一些基本事件之间共享相同的通用失效概率或暴露时间,这对于一些同源实例的建模很有帮助。

(4) 最小割集。最小割集为引起顶事件发生的最小基本事件的组合(用于分析所有灾难性的和较严重的失效状态)。

2) DAL 分配

本节通过对软件和复杂硬件保证等级进行 DAL 分配证明对规章的符合性。对于 DAL 分配的部件,其研制过程中需要进行规定的过程保证活动,软件的研制需要符合 DO-178C,硬件的研制需要符合 DO-254。

该方法包含每个硬件和软件的识别,系统的 FHA 中已识别出最严重的失效状态情况,并对功能进行了分类。根据导致飞机功能的失效或组合失效的最严重影响,派生参与飞机功能的部件的 DAL 需求。

部件的 DAL 分配自系统的 DAL, SAE ARP 4754 中定义了 DAL 分配原则。

在分区软件的设计中,较低 DAL 的应用不能影响较高 DAL 的应用。为了保证不同等级软件分区之间的隔离,需要实现空间和时间分区。

3) CMA

(1) 分析基础。CMA 的目标是将影响独立性机制的共同故障引发的风险降低到可接受的水平。

经验证,在 CMA 中独立性机制有利于消除共模失效。CMA 分析了设计实施、制造和维护错误以及违反独立性原则的系统部件失效的影响。

CMA 分析的共模因素来自以下几个方面:原理和设计、制造、安装和集成、运行、维护、测试、校准、环境。

以上共模因素在 SAE ARP 4761 中皆有描述,详细信息如表 8.11 所示。

(2) CMA 方法。SAE ARP 4761 中阐述了完成 CMA 的方法,此方法为定性分析,包括以下几个方面:

a. 识别 FHA 的失效状态和相关的独立性机制。

a) 识别 FHA 中灾难性的和较严重的失效状态。

b) 对于每个失效状态,识别能够降低共模失效发生的独立性机制,有些来自系统架构,有些来自外部系统(如电源系统、冷却系统等)。

b. 检查那些不受共同故障影响的独立性机制。

(3) 共模检查单。SAE ARP 4761 中阐述了如表 8.11 所示的共模检查单。共同的失效模式或错误适用性的建立与以下方面相关:系统架构、飞机系统供应商之间的数据共享。

表 8.11　共模检查单

共模类型	共模子类型	共模源(样例)	共模失效和差错(样例)
原理和设计	设计架构	共同排气集气管	公共排气失效
		公共外部源(通风、电源……)	公共源失效(通风、电源……)
		设备保护	设计人员不能预测某个事件……
		使用特性(正常运行、备份)	不恰当的运行模式
	工艺、材料、设备和型号	新的、敏感的工艺	一般设计差错
		部件型号(规格、材料)	硬件差错
		软件	软件错误
		部件使用	规定以外的使用
		内部状态(温度或压力范围等)	超出运行范围的使用
		初始条件	超出范围

共模类型	共模子类型	共模源（样例）	共模失效和差错（样例）
	技术规范	来源	来源错误（人为），设备设计中缺少具体的保护
		相同需求规范	需求错误、有缺陷的技术规范
制造	制造商	同一制造商	由制造商产生的共同差错，由未经合适培训的人员产生的差错
	过程	相同过程	不正确的过程、不合适的制造控制、不合适的检查、不合适的试验
安装、综合、试验	装配人员	相同的装配人员	由装配人员引起的安装差错
	程序	安装阶段	由阶段引起的共同差错
	位置	相同区域	局部失效或事件
	路径	同一路径	局部事件
使用	员工	共同的员工	由未经合适培训的人员、压力过大或不能工作的操作人员引起的差错
	程序	相同的程序	不合适的操作程序、误诊（随后是错误的程序）、动作遗漏、不合适或不正确的行动委托
维护	员工	共同的员工	由未经合适培训的人员、不正确的人为活动引起的差错
	程序	相同的程序	不能遵循维修程序、不完备的维修程序、缺少维修程序
试验	员工	共同的员工	由未经合适培训的人员、不正确的人为活动引起的差错
	程序	相同的程序	不合适的试验程序
校准	员工	共同的员工	由未经合适培训的人员引起的差错
		校准工具	不当的工具调节
	程序	相同的程序	不遵循校准程序、有缺陷的校准程序、缺少校准程序

（续表）

共模类型	共模子类型	共模源（样例）	共模失效和差错（样例）
环境	机械和热	温度	着火、雷电、焊接等，冷却系统故障、电气短路
		金属碎屑	由具有不合适容差的运动零件产生的机载设备粉尘、金属碎屑
		冲击	导管猛烈移动、水锤、投射、结构失效
		振动	运动中的机器、地震
		压力	爆炸、超出允许的系统变化（泵超速、流动、堵塞）
		湿度	蒸汽管断裂
		潮湿	冷凝、导管断裂、雨水
		应力	不同类材料焊接引起的热应力
	电气和辐射	电磁	焊接设备、转动的电气机械、雷电
		辐射	伽马射线、带电粒子辐射
		导电介质	水汽、导电气体
		超出允差	电源浪涌电压、短路、电源浪涌电流
	化学和生物	腐蚀（酸）	维护时用于除锈和清洁的酸液泄漏
		腐蚀（氧化）	金属周围的水汽
		其他化学反应	燃油箱体，水、燃油氧化物的电化学腐蚀以及复杂相互作用
		生物	有毒气体、活体生物原因（热交换器内的贝类）

注：其他的环境危害（如转子破裂、鸟撞等）在 PRA 中考虑，不在本节中讨论。

8.3.5　安全性分析方法

8.3.5.1　单个失效分析

此分析记录在 FMEA 报告中，由于此分析在设备级完成，一般不在 SSA 的范畴里，因此本书不做详细说明。

8.3.5.2 多个失效分析

1）FTA

表 8.12 总结了显示系统失效状态的定量安全性评估。依据 SAE ARP 4761，一个失效状态发生的概率是通过"平均飞行"计算的。通过每次飞行的失效状态概率除以"平均飞行"的持续时间从而获得每飞行小时的平均概率。最终的定量值与 FHA 中建立的危害级别和影响一起确定是否符合分析的失效状态。

表 8.12　显示系统失效状态的定量安全性评估

FC编号	故障树编号	FC	影响程度	定量指标	FT结果（/飞行）	FC结果（/飞行小时）	符合性
FC01	FC01_HAZ	驾驶舱主显示全部丧失	较严重的	10^{-7}	10^{-8}	3×10^{-9}	是
FC02	FC02_MAJ	驾驶舱两侧主显示上的任意参数显示全部丧失	较大的	10^{-5}	7×10^{-8}	2×10^{-8}	是
FC03	FC03_HAZ	任意关键参数（空速、气压高度、姿态）在单个主显示上错误显示	较严重的	10^{-7}	4×10^{-7}	10^{-7}	是
FC04	FC04_CAT	任意关键参数（空速、气压高度、姿态）在驾驶舱两侧主显示上同时错误显示	灾难性的	10^{-9}	5×10^{-14}	10^{-14}	是
FC05	FC05_MAJ	任意非关键参数（导航和发动机参数）在驾驶舱主显示上错误显示	较大的	10^{-5}	10^{-5}	3×10^{-6}	是
FC06	FC06_HAZ	所有发动机参数显示全部丧失	较严重的	10^{-7}	3×10^{-7}	7×10^{-8}	是
FC10	FC10_CAT	任意关键参数（空速、气压高度、姿态）在驾驶舱两侧的主显示上全部丧失，同时备份显示丧失	灾难性的	10^{-9}	4×10^{-13}	10^{-13}	是
FC11	FC11_CAT	任意关键参数（空速、气压高度、姿态）在单侧驾驶舱主显示上错误显示，同时备份显示失效	灾难性的	10^{-9}	4×10^{-11}	9×10^{-12}	是

如表 8.13 所示，所有结果符合安全性目标。

（1）基本事件。表 8.13 描述了 FTA 中使用的所有基本事件以及相关的失效概率和每次飞行发生的概率。

表 8.13　FTA 中使用的基本事件及失效概率和每次飞行发生概率

基本事件	描述	事件类型	失效模式	失效率（λ）	暴露周期
'CD Err behav'	错误的 CD 行为	基本的	DU_CPU_Err	10^{-6}	飞行时间
'CD Graphic froz'	CD 上的图形画面冻结	基本的	DU_graphic_frozen	5×10^{-7}	飞行时间
'CD inab to detc IR Loss'	错误的 IR 健康状态	潜在的	DU_healthy_loss	5×10^{-7}	飞机寿命
'CD LCD Frozen'	CD LCD 冻结	基本的	CD_LCD_Frozen	10^{-7}	飞行时间
'CD LCD lum off loss'	无法关闭 CD LCD 的背光	潜在的	DU_LCD_frozen_Mon_loss	5×10^{-7}	飞机寿命
'CD loss'	完全丧失 CD	基本的	DU_Complete_Loss	10^{-4}	飞行时间
'CD reset loss'	无法重启 CD	潜在的	DU_inab_to_reset	5×10^{-7}	飞机寿命
'cockpit cooling'	丧失座舱冷却系统	外部的	—	0	常值
'DC EMER Loss'	应急直流丧失	外部的	—	0	常值
'DC1 ESS Loss'	直流 1（必要的）丧失	外部的	—	0	常值
'DC2 Loss'	直流 2 丧失	外部的	—	0	常值
'ENG_SYS param Loss'	发动机参数丧失	外部的	—	5×10^{-8}	飞行时间
'IESI err behav'	备份仪表错误的行为	外部的	—	10^{-5}	飞行时间
'IESI tot Loss'	备份仪表完全丧失	外部的	—	10^{-5}	飞行时间
'IL A429 loss'	丧失 ARINC 429 数据获取	基本的	DU_ARINC_input_Loss	2×10^{-6}	飞行时间
'IL Complete Loss'	丧失 IL	基本的	DU_Complete_Loss	10^{-4}	飞行时间
'IL Err behav'	错误的 IL 行为	基本的	DU_CPU_Err	10^{-6}	飞行时间
'IL Eth Loss'	丧失以太网数据获取	基本的	DU_Ethernet_input_loss	2×10^{-6}	飞行时间

基本事件	描述	事件类型	失效模式	失效率（λ）	暴露周期
'IL Feedback loss unan'	IL无法将"CHECK"信息和告警信息发送出去	潜在的	DU_inab_to_aware_of_fdb_trig	5×10^{-7}	飞机寿命
'IL graphic froz'	IL图形画面冻结	基本的	DU_graphic_frozen	5×10^{-7}	飞行时间
'IL inab to detc CD Loss'	错误的 CD 健康状态	潜在的	DU_Healthy_loss	5×10^{-7}	飞机寿命
'IL inab to detc OL Loss'	错误的 OL 健康状态	潜在的	DU_Healthy_loss	5×10^{-7}	飞机寿命
'IL LCD Frozen'	IL LCD 冻结	基本的	DU_LCD_Frozen	10^{-7}	飞行时间
'IL LCD Lum off loss'	无法关闭 IL LCD 背光	潜在的	DU_LCD_Frozen_Mon_loss	5×10^{-7}	飞机寿命
'IL Reset Loss'	无法重置 IL	潜在的	DU_inab_to_reset	5×10^{-7}	飞机寿命
'IR A429 loss'	丧失 ARINC 429 数据获取	基本的	DU_ARINC_input_Loss	2×10^{-6}	飞行时间
'IR Loss'	丧失 IR	基本的	DU_Complete_Loss	10^{-4}	飞行时间
'IR Err behav'	错误的 IR 行为	基本的	DU_CPU_Err	10^{-6}	飞行时间
'IR Eth Loss'	丧失以太网数据获取	基本的	DU_Ethernet_input_loss	2×10^{-6}	飞行时间
'IR Feedback loss unan'	IR无法将"CHECK"信息和告警信息发送出去	潜在的	DU_inab_to_aware_of_fdb_trig	5×10^{-7}	飞机寿命
'IR graphic froz'	IR图形画面冻结	基本的	DU_graphic_frozen	5×10^{-7}	飞行时间
'IR inab to detc OR Loss'	错误的 OR 健康状态	潜在的	DU_Healthy_loss	5×10^{-7}	飞机寿命
'IR LCD Frozen'	IR LCD 冻结	基本的	DU_LCD_Frozen	10^{-7}	飞行时间
'IR LCD Lum off loss'	无法关闭 IR LCD 背光	潜在的	DU_LCD_Frozen_Mon_loss	5×10^{-7}	飞机寿命
'IR Reset Loss'	无法重置 IR	潜在的	DU_inab_to_reset	5×10^{-7}	飞机寿命
'OL A429 loss'	丧失 ARINC 429 数据获取	基本的	DU_ARINC_input_Loss	2×10^{-6}	飞行时间

（续表）

基本事件	描述	事件类型	失效模式	失效率 (λ)	暴露周期
'OL Complete Loss'	丧失 OL	基本的	DU_Complete_Loss	10^{-4}	飞行时间
'OL Err behav'	错误的 OL 行为	基本的	DU_CPU_Err	10^{-6}	飞行时间
'OL graphic froz'	OL 图形画面冻结	基本的	DU_graphic_frozen	5×10^{-7}	飞行时间
'OL LCD Frozen'	OL LCD 冻结	基本的	DU_LCD_Frozen	10^{-7}	飞行时间
'OL LCD Lum off loss'	无法关闭 OL LCD 背光	潜在的	DU_LCD _Frozen_Mon_loss	5×10^{-7}	飞机寿命
'OL Reset Loss'	无法重置 OL	潜在的	DU_inab_to_reset	5×10^{-7}	飞机寿命
'OR A429 loss'	丧失 ARINC 429 数据获取	基本的	DU_ARINC_input_Loss	2×10^{-6}	飞行时间
'OR Loss'	丧失 OR	基本的	DU_Complete_Loss	10^{-4}	飞行时间
'OR Err behav'	错误的 OR 行为	基本的	DU_CPU_Err	10^{-6}	飞行时间
'OR Eth Loss'	丧失以太网数据获取	基本的	DU_Ethernet_input_loss	2×10^{-6}	飞行时间
'OR Feedback loss unan'	OR 无法将 "CHECK" 信息和告警信息发送出去	潜在的	DU_inab_to_aware_of_fdb_trig	5×10^{-7}	飞机寿命
'OR graphic froz'	OR 图形画面冻结	基本的	DU_graphic_frozen	5×10^{-7}	飞行时间
'OR LCD Frozen'	OR LCD 冻结	基本的	DU_LCD_Frozen	10^{-7}	飞行时间
'OR LCD Lum off loss'	无法关闭 OR LCD 背光	潜在的	DU_LCD _Frozen_Mon_loss	5×10^{-7}	飞机寿命
'OR Reset Loss'	无法重置 OR	潜在的	DU_inab_to_reset	5×10^{-7}	飞机寿命
'RCP Man EWD Left Loss'	RCP 失效导致左边 EWD 手动激活功能丧失	潜在的	RCP_XFRreconf_Loss	10^{-6}	飞机寿命
'RCP Man EWD Right Loss'	RCP 失效导致右边 EWD 手动激活功能丧失	潜在的	RCP_XFRreconf_Loss	10^{-6}	飞机寿命

基本事件	描述	事件类型	失效模式	失效率（λ）	暴露周期
'RCP Man MFD Left Loss'	RCP 失效导致左边 ND/SD 手动重构功能丧失	潜在的	RCP_MFD_NDD_PB_loss	10^{-6}	飞机寿命
'RCP Man MFD Right Loss'	RCP 失效导致左边 ND/SD 手动激活功能丧失	潜在的	RCP_MFD_NDD_PB_loss	10^{-6}	飞机寿命
'RCP Man PFD/ND Left Loss'	RCP 失效导致左边 PFD/ND 手动重构功能丧失	潜在的	RCP_XFRreconf_Loss	10^{-6}	飞机寿命
'RCP Man PFD/ND Right Loss'	RCP 失效导致左边 PFD/ND 手动重构功能丧失	潜在的	RCP_XFRreconf_Loss	10^{-6}	飞机寿命

注：IESI＝集成电子备份仪表。

（2）失效概率。表 8.14 提供了 FTA 中使用的失效概率列表。

表 8.14　FTA 中使用的失效概率列表

失效模式	失效概率	失效模式描述	模块	失效概率验证	验证来源
DU_ARINC_Input_loss	2×10^{-6}	丧失任意或全部 ARINC 429 输入	CPM	10^{-6}	DU FMEA
DU_Complete_loss	10^{-4}	完全丧失显示单元	所有	8×10^{-5}	DU FMEA
DU_CPU_Err	10^{-6}	显示单元 CPM（CPU 和 ARINC 429 数据获取）错误的行为	CPM	5×10^{-7}	DU FMEA
DU_Ethernet_Input_Loss	2×10^{-6}	丧失以太网数据的接收和传输	CPM	10^{-7}	DU FMEA
DU_Graphic_Frozen	5×10^{-7}	错误的图形处理行为导致错误的图形数据（冻结）	GGM	3×10^{-7}	DU FMEA
DU_Healthy_Loss	5×10^{-7}	显示单元向其他显示单元发送错误的监控状态	CPM	5×10^{-7}	DU FMEA

（续表）

失效模式	失效概率	失效模式描述	模块	失效概率验证	验证来源
DU_Inab_to_Aware _of_fdb_trig	$5×10^{-7}$	无法触发反馈通道发送"CHECK"信息	CPM	$5×10^{-7}$	DU FMEA
DU_Inab_to_Reset	$5×10^{-7}$	无法重启显示单元	CPM	$4×10^{-7}$	DU FMEA
DU_LCD_Frozen	10^{-7}	LCD 失效导致画面冻结	LAM	10^{-7}	DU FMEA
DU_LCD_Frozen_ Mon_Loss	$5×10^{-7}$	丧失 LCD 监控	CPM	$4×10^{-7}$	DU FMEA
RCP_MFD_NDSD_ PB_Loss	10^{-6}	丧失 RCP 按键	RCP	$8×10^{-7}$	控制板 FMEA
RCP_XFRreconf_ Loss	10^{-6}	丧失 RCP 开关	RCP	$8×10^{-7}$	控制板 FMEA

（3）隐蔽失效。隐蔽失效的类型有两种：一种是需要周期性检查的隐蔽失效，另一种是无须周期性检查的隐蔽失效，关于前一种本书不做分析。表 8.15 总结了第二种隐蔽失效的基本事件。

表 8.15　无须周期性检查的隐蔽失效基本事件

基本事件	描　　述	暴露周期
'CD Inab to Detc IR Loss'	错误的 IR 健康状态	飞机寿命
'CD LCD Lum off Loss'	无法关闭 CD LCD 背光	飞机寿命
'CD Reset Loss'	无法重启 CD	飞机寿命
'IL Feedback Loss Unam'	IL 不能发送"CHECK"信息和告警信息	飞机寿命
'IL Inab to Detc CD Loss'	错误的 CD 健康状态	飞机寿命
'IL Inab to Detc OL Loss'	错误的 OL 健康状态	飞机寿命
'IL LCD Lum off Loss'	无法关闭 IL LCD 背光	飞机寿命
'IL Reset Loss'	无法重启 IL	飞机寿命
'IR Feedback Loss Unam'	IR 不能发送"CHECK"信息和告警信息	飞机寿命
'IR Inab to Detc OR Loss'	错误的 OR 健康状态	飞机寿命
'IR LCD Lum off Loss'	无法关闭 IR LCD 背光	飞机寿命

基本事件	描　述	暴露周期
'IR Reset Loss'	无法重启 IR	飞机寿命
'OL LCD Lum off Loss'	无法关闭 OL LCD 背光	飞机寿命
'OL Reset Loss'	无法重启 OL	飞机寿命
'OR Feedback Loss Unam'	OR 不能发送"CHECK"信息和告警信息	飞机寿命
'OR LCD Lum off Loss'	无法关闭 OR LCD 背光	飞机寿命
'OR Reset Loss'	无法重启 OR	飞机寿命
'RCP Man EWD Left Loss'	RCP 失效导致左边 EWD 手动激活功能丧失	飞机寿命
'RCP Man EWD Right Loss'	RCP 失效导致右边 EWD 手动激活功能丧失	飞机寿命
'RCP Man MFD Left Loss'	RCP 失效导致左边 ND/SD 手动重构功能丧失	飞机寿命
'RCP Man MFD Right Loss'	RCP 失效导致左边 ND/SD 手动激活功能丧失	飞机寿命
'RCP Man PFD/ND Left Loss'	RCP 失效导致左边 PFD/ND 手动重构功能丧失	飞机寿命
'RCP Man PFD/ND Right Loss'	RCP 失效导致左边 PFD/ND 手动重构功能丧失	飞机寿命

（4）外部事件。表 8.16 总结了 FTA 中所有与显示系统连接的外部事件以及它们的失效概率，这些接口需求需要在飞机级进行验证。

表 8.16　FTA 中与显示系统连接的外部事件以及失效概率

基本事件	描述	事件类型	失效模式	失效率（λ）	暴露周期
'cockpit cooling'	丧失座舱冷却系统	外部的	—	0	常值
'DC EMER Loss'	应急直流丧失	外部的	—	0	常值
'DC1 ESS Loss'	直流 1（必要的）丧失	外部的	—	0	常值
'DC2 Loss'	直流 2 丧失	外部的	—	0	常值
'ENG_SYS param Loss'	发动机参数丧失（不在 CDS 的范围内）	外部的	—	5×10^{-8}	飞行时间
'IESI err behav'	备份仪表错误的行为	外部的	—	10^{-5}	飞行时间
'IESI tot Loss'	备份仪表完全丧失	外部的	—	10^{-5}	飞行时间

（5）参与灾难性的和较严重的失效状态的基本事件清单。表 8.17 和表 8.18 列出了 FTA 中涉及的综合显示系统设备和部件清单以及外部设备清单。

表 8.17　FTA 中涉及的综合显示系统设备和部件清单

设备	部件	故障树参考
显示单元	CPM	FC01_HAZ
		FC03_HAZ
		FC04_CAT
		FC06_HAZ
		FC10_CAT
		FC11_CAT
	GGM	FC03_HAZ
		FC04_CAT
		FC11_CAT
	LAM	FC03_HAZ
		FC04_CAT
		FC11_CAT
	显示单元(所有模块)	FC01_HAZ
		FC03_HAZ
		FC04_CAT
		FC06_HAZ
		FC10_CAT
		FC11_CAT
RCP	按键	FC06_HAZ
		FC10_CAT

表 8.18　FTA 中涉及的综合显示系统外部设备清单

系统	LRU	故障树参考
备份飞行仪表系统	集成电子备份仪表	FC10_CAT
		FC11_CAT
飞机冷却系统	座舱冷却	FC01_HAZ
发动机控制系统	发动机控制	FC06_HAZ
电源系统	直流紧急电源	FC10_CAT
		FC11_CAT
	直流 1(必要的)	FC01_HAZ
		FC03_HAZ
		FC04_CAT
		FC06_HAZ
		FC10_CAT
		FC11_CAT
	直流 2	FC01_HAZ
		FC03_HAZ
		FC04_CAT
		FC10_CAT
		FC11_CAT

2) DAL 分配

本节介绍了显示系统软件和复杂硬件保证等级符合功能严重程度的基本原理。表 8.19 提供了显示系统产品 DAL 分配结果;如果为相同的 LRU 分配不同的 DAL 等级,则在该 LRU 上采用最严格的 DAL 等级。

表 8.19　显示系统产品 DAL 分配结果

功能	LRU	所需的 DAL 等级	FHA 失效案例最严重的结果	
			可用性	完整性
座舱主显示	DU	B(显示处理) A(监控)	较严重的 FC01 FC06	灾难性的(空速、气压高度、姿态)FC04,较严重的 FC05

（续表）

功能	LRU	所需的 DAL 等级	FHA 失效案例最严重的结果	
			可用性	完整性
	RCP	C	较大的 FC02	无
	ECP	C	较大的 FC02	无

表 8.20 提供了外部系统的 DAL 分配。

表 8.20　外部系统的 DAL 分配

功能	LRU	所需的 DAL 等级	FHA 失效案例最严重的结果	
			可用性	完整性
座舱备份仪表	集成电子备份仪表	B	灾难性的 FC10	灾难性的 FC11

根据 DO‐254，如果有充分的理由，则功能失效路径分析（functional failure path analysis，FFPA）允许部分硬件部件降低 DAL。

座舱两侧显示的关键参数的完整性失效是灾难性的。反馈监控能够消除所有显示单元由于单个失效导致整个座舱的关键参数出现不可检测的错误的共模失效。

FFPA 中分析的功能的 DAL 是 A 级或 B 级，这些功能被一个 A 级功能监控。在软件级，DAL A 级和 DAL B 级的软件需要在显示单元内部进行隔离（通过时间和空间的分区——SB_DU2）。

针对丧失所有驾驶舱主显示的失效状态（较严重的），所有监控和约束功能（致命失效或背光关闭）都需要定义为 DAL A 级。

FFPA 关心的是关键参数出现不可检测错误的显示，如图 8.19 所示。图 8.19 中虚线箭头表示的是一个不可检测错误显示的失效状态的功能失效路径。在被监控的显示单元中，失效从 I/OM 传播到图形处理模块。为深色阴影的部分分配的 DAL 是 A 级；为浅色阴影的部分分配的 DAL 是 B 级，理

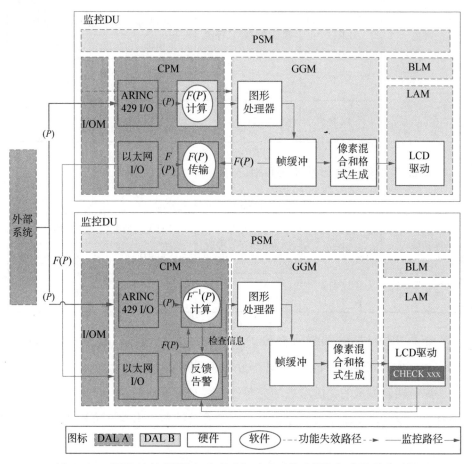

图 8.19　DU 级的 FFPA 和 DAL 分配(从 I/OM 到图形处理)

由如下。

　　I/OM 获取原始数据 P 供显示通道和反馈通道使用,因此它的 DAL 为 A 级。由于 CPM 在被监控显示器中计算 $F(P)$,在监控显示器中计算 $F^{-1}(P)$,因此为其分配 A 级 DAL。根据图 8.20 的 FFPA,可以为反馈监控覆盖的图像处理功能和 CPM 软件分配 B 级 DAL,但需要为实施监控的独立的软件和硬件的 DAL 分配 A 级 DAL。

　　图 8.20 对与从图形处理到 LCD 驱动这一链路上发生不可检测错误显示的

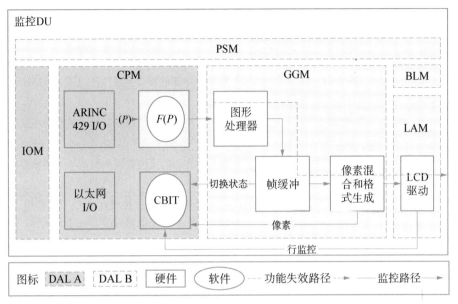

图 8.20　DU 级的 FFPA 和 DAL 分配(从 GGM 到 LAM)

失效状态相关的功能失效路径进行了图形化的描述。为深色阴影部分的部件分配的 DAL 是 A 级,为浅色阴影部分的部件分配的 DAL 是 B 级,理由如下。

　　由于图形生成模块和显示模块(图形处理器、帧缓冲区、像素合成和格式生成、LCD 驱动)独立,因此应为处理模块的监控机制(内部的循环监控机制)功能分配 A 级 DAL,为 GGM 和 LAM 包含的所有部件分配 B 级 DAL。

　　其他部件(PSM、BLM 和 LAM 非监控的部件)的错误不会导致不可检测错误的显示,但会导致丧失显示(较严重的失效状态),所以应为这些部件的分配 B 级 DAL。

　　表 8.21 总结了所有显示部件的 DAL 分配和理由。

表 8.21　所有显示部件的 DAL 分配和理由

模块	部件	所需的 DAL 等级	DAL 等级分配的理由
I/OM	I/O 获取单元	A	参与了外部的反馈监控,所以要求 DAL 为 A 级

模块	部件	所需的 DAL 等级	DAL 等级分配的理由
CPM	ARINC 429 I/O 以太网 I/O	A	参与了外部的反馈监控,所以要求 DAL 为 A 级
CPM	核心计算处理器硬件	A	参与了外部的反馈监控和显示单元循环接口机制,所以要求 DAL 为 A 级
	监控软件	A	参与了外部的反馈监控和显示单元循环接口机制,所以要求 DAL 为 A 级
	显示软件	B	被 A 级硬件上的 A 级软件监控;在软件级,A 级和 B 级软件是独立的
	图形处理器	B	被 A 级硬件上的 A 级软件监控
GGM	帧缓冲区	B	被 A 级硬件监控
	像素合成和格式生成单元	B	被 A 级硬件监控
	LCD 驱动	B	被 A 级硬件监控
LAM	屏幕	B	屏幕部分失效不会导致不可见检测错误显示的出现,只会导致显示的丧失
PSM	次要电源	B	次要电源失效不会导致不可见检测错误显示的出现,只会导致显示的丧失
BLM	背光和调光	B	背光和调光的失效不会导致不可见检测错误显示的出现,只会导致显示的丧失

3）CMA

（1）安全性机制。显示系统需要在系统级或设备级的设计中执行安全性机制,以满足 FHA 中定义的安全性目标。对于每个与主显示相关的灾难性的失效状态,表 8.22 列出了需要获取分配给显示的定量安全性目标的安全性机制。独立性原则进一步证明了与这些安全性机制组合的与门。

SB_DU1 显示单元专用的持续自检测监控覆盖从图形阶段到屏幕阶段的功能链路,但在 CMA 的验证中并不符合独立性原则。失效状态 FC04 定量结果的获取仅仅是因为左右两侧主显示是隔离的(SB_CDS1)。

表 8.22   FTA 使用的安全性机制

名　　称	描　　述	最坏的 FHA 严酷度	参考
SB_CDS1：驾驶舱左侧和右侧包含飞机电源在内应隔离	五个主显示单元在物理上是独立的	CAT	FC04
SB_CDS3：反馈监控	显示单元内显示空速、姿态、高度的显示通道与反馈监控独立	CAT	FC04
SB_STBY1：驾驶舱主显示和备份显示应独立且隔离	集成电子备份仪表显示部分的部件与综合显示系统的部件非相似	CAT	FC10
		CAT	FC11

（2）独立性评估。对于每个独立性原则，CMA 分析建立了降低危害发生以及消除共模失效的预防措施。表 8.11 提供的共模检查单可用于完成该分析。

本节只提供了 SB_CDS3 反馈监控的 CMA 分析，与系统设计的危害无关，如运行或维护错误导致的危害不在这里分析。表 8.23 描述了不可检测错误显示的失效状态的缓解措施。CMA 分析旨在验证显示通道和反馈监控通道之间的独立性需求。

（3）CMA 结果。目前对安全性机制的分析能够证明识别出的导致潜在灾难性的事件发生的共模失效可通过设计和产品过程、架构设计或程序的预防措施减少：优异的服役经验；高的硬件和软件 DAL；$P/F(P)$ 之间的非相似性；主显示和备份显示之间非相似且功能独立。

4）SEE 分析

SEE 分析最终在 SSA 中完成，主要关注系统完成的任务（确定设备级 SEE 分析的输入、SEE 缓解措施收集、SEE 定量评估总结、系统顶层安全性目标的确认）。

（1）SEE 中子通量评估。基于飞机典型的任务剖面（纬度、飞行高度层等），见 8.3.2.3 节，SEE 安全性评估中使用的计算出来的中子通量如表 8.24 所示。

表 8.23　SB_CDS3 反馈监控的 CMA 评估

共模子类型	共模源（样例）	共模失效和错误（样例）	潜在风险	已建立的预防措施	进一步的调查
	共同的排气集气管	公共排气失效	无，此共模不影响 LRU 完整性	无	没有
	公共外部源（通风，电源……）	公共源失效（通风，电源……）	电源失效可能对两侧显示单元有影响	两侧显示单元连接到不同的电源线上，每个显示单元都监控自身的电源输入	没有
设计架构	设备保护	设计人员不能预测某个事件……	可能导致功能的丧失或故障	根据 SAE ARP 4754，将设备的 DAL 定为 A 级或 B 级能够保证最高级别的确认、验证，追溯	没有
	使用特性（正常运行，备份）	不恰当的运行模式	运行模式的关闭导致显示丧失，不影响完整性	无	没有
	新的、敏感的工艺	一般设计差错	可能导致功能的丧失或故障	(1) 相似航空设备上好的服役经验 (2) 依赖 DO-254 中 DAL A 级设备的研制过程，质量保证方法可阻止硬件研制错误	没有
工艺，材料，设备型号	部件型号（规格，材料）	硬件差错	硬件共模失效可能诱发一些设备的功能同时丧失或故障	(1) 相似航空设备上好的服役经验 (2) 依赖 DO-254 中 DAL A 级和 B 级设备的研制过程，质量保证方法可阻止软件研制错误	没有
	公共软件	软件错误	软件共模失效可能诱发功能的同时丧失或故障	(1) 相似航空设备上好的服役经验 (2) 依赖 DO-178C 中 DAL A 级设备的研制过程，质量保证方法可阻止软件研制错误	没有

（续表）

共模子类型	共模源（样例）	共模失效和错误（样例）	潜在风险	已建立的预防措施	进一步的调查
	部件使用	规定以外的使用	可能导致功能的丧失或故障	在预期的运行状况下,针对预期功能充分使用部件	没有
	内部状态(温度或压力范围等)	超出运行范围的使用	设备的内部过热可能诱发环境温度超出过热阈值	两个内部监控对显示单元温度进行检查	没有
	初始状态	超出范围	无,不会影响完整性	无	没有
	温度	着火、雷电、焊接等,冷却系统故障、电气短路	一些设备的损坏导致显示单元失效	监控显示单元内部的温度,一旦检测出过热现象则关闭显示单元	没有
	金属碎屑	由具有不合适容差的运动零件产生的机载设备金属粉尘、金属碎屑	设备的连接处被灰尘、颗粒等污染	在航空电子设备的通风中适当增加过滤器	没有
电子和辐射	冲击	导管猛烈移动、水锤、投射、结构失效	无,此共模失效不会影响LRU的完整性	无	没有
	振动	运动中的机器、地震	无,此共模失效不会影响LRU的完整性	无	没有
	压力	爆炸、超出允许的系统变化(泵超速、流动、堵塞)	无,此共模失效不会影响LRU的完整性	无	没有
	湿度	蒸汽管断裂	接触不良,功能性失效大于等于功能丧失或故障	依据DO-160的规定对LRU的鲁棒性进行检查	没有

共模子类型	共模源（样例）	共模失效和错误（样例）	潜在风险	已建立的预防措施	进一步的调查
潮湿	冷凝，导管断裂，雨水	接触不良，功能性失效大于等于等于功能丧失或故障	依据 DO-160 的规定对 LRU 的鲁棒性进行检查	没有
应力	不同类材料焊接引起的热应力	功能丧失或故障	依据 DO-160 的规定对 LRU 的鲁棒性进行检查	没有
电磁	焊接设备，转动的电气机械，雷电	在强雷击，高密度辐射场或电流异常情况下，一些显示单元会出现共模失效	依据 DO-160 的规定对 LRU 的鲁棒性进行检查	没有
辐射	伽马射线，带电粒子辐射	SEE 或太阳耀斑导致多个显示单元（显示通道和反馈监控通道）失效	对于 SEE：SEE 的影响只限于一个 LRU，所以 SEE 不会影响监控和被监控单元的独立性原则，不会导致关键参数出现不可检测的错误显示。如果 SEE 影响的是被监控的显示单元，则将被监控的显示单元单元不可检测出；如果 SEE 检测到，则可能导致监控是监控比错误，并伴随着失效 会 告警 "DU X/DU Y DISA-GREE"，这会被机组发现 对于太阳耀斑：太阳耀斑可能影响两个显示单元之间的独立性原则；太阳耀斑会发生的不可检测的显示，在某些高纬度的区域）生封对飞行运行限制可缓解此影响	没有
导电介质	水汽，导电气体	无，此共模失效不会影响 LRU 的完整性	无	没有
超出允差	电源浪涌电压，短路，电源浪涌电流	无，此共模失效不会影响 LRU 的完整性	无	没有

表 8.24　中子通量评估

最大高度	纬度	中 子 通 量
40 000 ft	45°	在 10～800 兆电子伏范围内：6 000 n/(cm² · h)

（2）系统内 SEE 敏感部件清单。表 8.25 提供了参与灾难性的或较严重的失效状态且被认为是对 SEE 敏感的设备和部件清单，包括下列部件和技术。

表 8.25　对 SEE 敏感的设备和部件清单

模块	功　　能	部　　件	是否对 SEE 敏感
I/OM	与外部设备连接的显示单元 I/O 接口，保护和滤波	显示单元连接器	不敏感
		无源元件(电阻、二极管、电容)	不敏感
CPM	ARINC 429 I/O 接口	ASIC、RAM	敏感
	以太网 I/O 接口	以太网总线	不敏感
	图形计算的处理资源	带有高速缓存的微处理器	敏感
	与 GGM 连接的核心处理单元和控制存储器	PLD 桥	敏感
	控制微处理器	看门狗	不敏感
	存储器	SDRAM	敏感
	代码存储器单元	闪存	敏感
	稳定的存储器	EEPROM(大容量)	不敏感
GGM	图形处理	图形微处理器	敏感
	符号存储器	SDRAM	敏感
	帧缓冲 1	EPLD	敏感
	帧缓冲 2	EPLD	敏感
	内部总线	内部总线	不敏感
	像素混合和格式生成单元	绘图内核	不敏感
PSM	主控	过滤器、二极管	不敏感
	次控	DC/DC 转换器	不敏感

模块	功　　能	部　　件	是否对 SEE 敏感
LAM	稳定存储器	EEPROM(大容量)	不敏感
	内部总线	内部总线	不敏感
	LCD 驱动	行/列驱动	不敏感
	LCD 矩阵	LCD 矩阵	不敏感
BLM	LCD 照明	光学部件	不敏感
	时间计数器	EPLD＋EEPROM	敏感
	过热保护	热传感器	不敏感

注：SDRAM 为同步动态随机存取存储器。

　　a. 存储器(认为 RAM、闪存、大容量的 ROM 不是 SEE 敏感技术)。

　　b. 部件中不稳定的部分(内存位、寄存器，或锁存器)，如 FPGA、PLD、ASIC、片上系统。

　　c. 带有高速缓存的微处理器。

　　ECP 和 RCP 主要由开关、按键和旋钮组成，因此没有对 SEE 敏感的部件。

　　(3) SEE 缓解机制。对于 SEE 敏感部件以及对显示单元功能行为的 SEU 影响的评估，确定在显示单元内部完成的 SEE 自缓解技术，是下列方法能够有效缓解 SEE 对完整性或可用性的影响。

　　a. 硬件缓解措施。

　　a) 奇偶校验，对存储器进行循环冗余校验以保护关键数据的完整性。该方法能够实现对 SEU 的检测，但可能导致受影响的微处理器重置，从而影响设备的可用性。

　　b) ECC：能够实现对 SEU 的检测和纠正，对设备可用性的影响也较小。

　　c) 带加密功能的 ECC：对存储器的位置进行排列，保证所有 MBU 仅产生逻辑上的 SEU。

　　d) 带有 RAM 的 FPGA：三模冗余，周期性检查和纠正。

　　b. 系统缓解措施：循环校验、比较、投票机制，覆盖了对系统完整性(两个设备进行比较)和可用性(至少三个设备进行投票)的影响。

　　c. 软件防御性编程技术。

　　a) 减少高速缓存的使用,为关键参数和状态提供快的刷新周期。

　　b) 对存储器中的关键区域进行周期性循环校验。

　　c) 检查变量范围、重复计算、多次确认关键参数以克服瞬态误差。

　　d) 提供外部存储指令缓存以避免错误数据写入存储器。

　　SEU 对电子设备的影响是改变位的状态(0 变 1 或 1 变 0)。位的翻转会导致不同的结果,在显示系统级,会导致数据错误或程序错误,从而导致不可检测的错误参数显示或不合理的行为(如错误的"CHECK"告警)。

　　SEE 缓解机制如表 8.26 所示。

表 8.26　SEE 缓解机制

模块	功能	部件	缓解措施	SEE 潜在影响
CPM	ARINC 429 I/O 接口	ASIC+RAM	SEE 影响 ARINC 429 I/O 接口可能导致显示单元错误的数据获取,没有特定的 SEE 监控,因为此影响能够被关键参数的反馈监控检测出	此影响能够被关键参数的反馈监控检测出,但可能导致丧失显示单元,因为飞行员之间会对显示单元进行交叉对比(较小的)对于非关键参数,该影响不能被检测出,会影响显示单元的完整性(较大的)
	图形计算处理资源	带有高速缓存的微处理器	缓存 1 由 ECC 保护,缓存 2 由奇偶位保护。关键参数存储在缓存 1 中,由系统的反馈监控保护	可被设备和系统的自检机制检测,对完整性没有影响,但可能会导致丧失显示单元(较小的)
	与 GGM 连接的核心处理单元以及控制存储器	PLD 桥	EDC(里德所罗门)	可被设备的自检机制检测,对完整性没有影响
	存储器	SDRAM	EDC(里德所罗门)以及空间分区	可被设备的自检机制检测,对完整性没有影响
	代码存储单元	闪存	当显示单元启动时,闪存中的代码加载到 SDRAM 中	对安全性没有影响

模块	功能	部件	缓解措施	SEE 潜在影响
GGM	图形处理	图形微处理器	无	没有被检测，对安全性（完整性）具有潜在影响
	符号存储	SDRAM	EDC（汉明算法）	可被设备和系统的自检机制检测，对完整性没有影响，但可能会导致丧失显示单元（较小的）
	帧缓存 1	EPLD	包含频繁刷新数据和帧缓存冗余建立完整的图像的 RAM 发送给处理模块的切换状态进行周期性的刷新避免监控的无效约束	能被检测，对完整性无影响，可能导致图形显示的退化（闪烁）RAM 被频繁刷新，帧缓存在每个周期进行切换。一些暂时的 SEE 可能不会检测，如果只是在很短时间内影响备份的帧缓存，则这种情况对显示单元没有安全性影响
	帧缓存 2	EPLD		
BLM	时间计数器	EPLD+EEPROM	如果检测出问题，则对 EPLD 的代码和重加载进行 CRC	可被设备的自检机制检测，可能会导致丧失显示单元（较小的）

设计的预防措施应符合安全性目标以保证最佳的功能完整性/可用性的比例。

表 8.26 最后一列中提到的检测是指系统的检测，不是飞行机组的检测。在某些情况下，系统的检测会产生告警提醒机组人员采取相应的程序，但是不能依赖机组检测显示异常。

需要一种特定的机制检测显示单元内大容量易失存储器的使用可能出现的干扰。

纠错代码与处理数据存储器的每个内存字都相关。内存字或纠错代码内容的变更可通过此代码检测。然而，纠错代码包含信息的冗余使得被干扰的信息在单个或两个位错误的情况下能够保存下来。

EDC 机制可通过 EPLD 或 ASIC 完成，在 CPU 读操作时，能够检查和纠正内存中的数据并发给 CPU。在写操作时，数据被编码并存储在内存中。EDC 机制同样能够增加可用性，因为任何单粒子失效对软件行为都没有影响。EDC 原理如图 8.21 所示。

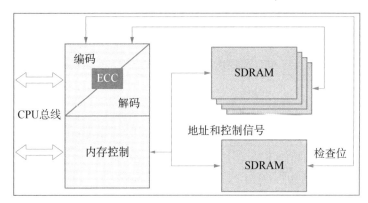

图 8.21　EDC 原理

使用 EDC 汉明算法，所有导致字中一位的改变的失效都会被检测和纠正。导致两位改变的所有失效都会被检测，一些导致多于两位改变的失效也能够被检测出。

使用 EDC 里德所罗门算法，导致所有位改变的失效都能够被检测出，所以存储器部件的失效对设备没有影响。所有导致两位改变的失效都能够被检测和纠正。

在显示单元中，EDC 里德所罗门算法由 CPM（覆盖 SDRAM 和 PLD 桥的 SEE 影响）完成，EDC 汉明算法由 GGM（覆盖 SDRAM 的 SEE 影响）完成。

在 PLD 桥上实施的监控机制保证了 CPM 处理器的内存管理的空间分区是稳定的（分区之间或分区数据与操作系统数据之间是故障隔离的）。

PLD 桥的窗口机制保护了内存区域不受其他分区伪写故障传播的影响。由于检查 SDRAM 的物理写访问导致内存管理失效，因此只有微处理器和硬件 PLD 桥同时失效才有可能导致 CPM 错误的空间内存干扰。

（4）SEE 定量评估。从 SEE 定性安全性分析中可得出并不是所有对 SEE

敏感的部件都会被 SEE 缓解措施完全覆盖。定量的 SEE 评估是对剩余的没有被覆盖或部分覆盖的部件进行分析。

基于中子通量，对剩余的出错率进行定量计算，部件的技术特性已在设备级完成。表 8.27 总结了 SEE 对 FMEA、FMES 和 FTA 目标的定量影响，并说明了对系统安全性目标的符合性。

表 8.27　SEE 对 FMEA、FMES 和 FTA 目标的定量影响

模块	元件	潜在 SEE 影响	SEU 出错概率	FMEA 失效概率	失效概率代码	FTA 目标/(/飞行小时)	是否接受
CPM	ASIC+RAM	可用性（较小的）	5×10^{-7}	10^{-6}	DU_ARINC_Input_Loss	2×10^{-6}	是，符合 FTA 目标
		完整性（较大的）		5×10^{-7}	DU_CPU_Err	10^{-6}	是，SEE 出错概率和 FMEA 失效概率之和符合 FTA 目标
	带有高速缓存的微处理器	有效性（较小的）	5×10^{-7}	8×10^{-5}	DU_Complete_Loss	10^{-4}	是，对于 FMEA 失效概率可忽略
GGM	图形微处理器	完整性（较严重的）	由于高独立性或内部架构没有计算	5×10^{-7}	DU_Graphic_Frozen	3×10^{-7}	见测试结果
	SDRAM	可用性（较小的）	2×10^{-7}	8×10^{-5}	DU_Complete_Loss	10^{-4}	是，对于 FMEA 失效概率可忽略
BLM	EPLD+EEPROM	可用性（较小的）	10^{-5}	8×10^{-5}	DU_Complete_Loss	10^{-4}	是，SEE 出错概率和 FMEA 失效概率之和符合 FTA 目标

剩余的没有或部分缓解的部件对显示单元的 SEE 影响可能体现在有用性或完整性上（仅针对图形处理器）。由于 SEU 的出错概率远大于 MBU 的出错

概率,因此假定一个 SEU 出错概率并完成计算。

已完成的测试条件如下:激光加速测试(加速软错误率)、类似的单能中子源(2 050 100 150 兆电子伏)、基于裂变监控记录的中子通量。

这些测试展示了被测试的图形处理器的行为,但并没有被 SEE 缓解机制覆盖,也不受 SEU 或 MBU 影响,即使图形处理单元(graphic process unit,GPU)嵌入了内置的存储单元(寄存器、共享内存),测试结果也会受制于元件的内部架构(因为 GPU 并行完成一些基本任务,同时快速地处理大量的内存位置)。

(5) SEE 评估总结。定性和定量的 SEE 评估显示 SEE 能够在设备级和系统级正确缓解,从而符合系统安全性目标。

定量评估的完成考虑了外部系统故障的因素,这些因素基于接口需求,需要在飞机级确认。

8.4　小结

本章面向飞机型号项目,提出安全性工作流程实施顶层规划,为安全性工程项目实施工作提供指导,以表明对 CCAR - 25.1309 条的符合性。同时自顶向下从安全性设计角度出发,以驾驶舱显示系统安全性设计与评估为例,阐述了航空电子系统安全性架构设计、SEE 分析以及 FTA、CMA 方法。

参考文献

[1] SAE ARP 4761 Guidelines and Methods for Conducting the Safety Assessment Process on Civil Airborne Systems and Equipment [S]. SAE, 1996.

[2] BÖRGER E. The Abstract State Machines Method for High-Level System Design

and Analysis [M]// Formal Methods: State of the Art and New Directions. Springer, London, 2010.

[3] MOIR I, SEBRIDGE A, JUKES M. Civil Avionics Systems [M]. 2nd edition. Chichester: John Wiley & Sons Ltd, 2013.

[4] COLLINSON R P G. Introduction to Avionics Systems [M]. Springer Science & Business Media, 2013.

[5] MOIR I, SEABRIDGE A. Aircraft Systems: Mechanical, Electrical, and Avionics Subsystems Integration [M]. John Wiley & Sons, 2011.

[6] SPITZER C R. Digital Avionics Systems-Principles and Practices [M]. 1993.

[7] PARKINSON P, KINNAN L. Safety-critical software development for integrated modular avionics [J]. Embedded System Engineering, 2003,11(7): 40 – 41.

[8] LEE Y H, KIM D, YOUNIS M, et al. Scheduling tool and algorithm for integrated modular avionics systems [C]//19th DASC. 19th Digital Avionics Systems Conference. Proceedings (Cat. No. 00CH37126). IEEE, 2000.

[9] ERNST R, DI N M. Mixed criticality systems—A history of misconceptions? [J]. IEEE Design & Test, 2016,33(5): 65 – 74.

[10] NORMAND E. Single-event effects in avionics [J]. IEEE Transactions on nuclear science, 1996,43(2): 461 – 474.

缩略语

缩略语	英文	中文
AADL	architecture analysis and design language	架构分析和设计语言
AC	Advisory Circular	咨询通告
ACS	avionics cabinet switch	航空电子内置网络数据交换机
ADC	air data computer	大气数据计算机
ADF	automatic direction finder	自动定向仪
ADIRS	air date inertial reference system	大气数据惯性基准系统
ADN	avionic data network	航空数据网络
ADS	air data system	大气数据系统
ADS-B	automatic dependent surveillance-broadcast	广播式自动相关监视系统
AEC	Airlines Engineering Committee	美国航空电子工程委员会
AFCS	automatic flight control system	自动飞行控制系统
AFDS	autopilot flight director system	自动驾驶飞行指引系统
AFDX	avionics full duplex switched ethernet	航空电子全双工交换式以太网
AFHA	aircraft functional hazard assessment	飞机功能危害性评估
AIRAC	aeronautical information regulation and control	航行资料定期颁发制
AMC	acceptable means of compliance	可接受符合性方法
AMJ	advisory material joint	联合咨询资料

AMM	aircraft maintenance manual	飞机维修手册
AOC	aeronautical operational control	航空运营管理
APEX	application express	应用程序接口
APU	auxiliary power unit	辅助动力装置
ARINC	Aeronautical Radio Inc.	航空无线电通信公司
ARP	Aerospace Recommended Practice	航空航天推荐标准
ARS	adn remote switch	航空电子外置网络数据交换机
ASA	aircraft safety assessment	飞机安全性评估
AS	Aerospace Standard	航空标准
ASIC	application specific integrated circuit	专用集成电路
ATA	Air Transport Association	航空运输协会
AT	acceptance test	接收测试
ATC	air traffic control	空中交通管制
ATM	air traffic management	空中交通管理
BAG	band-width allocation gap	带宽分配间隙
BCD	binary coded decimal	二进制编码的十进制
BCM	backup control module	备份控制模块
BIC	bus interface circuit	总线接口电路
BIT	built-in-test	自检测
BITE	built-in test equipment	自检测设备
BLM	backlight module	背光模块
BNR	binary numerical reference	二进制数基准码
BOM	bill of material	材料清单

BPS	backup power system	备份电源系统
BXU	bus extension unit	总线扩展单元
CAAC	Civil Aviation Administration of China	中国民用航空局
CA	certification activity	适航认证活动
CAN	controller area network	控制器局域网络
CAS	crew alerting system	机组告警系统
CAT	category	类别
CBIT	continues built-in-test	周期自检测
CCA	common cause analysis	共因分析
CCAR	China Civil Aviation Regulations	中国民用航空规章
CCR	common computing resource	公共计算资源
CD	center-display	中间显示
CDR	critical design review	关键设计评审
CDS	cockpit display system	驾驶舱显示系统
CFIT	controlled flight into terrain	可控飞行触地
CFR	Code of Federal Regulation	联邦法规
CGP	computing graphic processing	图形处理器
CMA	common mode analysis	共模分析
CM	correlation management	关联管理
CMR	certification maintenance requirement	审定维修需求
COM	communication	通信
COTS	commercial off-the-shelf	商用货架产品
CPI/OM	core processing input/output module	核心处理输入/输出模块
CPM	core processing module	核心处理模块

CPU	central processing unit	中央处理单元
CRC	cyclic redundancy check	循环冗余校验
CS	Certification Specification	审定规范
CSSP	core system safety process	系统安全核心过程
CTL	control	控制
DAL	development assurance level	研制保证等级
DD	dependence diagram	相关图
DIMA	distributed IMA	分布式 IMA
DI/O	discrete input/out put	离散量输入/输出
DME	distance measuring equipment	测距仪
DO	document	文件
DOORS	dynamic object oriented requirement system	面向动态对象的需求系统
DP	data parameter	数据参数
DRAM	dynamic RAM	动态 RAM
DS	display system	显示系统
DU	display unit	显示单元
EA	enterprise architecture	企业架构建模工具
EASA	European Aviation Safety Agency	欧洲航空安全局
ECC	error correcting code	错误纠正码
ECP	eicas control panel	EICAS 控制板
ECU	electronic control module	电子控制单元
ED	EUROCAE Document	欧洲民用航空机载设备组织文件
EDC	error detection and correction	错误检测和校正

EDE	error detected encoding	错误检测编码
EEPROM	electrically erasable programmable read only memory	带电可擦可编程只读存储器
EFB	electronic flight bag	电子飞行包
EIA	Electronic Industries Association	电子工业协会
EICAS	engine indicating and crew alerting system	发动机指示和机组告警系统
EMC	electromagnetic compatibility	电磁兼容性
EMER	emergency	紧急
EMI	electromagnetic interference	电磁干扰
ENG	engine	发动机
EPLD	erasable programmable logic device	可擦除可编辑逻辑器件
ESS	essential	必要的
EUROCAE	European Organization for Civil Aviation Electronics	欧洲民用航空电子学组织
EVS	enhanced vision system	增强视景系统
EWD	engine and warning display	发动机参数和告警显示
EWIS	electrical wiring interconnect system	电气线路互联系统
FAA	Federal Aviation Administration	联邦航空管理局
FAF	final approach fix	最后进近定位点
FAR	Federal Aviation Regulations	联邦航空条例
FATO	final approach and take-off area	最后进近和起飞区
FBW	flying by wire	电传操纵
FC	failure condtion	失效状态
FCM	flight control modular	飞行控制模块

FCS	flight control system	飞行控制系统
FCU	flight control unit	飞行控制组件
FDAL	functional development assurance level	功能研制保证等级
FDS	function data set	功能数据集
FFA	functional failure analysis	功能失效分析
FFPA	functional failure path analysis	功能失效路径分析
FFS	functional failure set	功能失效集
FHA	functional hazard assessment	功能危害性评估
FL	flight level	飞行高度层
FMEA	failure modes and effects analysis	失效模式和影响分析
FMECA	failure mode，effects and criticality analysis	失效模式、影响和危害性分析
FMES	failure modes and effects summary	失效模式和影响摘要
FMS	flight management system	飞行管理系统
FPGA	field programmable gate array	现场可编程门阵列
FRC	functional redundancy checking	功能冗余检查
FTA	fault tree analysis	故障树分析
FT	functional test	功能测试
GDP	general data processor	通用数据处理器
GE	General Electric Company	通用电气公司
GGM	graphic generation module	图形生成模块
GPM	general processing module	通用处理模块
GPS	global positioning system	全球定位系统
GPU	graphic process unit	图形处理单元

GTS	general technical specification	通用技术规范
HA	hosted application	驻留应用
HAR	hazard action records	危险措施记录
HAS	hardware accomplishment summary	硬件实现总结
HAZ	hazard	危害
HF	hosted function	驻留功能
HFRQ	hosted function requirements	驻留功能需求
HIRF	high intensity radiated field	高强度辐射场
HMI	hazardously misleading information	危险误导信息
HTS	hazard tracking system	危险跟踪系统
HUD	head up display	平视显示器
HW	hardware	硬件
IBD	internal block diagram	内部结构图
ICAO	International Civil Aviation Organization	国际民航组织
ICD	interface control document	接口控制文档
IC	integrated circuit	集成电路
IDAL	item development assurance level	部件研制保证等级
ID	identification	标识
IDU	integrated display unit	综合显示单元
IEC	International Electrotechnical Commission	国际电工技术委员会
IEEE	Institute of Electrical and Electronic Engineers	电气与电子工程师协会
IESI	integrated electronic standby instrument	综合备份仪表
IHA	intrinsic hazard analysis	固有危害分析

IL	in-left	左边内侧显示
ILS	instrument landing system	仪表着陆系统
IMACT	integrated modular avionics configuration toolset	综合模块化航空电子配置工具集
IMA	integrated modular avionics	综合模块化航空电子
INS	inertial navigation system	惯性导航系统
I/O	input/output	输入/输出
I/OM	input/outpot module	输入/输出模块
IP	internet protocol	互联网协议
IPM	integrated processing module	综合处理模块
IR	in-right	右边内侧显示
IRS	inertial reference system	惯性基准系统
ISO	International Organization for Standardization	国际标准化组织
ISS	integrated surveillance system	综合监视系统
ITP	Intrail procedure	高度层变更程序
JAR	Joint Aviation Requirement	欧洲联合航空条例
JTAG	Joint Test Action Group	联合测试工作组
LAM	lcd assembling module	LCD 装配模块
LCD	liquid crystal display	液晶显示器
LRA	low-range radio altimeter	无线电低高度表
LRM	line replaceable module	外场可更换模块
LRU	line replaceable unit	外场可更换单元
MAC	media access control	介质访问控制
MA	Markov analysis	马尔科夫分析

MAP	missed approach point	复飞点
MBIT	maintenance built-in test	维护自检测
MBSA	module based safety analysis	基于模型驱动的安全性分析
MBU	multiple bit upset	多位翻转
MCDU	multifunction control display unit	多功能控制显示装置
MC	method of compliance	符合性方法
MEU	multi-event upsets	多粒子翻转
MFD	multi-function display	多功能显示单元
MI	master instructions	主指令
MIL	military	军方
MMEL	master minimum equipment list	主最低设备清单
MMU	memory management unit	存储管理单元
MON	monitor	监控
MSG	message	消息
MTBF	mean time between failures	平均失效间隔时间
MTBFT	mean time between function interruption	功能中断之间的平均时间
NASA	National Aeronautics and Space Administration	国家航空和宇航局（美国）
ND	navigation display	导航显示
NOTAM	notice to airmen	航行通告
NVM	non-volatile memory	非易失存储器
NVRAM	non volatile RAM	非易失 RAM
OL	out-left	左边外侧显示
OMS	onboard maintenance system	机载维护系统

OR	out-right	右边外侧显示
PASA	preliminary aircraft safety assessment	初步飞机安全性评估
PBIT	power on built-in test	上电自检测
PBN	performance based navigation	基于性能的导航
PCEH	programmable complex electronic hardware	可编程复杂电子硬件
PCI	peripheral component interconnect	外部设备连接
PDR	preliminary design review	初步设计评审
PFD	primary flight display	主飞行显示器
PLD	programmable logic device	可编程逻辑器件
PRA	particular risk analysis	特定风险分析
PRIM	primary	主
PSA	preliminary safety assessment	初步安全性评估
PSM	power supply module	电源模块
PSSA	preliminary system safety assessment	初步系统安全性评估
RAM	random access memory	随机存取存储器
RCP	reversion control panel	转换控制板
RDC	remote data concentrator	远程数据集中器
RDIU	remote data interface unit	远程数据接口单元
RNP	required navigation performance	所需导航性能
ROM	read-only memory	只读存储器
RPC	remote power control	远程电源控制器
RP	received parameter	接收参数
RS	reachability set	可达集
RTCA	Radio Technical Commission for Aeronautics	航空无线电技术委员会

RTOS	real-time operating system	实时操作系统
SAE	Society of Automotive Engineers	国际自动机工程师学会
SAS	software accomplishment summary	软件实现总结
SA	structure analysis	结构分析
SATCOM	satellite communication	卫星通信
SB	safety barriers	安全性机制
SCADE	safety-critical application development environment	高安全性的应用程序开发环境
SCSC	Safety Critical Systems Club	英国安全关键组织
SDI	source identification	源终端识别
SDRAM	synchronous dynamic RAM	同步动态 RAM
SD	system display	系统信息显示
SEB	single event burnout	单粒子烧毁
SEC	secondary	次
SEE	single event effect	单粒子效应
SEGR	single event gate rupture	单粒子栅穿
SEL	single event latchup	单粒子锁定
SET	single event transfer	单粒子传播
SEU	single event upset	单粒子翻转
SFHA	system functional hazard assessment	系统功能危害性评估
SFI	software fault isolation	软件故障隔离
SFRQ	system functional requirement	系统功能需求
SI	shadow instructions	副本指令
SOW	statement of work	工作分工

SRAM	static RAM	静态 RAM
SRD	system requirements document	系统需求文档
SRR	system requirement review	系统需求评审
SSA	system safety assessment	系统安全性评估
SSM	sign/status matrix	符号状态矩阵
SSPP	system safety program plan	系统安全工作计划
SSR	system safety requirements	系统安全要求
STAMP	systems-theoretic accident model and processes	基于系统理论的事故模型和过程
STBY	standby	备份显示
STD	standard	标准
STPA	systems-theoretic process analysis	系统理论过程分析
SVS	synthetic vision system	合成视景系统
SW	software	软件
TACAN	tactical air navigation system	近程极坐标式无线电导航系统
TAP	test access port	测试访问端口
TAWS	terrain awareness and warning system	地形感知和告警系统
TBD	to be done	待补充
TBV	to be verified	待确认
TCK	tesk clock input	测试时钟输入
TDI	test data input	测试数据输入
TLOF	touchdown and lift-off area	接地离地区
TMS	test mode select	测试模式选择
TRR	test readiness review	试验准备评审
TSO	Technical Standard Order	技术标准规定

TS	technical specification	技术标准
UDP	user datagram protocol	用户数据报协议
UD	usage domain	功能域
UML	unified modeling language	统一建模语言
VL	virtual link	虚拟链路
VOR	very high frequency omnidirectional range	甚高频全向信标
V&V	validation and verification	确认和验证
WCET	worst case execution time	最差执行时间
WDT	watching-dog timer	看门狗
WGS	world geodetic survey	世界测量系统
XML	extensible markup language	可扩展标记语言
ZSA	zonal safety analysis	区域安全性分析

索引

大飞机出版工程　书目

一期书目（已出版）

《超声速飞机空气动力学和飞行力学》（译著）

《大型客机计算流体力学应用与发展》

《民用飞机总体设计》

《飞机飞行手册》（译著）

《运输类飞机的空气动力设计》（译著）

《雅克-42M和雅克-242飞机草图设计》（译著）

《飞机气动弹性力学和载荷导论》（译著）

《飞机推进》（译著）

《飞机燃油系统》（译著）

《全球航空业》（译著）

《航空发展的历程与真相》（译著）

二期书目（已出版）

《大型客机设计制造与使用经济性研究》

《飞机电气和电子系统——原理、维护和使用》（译著）

《民用飞机航空电子系统》

《非线性有限元及其在飞机结构设计中的应用》

《民用飞机复合材料结构设计与验证》

《飞机复合材料结构设计与分析》（译著）

《飞机复合材料结构强度分析》

《复合材料飞机结构强度设计与验证概论》

《复合材料连接》

《飞机结构设计与强度计算》

三期书目(已出版)

《适航理念与原则》

《适航性:航空器合格审定导论》(译著)

《民用飞机系统安全性设计与评估技术概论》

《民用航空器噪声合格审定概论》

《机载软件研制流程最佳实践》

《民用飞机金属结构耐久性与损伤容限设计》

《机载软件适航标准 DO‑178B/C 研究》

《运输类飞机合格审定飞行试验指南》(编译)

《民用飞机复合材料结构适航验证概论》

《民用运输类飞机驾驶舱人为因素设计原则》

四期书目(已出版)

《航空燃气涡轮发动机工作原理及性能》

《航空发动机结构强度设计问题》

《航空燃气轮机涡轮气体动力学:流动机理及气动设计》

《先进燃气轮机燃烧室设计研发》

《航空燃气涡轮发动机控制》

《航空涡轮风扇发动机试验技术与方法》

《航空压气机气动热力学理论与应用》

《燃气涡轮发动机性能》(译著)

《航空发动机进排气系统气动热力学》

《燃气涡轮推进系统》(译著)

《燃气涡轮发动机的传热和空气系统》

五期书目(已出版)

《民机飞行控制系统设计的理论与方法》

《民机导航系统》

《民机液压系统》(英文版)

《民机供电系统》

《民机传感器系统》

《飞行仿真技术》

《民机飞控系统适航性设计与验证》

《大型运输机飞行控制系统试验技术》

《飞行控制系统设计和实现中的问题》(译著)

《现代飞机飞行控制系统工程》

六期书目(已出版)

《民用飞机构件先进成形技术》

《民用飞机热表特种工艺技术》

《航空发动机高温合金大型铸件精密成型技术》

《飞机材料与结构检测技术》

《民用飞机构件数控加工技术》

《民用飞机复合材料结构制造技术》

《民用飞机自动化装配系统与装备》

《复合材料连接技术》

《先进复合材料的制造工艺》(译著)

七期书目(已出版)

《支线飞机设计流程与关键技术管理》

《支线飞机验证试飞技术》

《支线飞机电传飞行控制系统研发及验证》

《支线飞机适航符合性设计与验证》

《支线飞机市场研究技术与方法》

《支线飞机设计技术实践与创新》

《支线飞机项目管理》

《支线飞机自动飞行与飞行管理设计与验证》

《支线飞机电磁环境效应设计与验证》

《支线飞机动力装置系统设计与验证》

《支线飞机强度设计与验证》

《支线飞机结构设计与验证》

《支线飞机环控系统研发与验证》

《支线飞机运行支持技术》

《ARJ21‑700新支线飞机项目发展历程、探索与创新》

《飞机运行安全与事故调查技术》

《基于可靠性的飞机维修优化》

《民用飞机实时监控与健康管理》

《民用飞机工业设计的理论与实践》

八期书目(已出版)

《航空电子系统综合化与综合技术》

《民用飞机飞行管理系统》

《民用飞机驾驶舱显示系统》

《民用飞机机载总线与网络》

《航空电子软件开发与适航》

《民用机载电子硬件开发实践》

《民用飞机无线电通信导航监视系统》

《飞机环境综合监视系统》

《民用客机健康管理系统》

《航空电子适航性分析技术与管理》

《民用飞机客舱与机载信息系统》

《民用飞机驾驶舱集成设计与适航验证》

《航空电子系统安全性设计与分析技术》

《民机飞机飞行记录系统——"黑匣子"》

《数字航空电子技术(上、下)》